军事科学基金项目

美国空间信息对抗发展及其政策导向

高庆德　程　英　编著

国防工业出版社

·北京·

内 容 简 介

本书以美国关于空间信息系统对抗发展的战略、规划,政府颁布的纲领性文件,军队有关的文件、条令及其他相关的能力储备、能力构建规划等作为依据,对美军空间信息对抗系统的体系结构、特点、技术创新方向、能力状况、空间信息对抗发展的思路与举措以及未来发展趋势进行了深入研究。主要研究内容包括空间信息对抗的基本概念,美国对于空间信息对抗的认识,美国空间信息对抗政策体系及其制定基础,空间信息对抗政策导向,空间态势感知、空间信息系统的防御性对抗、空间信息系统的进攻性对抗及发展趋势。

图书在版编目(CIP)数据

美国空间信息对抗发展及其政策导向/高庆德编著.
—北京:国防工业出版社,2016.1
ISBN 978 - 7 - 118 - 10573 - 5

Ⅰ.①美… Ⅱ.①高… Ⅲ.①地理信息系统—应用
—战争—研究—美国 Ⅳ.①E919

中国版本图书馆 CIP 数据核字(2015)第 254727 号

※

国防工业出版社出版发行
(北京市海淀区紫竹院南路 23 号 邮政编码 100048)
北京奥鑫印刷厂印刷
新华书店经售
*
开本 787×1092 1/16 印张 12¾ 字数 290 千字
2016 年 1 月第 1 版第 1 次印刷 印数 1—2000 册 定价 36.00 元

(本书如有印装错误,我社负责调换)

国防书店:(010)88540777   发行邮购:(010)88540776
发行传真:(010)88540755   发行业务:(010)88540717

前　言

美国对太空的关注由来已久。早在第二次世界大战结束后,美国政府就开始对有关的空间政策进行酝酿,由于服务于冷战和受冷战的制约,这一带有鲜明技术色彩的领域一开始就由军方主宰,并且与国家安全紧密相连。20世纪60年代初以来,从空间搜集情报一直是美国情报界的一项基本任务。起初的目的,是为获得主要对手苏联的战略情报。苏联当时是美国最强大的对手,同时又是相对较为封闭的国家,因此获取必要的、确保国家安全的信息成为美国情报界和军方主要任务,强烈的情报需求推动了天基情报搜集能力的发展。伴随着对手空间技术的发展和空间系统的完善,空间信息对抗日趋加剧。冷战结束,空间信息攻防、对抗不但没有结束,反而更加剧烈:美国仍需要获得所需要国家的多种情报信息,天基愈发成为重要的情报来源,对于空间信息系统的防护也更为艰巨;对于美国以外的其他国家来说,随着空天技术的发展和出于国家安全利益的考量,空间信息系统对抗能力也在不断提升,围绕天基的信息获取与反获取对抗加剧。

空间信息对抗优势能力为美国以及美国的盟国在国家决策、军事行动以及本土安全方面提供了前所未有的优势。空间信息系统为国家安全决策者在全球提供了无处不在的触角和决策优势,使美国能够对全球挑战做出快速、有针对性的反应。此外,空间信息系统对监控战略发展和军事发展,辅助监控条约和军备控制的落实情况具有重要意义。它还对提高反恐能力、应对天灾人祸的能力、监控环境的长期发展趋势具有关键作用。空间信息优势使美国的政府和军队看得更清楚、通信更可靠、导航更精确、行动更有把握。长期以来,美国在空间信息对抗能力方面一枝独秀,别国难以望其项背。

美国的军事空间为美国提供了诸多空间信息对抗优势能力:情报界和国防部部署先进的人造卫星以提供全球通信和信息传输能力;通过"国家技术手段"成为空间信息领域的世界警察,检验各种条约的执行情况;进行图像侦察、判读,支撑国家军事、政治战略的制定;搜集地形、地貌、测绘、科学和环境数据,积累各种战略和战术所需情报信息;搜集自然或人为灾难的信息,应对各种可能的突发事件。美国还从空间搜集信号情报、测量情报和特征情报,这些情报对于外交和防务政策的制定、总统处理危机和冲突的能力、军事行动的实施以及发展确保美国达成国家目标的军事能力具有关键作用。

随着对空间信息优势收益的认识和空间军事化的迅猛发展,众多国家也将国家安全、军事安全等越来越多地与空间信息优势联系起来,空间信息优势已经成为当今维护国家安全和利益的战略制高点。特别是近几场战争凸显的战场范围也已从陆、海、空进一步延伸到空间,战争已变成陆、海、空、天、电的一体化战争,空间信息系统成为战争的支持因素,没有强大的空间信息优势,就没有制天权,就没有制信息权,还将严重削弱制空权和制海权,最终可能导致丧失战争的主动权而不能保证国家安全。随着信息化的高速发展,空间信息能力的战略地位变得越来越重要,它成为维护国家安全的重要屏障,是在战争中争夺主动权的关键,是部队遂行作战任务,进行精确打击的基本保障。为了国家的利益,空间信息优势的争夺亦在大张旗鼓进行,并已经上升为国家战略层面。众多国家很早已经意识到空间信息系统的重要性和加强空间信息对抗能力的紧迫性,空间信息技术和空间信息系统的发展给美国的空间信息优势地位带来了挑战。

　　美国空间信息系统的发展,是在其法律、法规和条例条令等政策导向下有序展开的。从 1955 年第一个空间政策的形成至今,美国的军事空间政策的发展是不平衡的。不同时期的空间政策具有明显的时代特征,同时也具有确定的发展主线,不同阶段的政策导向成为美国空间信息系统发展的基石,规划着空间信息系统的建设方向,决定了空间信息对抗的整体能力。揭示美国空间军事信息系统的发展特点和力量建设的原则与方法,研究空间信息系统建设的政策导向,对于了解美国空间信息对抗能力趋势和充分借鉴空间信息优势强国的经验具有重要作用。

　　美军界定的空间对抗任务包括空间态势感知、防御性空间对抗和进攻性空间对抗。本书按照美军对空间对抗任务的界定,在对美国空间信息对抗政策系统梳理的基础上,从空间态势感知、空间信息系统的防护、空间信息系统的进攻性对抗及发展趋势等方面进行了研究。

目　录

第一章　空间信息对抗

随着信息技术和信息化装备的迅猛发展,近年来世界各国均把空间看作是维护国家安全和利益的"战略制高点",以争夺电磁频谱控制权、使用权和以攻击敌方空间信息基础设施、信息系统等为目的的空间信息对抗日趋激烈。美军曾预测,到 2025 年,大部分战争可能并不是攻占领土,甚至不会发生在地球表面,而更可能会部分或主要发生在空间或信息空间。因此,可以预见,是否拥有空间信息优势将成为决定未来战争胜负的关键。空间信息对抗不但在现代战争中具有十分重要的地位,在和平时期也是国家最重要的信息源,对于国家政治、经济和军事以及国民的自信心等影响巨大。

第一节　空间信息对抗概述

根据空间信息系统发展的现状,各空间信息技术强国先后都提出了空间信息对抗的思想,并在此基础上大力发展其核心系统——空间信息系统。空间信息系统是指由携带各类有效载荷的航天器、星座、传输系统以及相关地面支持系统组成的智能化天地一体军事综合信息网络,是一个以卫星为主要平台,组成信息种类多样、网络结构复杂、应用模式广泛的庞大系统。空间信息对抗是为争夺和保持空间战场上的制信息权,在地面(海上、空中)或空间对敌方空间信息系统进行攻击/干扰和对己方空间信息系统进行保护的对抗行动,是未来空间信息作战的重要组成部分。

一、空间信息对抗

目前,关于空间信息对抗的概念,学术界还没有统一的表述。因此,存在有从不同角度进行的定义。我国"863"某专家组认为空间信息对抗是"运用各种措施和手段,争夺空间制信息权的各种战术技术措施和行动,包括电子进攻、电子侦察和电子防护。其作战对象是空间信息资源,内容包括对空间信息系统的信息获取(侦察)、干扰、破坏和摧毁以及对己方空间信息系统的防护"。

《空间信息作战概论》一书中提到,空间信息对抗"是针对空间信息资源的争夺和利用而展开的信息作战。即敌对双方通过利用、破坏敌方和保护己方的信息与信息系统而在外层空间展开的旨在争夺空间信息权的行动,其目的是通过获取制空间信息权以控制外层空间,其内容包括夺取空间信息的获取权、控制权和使用权,其核心是夺取空间战场信息的控制权,并以此影响战场的进程和结局"。

有专家认为,空间信息对抗也可称为空间信息作战,它是运用于空间作战中的信息作战,即综合运用各种信息作战手段,为夺取和保持空间信息权而进行的攻防作战行动。其作战对象是空间信息系统。空间信息防御、空间信息进攻、空间信息支援是构成空间信息对抗的三大要素。

也有的研究认为,空间信息对抗可以理解为空间电子对抗的拓展,即空间信息对抗包括空间电子对抗,空间电子对抗是空间信息对抗的组成部分。

上面的对于空间信息对抗的表述各有自己的依据和认识基础。但严格地讲,空间信息对抗与空间信息作战是有差别的,空间信息对抗是空间信息作战的核心内容,空间信息作战是空间信息对抗的表现形式。信息对抗和电子对抗也是有很大差别的,一个是从信息斗争的角度来看待问题,一个则是从电子装备使用与反使用来看待问题。现代战争是信息化的战争,是一个庞大的系统工程,靠的是各类信息的综合使用,从这个意义上讲,无论使用电子装备,还是对抗电子装备,均应从大系统出发,从信息的利用与反利用来考虑问题。

把空间信息对抗作为信息对抗的组成部分,这是一个特殊的以作战空间为依据来划分的对抗领域。对此,在学术界是有争议的。因为一般在信息对抗的领域划分中,主要是采用技术体制来划分的。如果其他领域也按照作战空间来划分,与空间信息对抗相对应的,应当还有空中信息对抗、海上(下)信息对抗、地面信息对抗等等,这样的划分有其不合理性。其实,概念的划分、领域的确定,有众多人为的因素,也有它自身的产生、发展和成长过程。空间信息对抗是在信息化时代空间斗争中自然产生和发展起来的一个充满技术色彩的领域,有它的明确内容、特点,还有别于其他技术领域的技术手段和方法。

空间信息对抗不是仅以平台划分的对抗类型,也不是单纯的平台移到空间后的对抗问题。空间信息对抗有两个方面的含义,一个是采取何种措施对付敌方空间信息系统,另一个是如何利用己方空间信息系统的措施,应该综合多方面的因素。结合空间信息对抗的目的和上面提到的其他要素,空间信息对抗可如下定义:

空间信息对抗:以削弱和破坏敌方空间信息系统的使用效能,保护己方空间信息系统正常发挥作用为目的的措施和行动的总和。

美国空军航天司令部在其《2004财年及以后的战略主导规划》中,确定了空间对抗包括空间态势感知、防御性空间对抗和进攻性空间对抗三部分,并明确了每个任务领域的功能及其子领域。

按照空间信息对抗的定义和美国关于空间对抗的内涵界定,我们将空间信息对抗的研究范围定为空间态势感知、防御性空间对抗和进攻性空间对抗三部分。

二、空间信息对抗能力

按照以上定义,空间信息对抗的能力包括下列几个方面的内容:

第一,在外层空间或在地面、空中利用一切可利用的手段,削弱和破坏敌方空间信息系统正常工作的能力(信息攻击能力);

第二,在外层空间或在地面、空中利用一切可利用的手段,保护己方空间信息系统正常工作的能力(信息防御能力);

第三,对己方任何外层空间信息系统的使用,包括信息的截获、传输和应用,也包括对空间信息系统的测控等能力(运用信息系统能力);

第四,在外层空间,利用各种侦察平台获取信息的能力和空间态势感知能力。

以上是广义的空间信息对抗能力,包括了硬摧毁手段。广义的空间信息对抗能力与"空间信息作战"没有本质的区别。除广义的空间信息对抗能力外,还有狭义的空间信息对抗能力,狭义的空间信息对抗能力不包括硬摧毁能力。

而在空间信息对抗能力中体现最多的,是软杀伤能力。在此能力中,对抗的对象是对方的空间信息系统,对抗的手段是信息侦察与干扰,侦察为干扰服务。而在对作战对象进行侦察和干扰之前,基于任何平台的,一切有利于对敌空间信息系统侦察和干扰的措施,都是空间信息对抗的内容。

一些研究,将上述空间信息对抗的内容简单概括为空间信息系统攻击能力、空间信息系统防护能力和空间信息对抗支援能力。

空间信息系统攻击主要是使用电子干扰手段、定向能手段及其他可用手段,扰乱、削弱、破坏、摧毁敌方空间信息系统,或降低其作战效能。

空间信息系统防护主要使用电子或其他技术手段,在敌方对己方的空间信息系统实施攻击时,保护己方空间信息系统正常发挥效能。

空间信息对抗支援主要采用电子技术手段,对敌方空间信息系统、地面相关武器系统辐射的电磁信号和其他信息进行搜索、截获、测量、分析、识别,以获取其技术参数、位置参数,红外辐射特征、可见光特征,并分析有关系统的功能、用途以及相关武器和平台的类别等,获得情报信息。

按照这种划分方法,空间信息对抗能力的主要内容如图1.1所示。

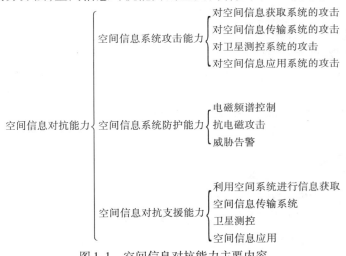

图1.1 空间信息对抗能力主要内容

三、空间信息对抗要素

(一) 对抗环境

与传统的陆、海、空战场相比,空间信息对抗依存空间最大的特点是极其广阔。根据空间信息对抗目标的分布和空间信息对抗武器装备的战术技术性能,空间信息对抗的依存主体在外层空间,同时也包括相关的空域、海域和陆域。第32届国际宇航联合会,把外层空间的底界划定为距地球表面100千米处,而其上界则无边无际。空间信息对抗依存空间之浩瀚,既为各种力量大量部署与广泛机动提供了最宽广的舞台,同时也对空间信息对抗力量的组织指挥、行动协同与对抗保障等带来了更大的困难。其次,空间信息对抗特殊的自然环境对空间信息对抗行动影响巨大。空间信息对抗特殊的自然环境既

3

包括复杂的太空环境,也包括有关陆战场、空战场和海战场范围内的自然环境条件。如:地球引力、地球磁场、空间辐射、流星体、高温差、高真空、大气层和失重等等。这些自然环境要素,都会对空间信息对抗带来不同程度的影响。再次,世界各国部署在太空的航天器也将对空间信息对抗行动产生极大影响。由于太空的广阔性、航天器飞行的连续性以及航天器轨道的固定性,很难在战时把地球宇宙空间区分为军事空间和民用空间,敌对双方在太空的作战行动也很难与第三方的航天器彻底隔离开来。对敌航天器的攻击,很有可能使第三方甚至己方的设备也遭到破坏。这些特点对空间信息对抗行动形成了很大的制约作用。另外,随着空间航天器数目的增多,特别是在一些特殊的轨道上目标将比较密集,这就使太空战场的监视、识别、控制更加复杂困难。

(二)对抗目标

空间信息对抗的目标是空间系统中的各种电子信息资源。具体地讲,空间信息对抗的目标包括军用卫星系统、其他航天飞行器中的信息设备、地基(包括地面、海上、空中)对外层空间的监视系统、反卫星信息对抗武器装备、弹道导弹信息系统等。在空间信息对抗中,对抗目标地理分布上较为分散,对这些目标的打击破坏较为不易。常用的空间信息系统中,除卫星外的其他航天飞行器数量较少,因此,空间信息对抗的主要目标是遍布于浩瀚空间的各种军用卫星系统。对抗目标具有鲜明的特点,从目标分布位置上讲,浩瀚的太空有自己的特殊性,它构成了一个相对独立的战场空间,这也使得分布于其中的军用卫星系统成为相对独立的目标。从攻击时机来讲,位于外层空间的这些系统有自己特定的轨道参数,按照特定的规律运行,只有当其"过顶"时,才能对其实施攻击,因此攻击行动必须考虑到目标所具有的相对特殊性。从目标的经济价值上讲,空间信息系统价格昂贵。空间系统的高技术化,使得建造一个系统所需花费和常规运行的维护费用异常昂贵,但同时空间系统防护能力有限,空间信息系统在攻击面前显得异常脆弱,因此对空间系统实施攻击,则十分方便经济,目标攻击效费比高。

(三)对抗手段

空间信息对抗既可采用空间电子干扰等软杀伤手段,也可以采取反卫星导弹、拦截卫星、轨道轰炸等硬摧毁手段进行。由于空间信息对抗依存环境的特殊性,近年来空间信息对抗手段选择也更加关注新概念聚能武器,尤其是激光、离子束、射频/微波等定向能武器在空间信息对抗中倍受青睐。一方面,空间信息对抗手段具有软硬一体的新特点。空间信息对抗虽然也具有传统信息对抗攻防主体分割,软打击与硬摧毁相互分开的特点,但随着技术的发展,空间信息对抗手段也具有了软硬一体的新特点。同一种手段,既可以完成软打击,又能完成硬摧毁。例如,空间信息对抗中,高能激光武器、高功率微波武器等新机理信息对抗武器系统,在功率较小时,可以对敌方空间电子设备实施软杀伤,使其暂时失去作用;使用大功率时,可以对敌方空间系统实施硬打击,将其彻底破坏。另一方面,空间信息对抗手段智能化程度高。空间信息对抗主要以浩瀚太空中的飞行器为目标,这些目标飞行速度极快,传统的技术手段无法对这些目标进行探测、跟踪、识别和攻击,必须采用人工智能技术结合最先进的探测技术、计算机技术,使空间信息对抗武器系统高技术化、智能化。空间信息对抗武器系统高度智能化要求对这些武器系统进行操纵控制的人员必须具有很高的素质,做到人与武器系统的完美结合,充分发挥武器系统的作战效能。

　　空间信息对抗的技术手段有多种。从纯技术手段上看,狭义的空间信息对抗只包括干扰和侦察。干扰是指对敌空间信息系统中的任何接收设备进行干扰,既可以在天基平台上进行,也可以在地面(含海上)进行,或在升空平台上进行。敌空间信息系统中不管是有源系统的接收部分,还是无源探测部分,也不管是电磁信号接收,还是光学成像,均可进行干扰,包括有源干扰和无源干扰,压制性干扰和欺骗性干扰。侦察则包括两个方面:一是以任何可用的平台探测敌方空间信息系统中的任何发射信号;二是利用己方空间信息系统探测敌方非空间辐射源信号。

(四)对抗行动

　　首先,对抗节奏快、战机稍纵即逝是空间信息对抗行动最显著的特点。时间因素是空间信息对抗中一个十分重要的因素。在轨道上运行的卫星,其速度能达到每秒几千米,高能激光武器发射的高能激光,可以以 30 万千米/秒的速度摧毁目标。这些武器的大量部署,必然大大加快了战争节奏。美国曾进行的一次防核突袭模拟演习中,仅在 172 秒钟内,就摧毁了假想敌发射的、并将落于美国西部诸州的 15 枚弹头,被称为 172 秒钟的战争。由此可见,未来的空间信息对抗时间更加短暂,持续时间往往只有几个小时甚至几分钟,是名副其实的"闪电战"。其次,空间信息对抗行动具有战略性。空间信息对抗武器装备不仅有"软杀伤"武器装备,也有"硬摧毁"武器装备,尤其是这些硬摧毁武器装备,其攻击对象均为国家战略目标,造成的破坏和影响是巨大的,有可能引起战争的升级。因此,空间信息对抗行动具有其独特的战略性,作战力量应由较高的层次进行指挥与控制。

(五)空间信息对抗基本理论

　　空间信息对抗基本理论是电子对抗基本理论、网络对抗基本理论、空间系统基本理论、军事学、运筹学、心理学等多种理论和技术的综合,它本身不是一门独立的理论,准确地说,是一门技术。但它确实是一门独特的技术,并不只是若干理论的堆积或技术的组合。

　　虽然空间信息对抗是一门技术,但在研究空间信息对抗技术中,要研究一些基本理论问题。这些理论问题由具体的对抗内容相关的技术原理组成。

　　空间信息系统包括四类系统:

　　空间信息获取系统;

　　空间信息传输系统;

　　空间信息应用系统;

　　空间信息系统的测量控制与指挥系统。

　　其中,空间信息获取系统又包括电磁信号测量、有源目标成像、无源目标成像(各类遥感成像)等系统。要对这些系统的工作原理和工作模式进行研究,对这些系统的工作能力进行定量的分析,特别是要研究信息对抗可以对其产生影响的那些工作能力。

　　对应于上述的系统,空间信息对抗的基本理论主要包括以下内容:

　　空间信息获取的基本理论;

　　空间信息传输的基本理论;

　　对空间信息获取系统干扰的基本理论;

对空间信息传输系统干扰的基本理论；

对空间飞行器的测控与指挥的理论；

对空间飞行器的测控及指挥系统干扰的理论；

对空间信息应用系统干扰的理论。

第二节　空间信息对抗体系

空间信息对抗体系,是指为实施空间信息对抗,将参加的各种力量,按照功能的需求组成的有机整体。

一、空间信息对抗体系的构成

空间信息对抗系统的体系结构主要包括空间信息对抗指挥控制系统、空间信息获取系统、空间信息攻击系统、空间信息防御系统以及空间信息对抗支持保障系统等诸多子系统。它们共同构成一个完整的有机作战体系,综合利用现有空间信息对抗技术完成对敌空间力量的遏制和摧毁。图1.2为空间信息对抗系统的体系结构。

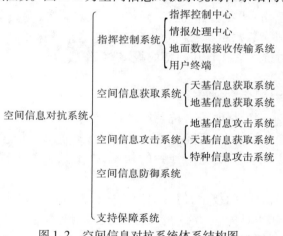

图 1.2　空间信息对抗系统体系结构图

（一）指挥控制系统

指挥控制系统由指挥控制中心、情报处理中心、地面数据接收和传输系统、用户终端等部分组成。

1. 指挥控制中心。

主要任务是完成对空间目标的情报分析、确定攻击的目标、下达攻击命令等,指挥和控制整个对抗系统的工作。

2. 情报处理中心。

其功能包括空间目标识别、信号特征分析、信号内容破译和空间情报综合等,完成对空间信息探测和其他来源信息的分析、综合、印证。

3. 地面数据接收和传输系统。

包括地面数据接收站和数据传输系统,完成卫星下传数据的有效接收和快速传送,是空间信息对抗系统运行的基础。

4. 用户终端。

配备于空间信息对抗系统的用户,用于向空间信息系统提出任务请求和接收空间信息系统根据用户要求所提供的信息。用户包括从陆、海、空、二炮、战区指挥所至基本作战单位。用户终端可大大提高空间信息对抗系统向用户提供战术情报支援能力。

(二) 空间信息获取系统

空间信息获取系统由空间目标监视系统、空间环境遥感系统和一体化的情报、监视与侦察(ISR)系统组成,用于跟踪监视各类航天器并确定其轨道,侦察截获各类航天器的探测信号、星—地—星间链路信号和测控链路信号,侦察截获地面雷达、测控站等电磁辐射源信号的参数和位置等信息。按信息获取的物理空间的不同,可分为天基信息获取系统、空间信息链路和地基信息获取系统。

1. 天基信息获取系统。

主要是指载有成像侦察、电子侦察和监视有效载荷的各种空间飞行器。包括各种轨道的卫星、空间站及航天飞机、载人飞船和可重复使用的运载器等。天基信息获取系统按其功能特性可分为天基平台和有效载荷两大部分。天基平台是指为维持空间运行提供结构、动力、电源、控制等功能的空间飞行器系统。有效载荷是指完成侦察、通信、预警、导航和遥感监测等功能的设备。

2. 空间信息链路。

是指完成天基信息获取系统、保障系统和用户之间信息传输、转发的链路,包括与地面保障设备、陆基信息设备、用户设备连接的星地链路以及与数据中继卫星等天基平台连接的星间链路。空间信息链路可分为上行链路(航天器接收信息的数据链路)和下行链路(航天器发送信息的数据链路)。

3. 地基信息获取系统。

包括地基雷达探测系统、地基光学探测系统和无源探测定位系统。这里所讲的地基,是指地球表面附近(距地球表面30km以内),包括陆基、海基、空基平台和设备,用于对空间飞行器和空间碎片的测定、跟踪和监视,实现对空间目标的快速发现。

(三) 空间信息攻击系统

主要用于对军用空间信息系统空间段及地面用户系统进行干扰、致盲、破坏、摧毁,降低敌空间信息系统的效能,与地面信息对抗系统配合夺取信息优势。

1. 天基信息攻击系统。

包括天基电子干扰系统、天基高能武器系统、轨道拦截系统等,具有"软""硬"杀伤能力,瘫痪或摧毁敌方的空间信息系统。

2. 地基信息攻击系统。

主要用于干扰、破坏、摧毁空间信息系统的星载传感器或卫星平台。它通过对关键航天器的攻击,破坏敌军用空间信息系统的工作。

3. 特种信息攻击系统。

特种信息攻击是指控制或摧毁敌方的信息或信息系统,但不改变其物理特性的行动。针对敌空间信息系统"暴露"在外的星—地—星间链路,可采取类似"黑客"的手段,侵入或操作敌方的数据库,提供错误信息,影响敌方领导人的决策制定并使敌方领导人不再信任其信息系统。

（四）空间信息防御系统

空间信息防御系统是通过对敌方空间信息系统的分析,研究有效的安全防护技术,实现己方天基信息获取系统、空间信息链路、支持保障系统等的防护。空间信息防御系统主要包括卫星威胁告警与攻击报告系统、卫星自卫干扰系统以及效能评估系统。这些技术措施和手段可以是基于地面、基于信息链路或者基于空间的。

（五）空间信息对抗支持保障系统

支持保障系统包括卫星测控系统、空间运载系统、发射场系统、导航定位系统和跟踪与数据中继卫星等。其主要任务是对天基信息获取系统的测量跟踪、运行控制、信息处理和情报生成等,保障空间信息对抗系统完成卫星的发射、运行、重构和修复,以及空间信息对抗的作战行动。

二、体系的特点

空间信息对抗体系是一个由有各种功能各异、承担不同职能的单元组成的复杂系统,作为一个体系,其特点概括为:

（一）整体性

空间信息对抗体系是一个复杂的大系统,整体性是它的根本特性。具体讲,空间信息对抗体系的整体性体现在三个方面:一是体系内部要素间的整体性。空间信息对抗体系是由情报信息、指挥控制、信息攻防、综合保障等系统共同构成的有机整体。这些组成系统都不是独立存在的,也不是简单的堆积和机械的组合,而是相互之间按照一定的方式和顺序,相互联系,相互依赖,相互制约,相互作用,最终形成的有一定结构和功能的有机整体。二是体系功能上的整体性。空间信息对抗体系的功能是根据未来对抗实际需求而确定的,这些功能互为补充,互为促进,最终形成整个体系强大的功能和威力,缺少或削弱某一项功能将会直接影响其他功能甚至是整体功能的发挥。三是体系与外部要素之间的整体性。空间信息对抗体系是空间作战体系的一部分,更是整个联合作战体系的一部分。体系建设过程中不能只考虑自身的整体性,也要考虑体系与外部要素之间的整体性,要把它放在空间作战和联合作战的大整体、大环境下进行。

（二）开放性

空间信息对抗系统体系是开放的大系统。其开放性的体现主要有,一是体系内部要素之间相互开放。体系的各个分系统在相互独立的基础上相互开放,进行物质、能量和信息的交换,达到相互促进、相互提高的目的。二是体系与外部环境之间的开放性。体系存在于空间作战和联合作战的大体系、大环境下,及时与外部环境交换信息、能量,并以此保持体系的活力。如果缺乏开放性,就会导致体系建设速度减缓,适应不了实际作战的需要。三是体系建设过程的开放性,主要体现在体系建设的近期建设要与长远发展统一。空间信息对抗体系的建设过程,是一个逐渐强大的过程,是由一个立足现有条件,结合空间信息对抗实际建设起来的一个弱小的系统,通过开放和吸收,不断改造、利用设备和手段,发展成为能满足未来实际应用需要的、强大的对抗休系。

（三）任务指向性

对抗体系的任务指向性,是指针对不同任务、不同方向、不同对象,对对抗体系所具备的功能有不同的要求。一个功能强大,能应付各种对抗任务的空间信息对抗体系是不客观的,也是不现实的。所以体系建设是在一定目标、重点的牵引下分步实施的。

第三节 空间信息对抗环境

空间信息对抗环境是指各种信息对抗力量依存的对抗活动场所。空间信息对抗的环境,是与陆地、海洋、天空具有不同特性的特殊物理环境,人类在地球表面上的许多一般性的"常识"并不适用于空间。

一、空间自然环境

地理空间有不同的物理特性,比如97%的地球大气位于离地面30km的高度以下,这一高度大致是同温层的边界,到了80km的高空,大气压力就降低到海平面气压的百万分之一,而到了160km的高空,大气压就低到还不及海平面气压的十亿分之一。地理空间的物理环境中有各种各样的粒子、电磁波、太阳风、辐射特性、冷热温度环境等,这些不同的自然环境状况必将对空间信息对抗产生影响。其中地球引力、地球磁场、空间辐射、流星体、高温差、高真空、大气层和失重条件等对空间信息对抗影响较大。

(一)空间自然环境的特点

具体地说,空间自然环境主要具有以下特点。

1. 高寒。

自宇宙大爆炸以后,随着宇宙的膨胀,其温度不断降低。尽管在空间广泛分布的各种粒子本身可能具有很高的运动温度,有恒星向外辐射热能,但恒星的数量是有限的,而且其寿命也是有限的,所以宇宙的总体温度是逐渐下降的。经过100多亿年的历程,空间已经成为高寒的环境。如果一个温度计在空间漂浮并且不受阳光照射的话,它将记录到 −270℃的低温,这一温度已非常接近绝对零度。因此,必须将空间信息系统设计成为能适应极高温和极低温。由于人类只能在很窄的温度范围内有效地工作,所以应对这样的环境,对人类来说是一个棘手的问题。

2. 强辐射。

在空间中,不仅有宇宙大爆炸时留下的辐射,各种天体也向外辐射电磁波,许多天体还向外辐射高能粒子,形成宇宙射线。许多天体都有磁场,磁场俘获上述高能带电粒子,形成辐射性很强的辐射带,如在地球的上空,就有内外两个辐射带。辐射带是由詹姆斯・范・艾伦博士发现的,故又称范・艾伦带,它从地球伸入空间大约64000km。由于磁层在地球两极附近弯向地球表面,因此,在地球向阳的一面,范・艾伦带大致局限于北纬75°和南纬75°之间。而在地球背阴的一面,范・艾伦带的跨度要小一些。为了免遭辐射,必须对通过辐射带的电子仪器和人员进行屏蔽。

3. 高真空。

宇宙大爆炸后,在宇宙中形成氢和氦两种元素,其中氢占3/4,氦占1/4。后来它们大多数逐渐凝聚成团,形成星系和恒星。恒星中心的氢和氦递次发生核聚变,生成氧、氮、碳等较重的元素。在恒星死亡时,剩下的大部分氢、氦、氧、氮、碳等元素散布在空间中。其中主要的仍然是氢,但非常稀薄,每立方厘米只有0.1个氢原子,在星际分子云中稍多一些,每立方厘米约 1 万个左右,因此空间是一个高真空环境。

(二)空间自然环境对空间信息对抗的影响

在空间中,对信息对抗影响最大的环境因素集中在以下几个方面:地球引力、地球磁场、高层大气、高能带电粒子、高温等离子体、流星体和空间碎片。

1. 地球引力的影响。

人类要飞向空间必须首先挣脱地球引力的"枷锁",而战胜引力的诀窍是提高运动速度。英国科学家艾萨克·牛顿在《自然哲学的数学原理》中指出,让物体围绕地球旋转,利用旋转产生的离心力可以克服地球的引力。

地球引力既是空间信息对抗系统得以在地球宇宙空间作环绕地球运行的一个不可缺少的重要条件,但同时也是一个制约因素。

2. 地球磁场的影响。

在太阳风的作用下,地球磁场屏蔽在一个空穴里,形成磁层,其边界为磁层顶。在向阳面,磁层顶距地球约有 10 余个地球半径。在背阳面,磁层有一个很长的柱形尾巴,称为磁尾。磁层内有高能粒子组成的辐射带和低能粒子组成的等离子体层、等离子体片、等离子体幔,以及环电流等。磁层是地球控制的最外层区域,它直接与太阳风、行星际磁场接触。太阳和行星际磁场的扰动和变化首先影响磁层,导致磁扰,严重时将产生磁暴、磁层亚暴等。这一变化的扰动还将耦合给电离层和高层大气,如发生电离层暴等。地球辐射带是人造卫星上天以后的一项重大发现。它是磁层中被地球磁场俘获的高能粒子带,对空间信息对抗武器系统的安全运行影响较大。

3. 高层大气的影响。

高层大气环境对空间信息对抗的影响主要表现在两个方面:增加对空间信息对抗平台的运行阻力,导致轨道改变、轨道衰变直至陨落;高层大气中氧原子导致空间信息对抗平台表面材料的腐蚀、老化和污染。

高层大气环境对空间信息对抗平台运行轨道的影响。大气对空间信息对抗平台的阻力与大气密度成正比,轨道越高,大气阻力越小。可以说,高层大气的阻力是造成空间信息对抗平台运行轨道衰变、姿态变化、寿命减少的主要原因。

原子氧对空间信息对抗平台表面的剥蚀作用。在 200~1000km 的高度范围内,原子氧大约占 80%,特别是在 300~500km 的高度范围内,原子氧含量占有绝对优势。原子氧是太阳紫外光与氧分子相互作用并使其分解而形成的。原子氧是最具活性的气体粒子之一。由于空间信息对抗平台在空间中以一定的高速度在原子氧中飞行,使其具有极强的氧化能力,对某些材料产生严重的腐蚀作用。

4. 高能带电粒子的影响。

高能带电粒子环境的影响主要表现在:一是辐射损伤效应。辐射损伤效应也称辐照剂量效应,指高能带电粒子对航天器材料、电子元器件、宇航员的辐射损伤。二是单粒子效应。高能带电粒子以单粒子方式轰击微电子器件芯片,造成电子元器件,尤其是大规模、超大规模微电子器件产生单粒子翻转、锁定甚至烧毁等一系列单粒子效应。三是相对论电子效应。高能量电子以近似光速入射空间武器系统,造成空间武器系统内部绝缘介质或元器件电荷堆积,引起介质深层充电,导致空间武器系统故障。此外,太阳质子事件和沉降粒子的注入,会导致电离层电子浓度增大,严重干扰空间武器系统的通信、测控、导航和正常工作的能力。

5. 空间等离子体的影响。

近地空间存在着大量的等离子体。除了磁层外的太阳风等离子体外,在磁层中还有电离层、等离子体层和等离子体片等集中分布的等离子体区域。当空间信息对抗平台在这些区域运行时,会与等离子体相互作用而导致表面带电,从而诱发故障,甚至造成空间信息对抗平台失效。

6. 流星体和空间碎片对空间信息对抗平台的影响。

在近地空间运行的空间信息对抗平台会受到两种固态物质的撞击威胁:一种是空间自然形成的流星体;另一种是人类空间活动产生的垃圾——空间碎片。它们在空间高速运行并具有极高的动能,如果与空间信息对抗平台相碰撞,会给后者造成严重危害。

微流星与空间碎片的首要危害是与空间信息对抗平台的碰撞,碰撞的可能性与空间信息对抗平台的大小以及在轨停留时间成正比。微流星和碎片对空间信息对抗平台造成损害的类型和程度取决于空间信息对抗平台的尺寸大小、结构、形状、在轨停留时间及微流星和碎片的特征。大流星体或空间碎片会造成灾难性后果,但是它们与空间信息对抗平台碰撞的概率较低。小流星体和碎片虽然不会造成严重后果,但其数量大,大量的小撞击也会改变空间信息对抗平台表面的性质。

二、人文环境

空间信息对抗归根结底仍然是人与人之间的对抗,因此对空间信息对抗影响最大的还是人文环境。每个国家都意识到空间信息对抗不仅仅是技术层面的对抗,而是涉及几乎所有的领域,还涉及意识形态和政治层面。因此,具有空间能力的国家而言,总是试图在现有技术、经济等基础上最大限度发展空间信息能力。在国际上,空间大国、强国总是试图巩固优势地位,通过建立各种规则限制对手的发展。

自上世纪 60 年代起,有些国家试图人为创造限制空间发展的人文环境。联合国外层空间委员会主持,建立了包括《外空条约》、《营救协定》、《赔偿公约》、《登记公约》、《月球协定》等国际空间法律体系。明确和平利用外层空间是人类共有的利益,要求各国在探索和利用外层空间时应遵守国际法和联合国宪章,以维护国际和平与安全,促进国际合作与了解。这些约束各国外层空间活动的规则和法律,使美国也有所顾忌,在一定程度上对美国空间信息对抗系统的发展起到一定作用。比如在 1972 年,美国和苏联签署了双边条约《限制反弹道导弹系统条约》,它是唯一既禁止空间武器部署或试验,又禁止大规模杀伤性武器进入空间的条约,该条约在一定的时限内发挥了作用,对美苏双方空间信息对抗的发展起到了一定的约束。这些约束并不是一成不变的,其适用约束程度和效果仍然取决于参与国家的整体战略。比如,2001 年,布什政府宣布退出《限制反弹道导弹系统条约》,就显示出美国实用主义态度。

近年来国际社会防止外层空间军备竞赛和外层空间武器化的呼声日渐高涨,每年联大都通过要求防止外层空间武器化的大会决议,中国推动缔结防止外层空间武器化的国际条约的努力,得到广泛支持。显示了人文环境在空间信息对抗领域发挥着重要的作用。

第四节　美国空间信息对抗的发展

美国十分重视空间信息系统技术的发展与应用,开展空间信息对抗技术的相关研究较早。目前,美国拥有世界上最先进空间信息技术和完善的空间信息对抗系统,在大力发展预警、侦察、通信以及导航等技术的同时,对空间资产的依赖也越来越强,因此也更加关注对空间信息系统的对抗优势。

一、美国空间信息对抗的发展

为确保空间信息优势,美国在空间投入巨资,重点发展空间对抗的武器装备。为了获取空间信息对抗的针对性,完成有效的试验和训练,美国空军成立了"空间战实验室",以便对一切有助于美军在空间信息对抗中占有优势的创新设想或计划进行验证,确保美军在空间信息对抗中占有绝对优势。到目前为止,美国的空间技术与装备是世界上最先进的,空间信息对抗能力也最强,其他国家难以望其项背。美国的空间信息力量主体是各种军用卫星系统,美国在轨应用卫星中约70%是军用卫星,占全球总量的2/3,美国已成为全世界最依赖空间技术的国家。

美国国防部从2002年开始,制订了国家安全空间计划和控制空间战略,其核心是阻止敌方在地球空间轨道上采取的攻击行动。为此,美国空军提出了实现空间控制的三大支柱能力:①基点支柱是更强的空间态势感知能力,这是美国国防部高度优先发展的能力;②第二支柱是防御性空间对抗能力,能够从空间自然现象中识别人为的攻击行为,并保护美军和友军的空间资源;③进攻性对抗是第三支柱能力,即剥夺敌方利用空间的能力,如卫星通信、空间监视和侦察等。

美国为提高空间信息对抗能力,从2004年开始,就在当时的系统和技术的基础上,通过维持、改进空间信息对抗装备,结合发展创新性武器技术的途径,制定了详细的发展战略,规划了近、中、远期三个发展阶段,以期逐步发展全面的空间信息对抗能力。制定的各阶段规划是:①2006—2011年:重点增强空间态势感知能力,发展并部署初始的防御性空间对抗和进攻型空间对抗能力;②2012—2017年:继续在陆基、近地轨道(LEO)、中地轨道(MEO)和静地轨道(GEO)部署更多的防御性空间对抗系统,确保美国所有至关重要的天基能力得到保护。③2018—2030年:形成对整个空间态势的近实时评估能力和完整的防御性与进攻性空间对抗能力,以应对广泛的来自空间的威胁。

根据2009年版JP3-14《空间作战》条令,美国将空间作战划分为4项任务:空间力量增强、空间支持、空间控制和空间力量应用。空间控制是全面利用空间、实现空间力量增强和空间力量应用的保证,是保持空间优势的基础。空间控制包括三项子任务:防御性空间控制、进攻性空间控制和空间态势感知。见表1.1。

之后,美国对空间控制战略不断进行调整,空间态势感知在空间控制的三项子任务中获得了最高的发展优先权。作为空间态势感知的最重要组成部分,美国的空间目标监视系统也在酝酿着重大变化,众多专用型设备被更新,空间目标侦察监视能力在精度、数量、大小和时效等方面将获得大幅提升。随着美国在空间领域国家利益的拓展,空间目标监视系统生成的情报种类、情报产品、分发流程和军事应用等也都出现了相应的变化和发展。

表 1.1　空间作战任务和子任务

任务	子任务	能力
空间力量增强	情报、侦察和监视 导弹预警 环境监测 卫星通信 定位、导航和授时	通过提高联合部队的战斗潜力、增强作战感知和提供所需的联合部队支援,提高联合部队的效能
空间支持	发射操作 卫星操作 空间力量重组	提供关键的发射和卫星控制的基础设施、能力和技术,使其他作战任务能够有效地完成
空间控制	防御性空间控制 进攻性空间控制 空间态势感知	提供己方部队在空间的行动自由,同时遏制敌方部队拥有同样的能力
空间力量应用	核威慑 导弹防御 常规打击	在空间或通过空间进行作战行动,执行对地球目标打击的任务,以影响冲突的进程和结果

在发展空间信息对抗的武器装备方面,美军也起步较早。从20世纪50年代末以来,美国一直在发展空间监视系统、反卫星武器技术和卫星加密、加固技术等空间对抗武器技术。目前,美国对空间对抗武器技术的发展重点进行了较大的调整,主要有:①从偏重发展反卫星武器技术转变为全面发展空间态势感知、防御性空间对抗和进攻性空间对抗武器装备技术,在发展的排序上高度优先发展空间态势感知技术,侧重发展防御性空间对抗技术;②空间监视系统和反卫星武器从单一的地基系统转变为同时发展地基系统和空间天基系统;③防御性空间对抗重点发展攻击识别和快速报告、抗激光致盲、抗电子干扰,并从单星防御扩大到卫星系统的防御,从军用卫星的防御扩大到商业卫星的防御;④进攻性空间武器的发展从以动能反卫星武器技术为重点转变为电子攻击武器尤其以定向能攻击武器为主;⑤从美军的空间对抗的发展和变化,折射出未来的空间对抗需求已由"确保摧毁"向"确保生存"的战略概念转变,由武器"硬杀伤"向制信息的"软能力"倾斜,"战略防御创新"能力的实现将对未来空间战有着巨大的影响。

美国将下列能力作为信息对抗能力发展战略和空间优势的发展关键:①生存能力强的宽频带通信系统,即使在动态交战条件下也能保障有关部队的战略C^4I;②C^4I的对抗和反监视能力,包括战略导弹的突防隐身能力;③具有抗干扰特点的高性能传感器和导航设备;④定向能武器的打击能力和对定向能武器的抗打击能力。

二、美军空间信息系统发展重点

美国认为,空间系统及其所提供的信息服务是国家繁荣与安全的基石。随着空间技术、导弹技术的发展,空间系统将变得易受攻击、十分脆弱,因此必须大力发展控制空间的技术和能力,加快空间武器化步伐。2001年,美国国防专门委员会发表了"空间安全战略评估报告",明确指出美国对空间的日益依赖和由此产生的脆弱性,要求把保卫空间利益作为国家安全优先考虑的重点。在上述战略思想指导下,美国开始优先发展空间信息

13

系统,奉行进攻性空间安全战略,以控制空间为主要目标,谋求空间绝对优势,以实现控制全球、称霸世界的全球战略。为了确保在空间技术领域的既得利益和优势地位,达到《2020年联合构想》中所提出"全谱优势",美国制定了一系列耗资庞大的空间信息系统研发计划,如"作战保障卫星系统计划"、"天基雷达系统计划"、"天基红外系统计划"、第三代"军事星计划"和第三代"GPS卫星计划"等,并以此为核心建立全球国防信息网。美国重点发展高能激光武器、高功率微波武器、粒子束武器、动能武器、空间作战飞行器等空间攻防武器,加快空间武器化步伐,其部分空间攻防武器已经开始进入初步实战演练阶段。另外,美国设想将商用、民用及盟国的空间信息系统与其军用空间信息系统集成为一个作战联合体,以提供无缝、安全、宽带的信息传输功能,从总体上提升各军兵种的协同作战能力。

(一)加强天基监视系统研制,提高空间态势感知能力

空间攻防对抗的重要前提就是对空间敌方态势近实时感知的能力,空间态势感知能力是实现空间控制的基础。不能对空间目标实施近实时监测,就难以对敌实施空间攻防行动。美军发展空间监视与侦察,其主要目的是通过信息优势和空间侦察平台,长期连续不断地对重点地区的军事设施、兵力部署、作战装备等进行监视,使敌方或潜在对手始终处于己方监视之下。

2008年6月,美国空军召开太空研讨会,讨论核心是整合空、天与网络空间领域。美国高层官员曾表示,要尝试使网络型监视能力发展为太空态势感知能力,这种能力更具有前瞻性,并能使美国能更迅速地探测跟踪,评估太空目标。

美国正在逐步改进和完善天基监视系统,使其有效载荷能力更强大,卫星自主运行能力和安全性更高,信息处理和分发速度更快。该系统主要包括天基雷达计划,天基红外系统计划,第三代"军事星"计划,第三代导航卫星发展计划等。天基雷达计划的主要目的是发展雷达成像侦查卫星取代现有的机载雷达系统,使其侦察范围覆盖全球,对特定地区的重访时间间隔缩短到分钟级,并实现连续跟踪。天基红外系统计划的目的是在保持现有战略导弹预警能力的基础上,使战术导弹的预警能力得到大幅提升。第三代"军事星"计划的主要目的是研制新一代先进极高频战略战术通信卫星,拥有先进的星上处理技术,具备较强的抗干扰、抗打击能力和更高的保密性,即使地面测控站完全被破坏,仍可自主工作。

(二)采取多种措施,强化防御性空间对抗能力

在意识到航天器自身固有的脆弱性之后,美国正在积极发展多种手段,以提高航天器的防护能力。目前已经采用或正在研究的措施包括:激光致盲防护,可防止侦察卫星所用的光学精密传感器遭受激光致盲攻击;抗辐射加固,使卫星在核辐射情况下不致因为电磁脉冲毁坏太阳能电池及卫星内部的电子元器件和设备,造成卫星的失效;微小卫星星座与编队飞行,使整个系统即使遭到攻击也不至于陷入瘫痪,并可快速发射微小卫星予以重建和恢复;轨道机动,可躲避敌方反卫星武器的攻击或空间碎片的撞击;伪装与隐形,可利用现代隐形技术,避开敌方空间监视网的监测,免遭敌方干扰和反卫星武器的攻击;在大型的、重要的航天器附近设置微小型"杀手"卫星,对付敌方动能反卫星武器和反卫星等的攻击。加紧研制快速攻击、识别、探测与报告系统,利用星载传感器探测、识别对卫星的射频和激光干扰;研制每秒可开关4000次的"眼睑",用于防止在轨军用卫星的精密光学传感器被激光致盲;研制隐形卫星、微小型卫星甚至纳米卫星,对卫星采取抗干扰、轨道机动等措施,提高卫星系统的生存能力;通过替换过时的 GPS 卫星和增加发送信号、研制 GPS 抗干扰接收机等措施,增强美军导航战斗能力;发展空中机动发射系统、新的小型快速发射系统、轨道转移飞行器、空间机动飞行器等,增强快速部署、补充、维持、重构空间系统的能力。

(三)研制反卫星武器和地基空间对抗系统

进入 20 世纪 90 年代以来,世界各军事大国加大了空间攻防武器系统的研发力度,取得了重大甚至是突破性的进展。在激烈的竞争中,美国认为夺取空间优势最直接、最有效的途径就是摧毁敌方的卫星系统。为此,美军始终追求发展有效的反卫星武器技术。

1. 动能反卫星武器。

动能武器就是能发射出超高速运动的弹头,利用弹头的巨大动能,通过直接碰撞的方式摧毁目标。与众不同的是动能武器不是靠爆炸、辐射等其他物理和化学能量去杀伤目标,而是靠自身巨大的动能,在与目标短暂而剧烈的碰撞中杀伤目标。它必须具有探测、跟踪、瞄准及快速机动能力,否则就无法命中和摧毁太空目标。目前,美国具有一定实战能力的动能武器有机载反卫星导弹、地基动能反卫星武器系统和"智能卵石"天基反卫星系统,另外还有"实验卫星系统"等反卫星卫星。主要的新型动能拦截器包括:多拦截器、质量矩动能拦截器、"蜂群"拦截器、微型中段拦截器、"谢弗"拦截器、助推段拦截器等,动能拦截器的发展趋势是小型化、通用化、高智能、高机能和低费用。

2. 定向能反卫星武器。

定向能反卫星武器是通过发射高能激光束、粒子束、微波束直接照射并破坏目标,通常将采用几种射束的武器分别称为高能激光武器、粒子束武器与微波武器。利用定向能杀伤手段摧毁空间目标,具有可重复使用,速度快,攻击空域广等优点。美国在研发的高能激光武器有地基反卫星激光系统、机载激光武器和天基激光器。

美陆军的地基激光反卫星系统"中红外先进化学激光器"于 1997 年 10 月进行了反卫星试验并取得成功,是美军激光反卫星武器的一个重要里程碑,表明了美军已经具备利用激光器摧毁敌方卫星的能力,充分说明了美国反卫星激光装置已具备了实战反卫星光电传感器的能力。

美军机载和天基激光武器也取得了重大进展,其中机载激光武器已于 2004 年进行了实战常规演练,足以在助推阶段或刚发射数分钟之内摧毁弹道导弹,对在轨运行的卫星构成威胁,2009 年机载激光武器投入使用。美空军的天基激光器目前已进入"一体化飞行试验"阶段,2012 年发射天基激光器演示卫星,2013 年进行在轨演示试验,随后部署了实用系统。

化学激光器的技术比较成熟,但由于工作时需要大量化学燃料,废气排放系统体积庞大,限制了激光武器的广泛使用。美军在积极推进现有化学激光武器系统实用化的同时,还在大力开发新一代节能、紧凑型高能激光器,如固体热容激光器、紧凑有源发射镜激光器、边泵板条激光器、电化学氧碘激光器、二极管激光器、光纤激光器、自由电子激光器和高能液体激光器等。激光器正在向小型化、多功能化、智能化和体系化等方向发展。

3. 地基空间对抗系统。

地基空间对抗系统主要包括美空军研制的"反通信系统"和"反监视与侦察系统"。

"反通信系统"用于阻止敌方利用卫星进行通信,"使用可恢复的、非摧毁性的手段,阻断被认为对美军及其盟军有敌意的、基于卫星的通信链路",即能够用无线电频率干扰敌方卫星的上行和下行链路,阻断敌方的卫星通信。2004 年年底 3 套 CCS 系统投入使用,具备了初步作战能力。这种类似于移动卫星通信终端的系统将为战区指挥官提供一种通过射频干扰暂时阻塞敌方卫星通信的途径。美国空军目前正在规划研制"第二代反通信系统",以弥补现有系统的不足,包括提高频率范围以及实施更多同步干扰的能力。

"反监视与侦察系统"用于阻止敌方使用成像卫星获取打击目标、毁伤评估等情报信息。与 CSS 系统一样,CSRS 也是地基可机动的和便携式的系统,能够削弱敌方利用成像卫星获得目标瞄准信息、战场评估信息以及进行情报收集的能力。

美军积极推动空间对抗实战化,为夺取制天权完成战役、战术准备,积极通过组建空间作战部队、开展空间作战演习、发展空间作战学说等措施,推动空间对抗向实战化方向发展。

第二章　美国空间信息对抗政策制定

　　一个国家的空间信息对抗发展战略与政策是国家空间发展战略的组成部分,是国家发展战略和国家政策的重要组成部分,决定着其空间信息系统的发展走向。国家空间战略和政策随着国际形势、国家安全环境和军事战略而变化。国家的空间信息系统发展战略与政策能否与时俱进,不仅对国家相关工业的兴衰起着决定性的作用,更重要的是对维护国家政治稳定、外交地位、经济增长和科技进步都有着至关重要的作用。信息化战争的发展使太空成为军事大国竞相开发的战略要地,军事空间信息系统发展的重要性也成为共识。美国在不同的发展时期,同其国家战略相适应,根据军事环境、技术发展及军事需求不断进行政策调整,引导着军事空间的发展。

第一节　决策基础

　　美国空间信息对抗政策的发展服务于其国家战略,由美国当时所处的政治、经济、社会环境所决定,同时受制于科学技术的发展。具体来说,总是以现实和假想的威胁为基础,根据当时国内、国际政治环境需求,适应科学技术现状和发展,结合国家的经济状况,依据国家整体发展战略制定。

　　影响美国空间信息系统决策的因素是多方面的,其中主要包括决策过程中的宏观影响因素和微观影响因素两个方面。

　　宏观影响因素。主要是指决策主体与决策环境之间互动关系和相互影响的过程。美国空间信息系统是依据军事空间发展计划制定的,军事空间计划是围绕国家利益和安全目标提出的。虽然美国每届政府对国家安全目标的界定会有所不同,但是这种区别不是原则性的。事实上,美国的国家安全目标,总的来说包括保持美国的全球领导地位、确保国家安全、保持美国的经济繁荣、改善人民的生活和健康等四个大的方面。美国联邦政府也正是从为国家安全目标服务的角度来阐述空间发展诸多目标的。

　　在制定军事空间政策的过程中,主要受到国际环境、国内环境、空间科技发展状况、美国的政治经济科技体制的影响,同时美联邦政府提出的重大空间专项发展计划也深受国际因素的影响,在多数情况下国际因素是提出某项科技发展计划的决定性因素。例如,"阿波罗"计划的提出是因为要与苏联进行"空间竞赛";"战略防御倡议"计划是为了"重振国威",并在美苏争霸中用新的军事空间优势拖垮苏联。"9.11"之后,美国对其面临的安全形势进行了新的战略判断,将反恐战争提高到一个新的高度来认识,其思想也一定程度反映在美国的空间信息系统发展决策上来,如发展空间威胁告警系统,发展两个小时内对全球敏感目标进行打击的天对地进攻性武器等。上述四个方面在影响决策的同时,美国的空间计划又反过来作用于环境。空间信息能力的提升和绝对优势,从政治层面上可以提升意识形态的自豪感,鼓舞民心士气;在科技上,取得传感器技术、卫星总体、空间科技、材料科学、通信技术等方面的一系列技术突破;在经济上,为美国经济发展提供强大的技术支撑和技术储备;在军事上,提升整体的作战能力,有效支援各个层面的对抗,特别是高技术条件下,是打赢战争的基础。

微观影响因素。包括参与决策的主要机构之间的互动关系,以及各机构的基本功能两方面内容。美国空间信息系统发展决策是一个开放的、多元参与的、最后由总统、国会拍板定案的复杂政治程序,即使是军事空间的发展,美国的开放程度和多元的参与力量也远远大于其他国家。因此,通过决策的微观过程,可以融入更多的智慧。各决策主体要考虑多方面的政治因素;决策主体主要包括白宫、国会、情报界、国防部、各政府部门和机构、国会议员个人,以及形形色色的游说集团(或称为利益集团)、压力集团等影响决策过程的行为体。因他们的地位不同、利益不同、立场和观点不同,考虑的因素和思考的角度也不尽相同。总统作为国家整体利益的代表,主要从国家的整体利益出发,应对国际环境变化、维护国家安全、提高国民福祉等来决策;情报界则从提供情报支援、决策需求;国防部从军队在维护国家安全的责任等方面考虑。军工集团历来对美国国家安全政策的制定有着重要影响,特别是在空间信息系统发展政策导向上,总是通过不同的方式试图施加影响,影响的方式多种多样,可以通过提供竞选资金以换取当选者的回报,或直接在政府中任职并参与决策;国会则更多地从党派选举利益、国会议员个人的选民利益出发决策。最后的决策结果,则是上述多种力量较量和讨价还价得出的各方都能接受的妥协方案。

将宏观和微观因素综合起来,美空间信息系统的发展通常的依据主要有:

一、现实和假想的威胁

美国的历届政府,无论是艾森豪威尔执政时期,还是肯尼迪执政时期,抑或是布什、克林顿、小布什、奥巴马执政时期,不管美国如何强调外层空间的科学价值,甚至心理价值,或其他方面的价值,无可否认的是,他们最为担心的是其他国家尤其是敌对国家会军事利用外层空间,出现从高边疆对美国发动一次"珍珠港"式的袭击,因此,美国要在该领域保持绝对的优势,特别是信息优势。在军事空间信息系统发展的过程当中,美国一直寻找这种威胁因素,作为空间信息系统发展的动力牵引和主观支撑。比如冷战时期苏联利用其早期的外层空间发展优势,不断向美国传递威胁信号。在当时,美国认为苏联的威胁确实存在并且对美国而言非常紧迫。正是在苏联威胁的背景下,副总统约翰逊的一句名言被许多美国官员推崇至,当作支持美国加强外空建设的指南:"罗马帝国因修筑道路而控制世界,在随即到来的海洋时代,大英帝国因军舰而雄霸全球。现在,共产主义在太空已经有了立足之地。"在现实的威胁下,肯尼迪政府一直没有放松空间信息系统计划的发展,并且正是在肯尼迪执政时期,美国的军事空间诸多计划在管理上、制度上以及具体研发项目上进入了成熟稳定发展时期。

应对威胁、保障国家安全是军事空间信息系统发展的源动力和最重要的动因,这种因素在不同的历史时期的表现形式不同。艾森豪威尔政府时期的空间计划,是在苏联卫星的刺激下,在每一个具有潜在军事应用价值的外层空间领域都确立了相应的应对计划,包括空间信息系统的基础建设。

肯尼迪执政时期,在国会的特别咨文中明确表示"为了崭新的美国事业,为了国家利益……美国要在外空领域取得'明确'的领导地位,这将在许多方面决定我们在地球的未来"。正是在肯尼迪致国会咨文所确立的原则指导下,美国国防部与 NASA 又联合提交了一份长达 121 页的外层空间发展报告。除了重申关于"国家空间项目的目标与意图"部分的内容外,这份报告用了相当长的篇幅来确定美国的国家空间项目规划和年度的外空预算。与艾森豪威尔时期相比,肯尼迪政府在军事空间发展方面不仅项目增多,投入加大,并且明确了外层空间为冷战服务的思想,从而加深了美苏冷战的深度和广度。

冷战结束后,美国成为一边独大,但它没有放弃冷战思维,不断提出假想的威胁,丝毫没有放松外层空间信息系统的建设。比如在小布什执政时期,更是提出先发制人的整体发展战略,这种思想延伸到空间信息对抗的各个领域,美军空间信息对抗能力也在此指导下迅速推进。

美军的战略在国家战略基调下进行细化,美军战略司令部和空军航天司令部指出,美军航天战略将以"先发制人"思想为基本指导。为给其"先发制人"的空间作战行动创造必要的条件,美军不断夸大宣扬其他国家对其所形成的空间威胁。在《空间对抗作战条令》中,美军设想的空间威胁主要包括:敌方对地面节点和保障设施攻击和破坏的能力、对空间信息系统链路的干扰能力、利用激光对卫星系统进行降级或摧毁能力、利用电磁脉冲武器对卫星或地面站电子器件进行降级或摧毁的能力、利用动能反卫星武器摧毁飞行器和卫星的能力、破坏用于控制卫星的天基和地基计算机系统的信息作战能力等。美军认为,所有这些能力的存在,都是对其空间信息对抗能力的威胁,都应予以重视和打击,并确保优势。

自《核态势评估报告》出台后,美军基本确立了"先发制人"的理论指导,并着手打造一支可有效应对任何紧急冲突的全频谱、多层次的"新三位一体"威慑的空间信息对抗力量。美军认为,对空间信息系统进行进攻性作战远比对美国空间资源进行防守具有优越性,因此要想抑制敌方获得空间能力,保护美国及其盟国的空间能力,就需要美军采取"先发制人"的方式,运用物理毁伤与信息攻击相结合的软硬杀伤手段,对敌方军用、民用卫星以及第三方所拥有的空间信息系统实施空间作战。美军认为强调攻势原则,既可加强其战略战役行动的威慑性和战役战术行动的突然性,也可有效发挥其作战效能。美空军认为,进攻性空间对抗是美军在空间对抗领域应具有的应急能力。在进攻性的空间对抗中,主要由政治企图控制作战行动,而不受任何法律约束。

二、政治对抗的需求

政治对抗需求是美国发展军事空间信息系统的无形和强大动力,政治对抗贯穿在整个军事空间发展过程当中。1961 年 5 月,美国国防部长麦克纳马拉和 NASA 局长韦伯联名向总统提交了一份秘密报告,名为"关于国家空间项目的建议:改变、计划与目标"。这份 1994 年解密的 30 页政策报告是肯尼迪政府时期指导国家空间政策发展的指导性文件。报告认为,美国的外空计划分属 4 个领域:获得科学知识;具有未来商业和重要民用价值;具有潜在军事价值;为了国家威信。这是美国政府第一次将国家威信因素单独划分出来。报告陈述:当前,美国在前三个领域都没有落后,然而,苏联创造的外空奇迹给其带来了巨大威信。而在美国国防部看来,之所以如此强调威信,是因为冷战、外空计划与威信之间存在逻辑关系,即"外空成就是苏联体系和我们体系之间进行国际竞争的重要组成部分。在此意义上,诸如月球和星际开发这样的非军事、非商业、非科学的'民用'计划,是沿着冷战流动前线展开的战斗的一部分"。

冷战带给美国政府外层空间决策的冲击是巨大的,体现在政治对抗方面更为明显。自杜鲁门时期起,美国已经意识到冷战不仅是军事对抗,也是有关制度的优越性、国家威信度和文化号召力的对抗,并为此制定了"全球心理冷战计划"。从艾森豪威尔政府起,威信竞争和军备竞赛等冷战因素就成为美国制定外层空间计划的合法依据。然而,由于"苏联卫星一号"在美国毫无心理准备的情况下发射升空,艾森豪威尔政府的外层空间政策明显显露出仓促无序的症状,特别是在外空发展的组织机构、外空计划的政治方面的政策非常薄弱,也没有一个投入最大努力的主导项目。肯尼迪即任后,对美国的外空发展战略进行了大幅度调整,明确承认外层空间已经成为决定美国冷战命运的关键。美国空军的一份研究报告认为,"空间成就已提供了有关世界领导地位新的国际指标。苏联寻求向世界展示其政治和经济体系优越于我们,其军事能力优越于我们,其激励与使用民众的能力优越于我们,共产主义国家的力量和生命力优越于我们"。这种界定将外层空间的建设提升到一个国家意识形态安全层面,直接拉动了政府在外空方面投入的意义,肯尼迪也是基于"美苏正在空间进行生死较量"的考虑下,才孤注一掷地加大外层空间军事项目的建设。

艾森豪威尔时代美国经历了苏联卫星的巨大政治冲击,并已逐渐认识到空间信息能力的对抗影响着国家的政治前途。肯尼迪时代,新的政府将一种全新的冷战观念引入政府,即"冷战是在第三世界的胜利或失败",肯尼迪主要从"政治意义"的角度来看待外层空间项目。对于当时的美国政治对手苏联而言,从内心深处其实比美国更早地意识到外层军事空间的对抗是一场基于政治心理、国家威信与制度优越性的竞赛,并因此有意挑起了外空信息系统竞赛。

之后的美国政府,无论是尼克松政府、布什政府、克林顿政府、奥巴马政府等,无不把空间的争夺作为政治对抗的一部分,无论是民用空间项目或军事空间项目,各界美国政府都将其视为一种政治对抗的制胜武器来看待,这也是长期以来直至未来的美国空间信息对抗的深层政治心态。

三、确保信息优势

出于获取战略情报的需要,美国积极开发军用监视和侦察卫星,利用军事卫星从太空获取别国战略武装力量情报。充分利用外层空间信息系统的侦察资源为战场通信、导航和侦察监视服务,成为信息时代军事行动的基础。冷战结束后,美国仍在继续大力发展其军事空间侦察系统,如更为先进的成像侦察卫星、大型电子侦察卫星以及新一代天基预警系统的研制等,天基侦察系统的性能逐步提高,航天侦察系统的应用重点已由支持战略任务转向支持战术任务。

空间侦察力量是从空间获取信息的强有力手段,起着其他任何武器系统所不可替代的作用,是确保信息优势的重要环节。通过空间侦察系统,可长期、连续不断地对重点地区的军事设施、兵力部署、作战装备等进行监视,使敌方或潜在对手始终处于己方监视之下。从海湾战争到后来的波黑战争,"沙漠之狐"行动以及"盟军行动",都充分证明了卫星已经成为高技术条件下局部战争中直接支持战场作战行动的重要支援保障系统。即使是在反恐中,空间信息系统也可提供直接的情报支援,比如抓捕本拉登的军事行动。

美军已经建立了以卫星作为获取和传递信息的主要手段,相对科学完备的军事空间信息系统体系结构,在现代高技术局部战争中发挥了重要作用。通过不同战争的实践中美军不断总结空间信息系统的不足,并据此调整发展政策中。如《2020年设想》指出,当前的军事空间信息系统结构由许多不同的系统构成,由于不同的系统由不同的机构进行管理,它们大部分是直通的,互操作性差,服务功能单一。《2020年设想》提出了未来的军事信息系统结构,在这一结构中,美军将建立一个全球国防信息网,卫星等所获取的信息将进入这一网络,任何一级指挥员通过管理权限都可进入网络获取所需的各种信息,这样的结构改革更会增强美国空间信息优势能力。

目前世界范围内军事领域的各个方面正在发生深刻变化,军事技术革命已经到来,其核心就是信息。在未来的局部战争中,谁能在获取、传输、处理和存储信息方面占有优势,谁就能掌握战争的主动权。美国国防部认为,空间信息对国防具有重要的战略作用,空间信息优势是未来联合作战原则与概念的基础。为了在未来的战争中克敌制胜,美军必须具备处理现代战争中联合作战部队所需的数据能力,提供快速变化的战场态势,向联合部队总部提供空中、空间、地/海面军队的部署情况及战况,同时还要能阻止敌人获得有关信息,破坏并影响敌人对战区状况的了解,而这些能力就是以空间信息优势和技术创新为基础的。

四、服务于美国的安全战略

空间信息能力在美国的国家空间战略中占有重要地位。空间信息对抗系统的发展服从于美国的国家战略体系的4个层次:国家安全战略、国防战略和国家军事战略、美国空间安全战略。

(一) 美国国家安全战略

国家安全战略主要阐述政府在内政、外交和防务方面的政策,是维护美国在世界主导地位的总体战略原则和指导方针,它反映国家的价值观和利益。美国国家安全战略主要目标包括:①支持对人类尊严的渴望;②加强联盟以击败全球恐怖主义,努力预防针对盟国、友邦和美国的攻击;③与其他国家一道努力化解地区冲突;④防止敌人利用大规模杀伤性武器威胁盟国、友邦和美国;⑤通过自由市场和贸易,开启全球经济增长的新时代;⑥通过开放社会和建立民主基础设施,扩大发展范围;⑦为与其他主要全球力量中心的合作制定议程;⑧实现美国国家安全机构的转型,以应对新的挑战和机会。美国的空间信息系统已成为国家和军事基础设施的重要组成部分,是美国国家利益之所在。因此,确保空间信息对抗的优势地位是美国国家安全战略的一个重要目标。

(二) 国防战略

国防战略是对国防建设与国防斗争全局的筹划与指导,用于统筹规划与全面协调国防领域各个部门、各种力量、各种斗争手段的运用与建设,其根本任务是决定国防力量的建设和发展、指导国防斗争的实施、维护国家的安全利益,从而实现国家安全战略规定的国家安全防卫目标。美国的国防战略确定了4项战略目标:①保护美国免遭直接攻击;②保护战略通道和维护全球行动自由;③加强联盟及伙伴关系;④营造有利的安全环境。美国在其最新的国防战略中指出,将加强预防潜在敌人采取不对称的能力与方法,运用非传统、非常规、灾难性和制造混乱的手段威胁美国的利益。空间信息系统是美国公认的容易被非传统手段和非常规方法攻击的脆弱环节,为了实现国防战略的目标,美国势必会加大对空间信息系统的保护能力与攻击能力,确保空间信息系统的安全。

(三) 国家军事战略

国家军事战略是由美军参谋长联席会议依据国家安全战略和国防战略制定,由国家最高指挥当局批准,关于如何使用军事力量实现美国国家目标的指导方针。它包括军事力量的发展战略与军事力量的运用战略。美国国家军事战略确定了3个支持国防战略的军事目标:一是保护美国免遭外部攻击与侵略。保护美国及其全球利益不仅需要被动的防御措施,对于恐怖组织和无赖国家引起的威胁,还需要采取积极的纵深防御。这就需要采取行动,在海外靠近威胁源头反击威胁,保护通向美国的空中、海上、空间和陆地通道,并在国内防御恐怖组织和无赖国家的直接攻击。二是防止冲突与突然袭击。在保持快速行动和保卫国家能力的同时,采取行动慑止侵略与胁迫,防止冲突与突然袭击。三是战胜敌人。保持大规模作战和应对全谱威胁的能力,综合运用空中、地面、海上、空间和信息能力摧毁敌方军事力量。在国家军事战略中,空间安全贯穿3个军事目标的始终,在美国国家军事战略中占有极其重要地位。

(四) 美国空间安全战略的目标

为了保持其不对称的空间信息优势,美国自20世纪90年代末就开始探讨空间安全战略。美国在制定其空间安全战略时考虑了以下因素:航天技术的扩散使世界上参与航天活动的国家和地区日益增加,空间信息系统给国家政治、经济和军事等方面带来了很多好处,美国对空间信息系统的依赖程度越来越高,空间信息系统固有的脆弱性及空间环境的日益恶劣,等等。美国从国家利益的角度看待空间安全问题,制定空间安全战略不仅考虑军事目标,还考虑了经济与政治安全利益。

1998年美国兰德公司在其报告《航天:新的国家权力》中阐述了空间安全战略的目标:①保持进入和利用太空的自由;②保持美国的经济、政治、军事和技术大国地位;③遏阻和击败对美国利益的威胁;④防止大规模杀伤性武器向太空扩散;⑤加强与其他航天国家的全球性伙伴关系。同年4月,美国航天司令部发布了一项发展军事航天的长远规划《2020年设想》,提出了"控制空间"的空间安全战略总目标。"控制空间"将夺取空间信息优势列为首要任务,要求美国必须具备以下5种能力:①进入空间,在空间运行的能力;②监视空间,掌握空间环境的能力;③保护空间信息系统,防止空间信息系统被攻击的能力;④防止未经授权的进入和非法利用空间信息系统的能力;⑤打击敌方空间信息系统的能力。

五、保持强大空间威慑

所谓空间威慑,是指以强大的空间力量为后盾,通过威胁使用或实际有限使用空间力量来震慑和遏制对手。里根政府提出的"战略防御计划"标志着美国空间威慑战略思想已经萌芽。作为"战略防御计划"理论基础的《高边疆——新的国家战略》,强调指出,那些最有效地从人类活动的一个领域转入另一个领域的民族,总能获得巨大的战略意义。正因为如此,美国政府认为应最大限度地利用美国的空间信息技术优势,在空间设防,消除敌对军事力量对美国及其盟国的威胁,用"确保生存战略"替代"相互确保摧毁"理论,同时促进开发空间巨大的工业和商业潜力。"战略防御计划"以此为依据,主要目标是建立"宇宙空间防御",最终目的是在宇宙空间建立一个多层防御系统,把空间开辟为第四维战场,夺取外层空间制高点,重建美国全球军事霸权地位。美国决定部署的"国家导弹防御系统"(NMD)和"战区导弹防御系统"(TMD),则标志着美国空间威慑战略已开始进入实施阶段。在美国国防部颁布的《国防部航天政策》,则更加明确地提出了"空间威慑作用"的概念。美国国防部认为,空间力量对形成美国武装力量的威慑态势是整体性的,能帮助美国及时发现敌对行动的准备状态和起始状况,有效使用空间力量能支持确实可信的威慑力量,并对侵略者做出反应。因此,空间信息系统会使潜在敌人对战争能否达到其预定的目标产生不确定的影响。空间信息力量还表现在能使潜在侵略者相信:使用武力或以武力相威胁反对美国的利益,所要付出的代价是它们无法接受的。鉴于美国的空间信息优势,任何国家试图采取不利于美国国家安全的行动,都要顾忌美国的空间情报优势能力。这表明美国在加强核威慑的同时,其空间信息威慑观已经初步形成,空间信息威慑将成为一种新的威慑力量。不难看出,美国大力发展"空间威慑"理论,就是企图把美国的空间信息领先优势转化为威慑力量,迫使敌对方放弃动武或与美国相抗衡的打算,达到"不战而屈人之兵"的目的。在阿富汗战争和伊拉克战争中,美国的空间信息优势都发挥了巨大的作用,美国空间威慑战略已成为美国的一种以空间信息优势为后盾的主要威慑形式。美国空间威慑战略指导思想,也成为美国企图称霸全球的一种主要的战略威慑思想。

六、服务于战场运用

从美国空间信息能力发展战略可以看出,20世纪90年代以前,美国空间信息系统在战争中的运用仅限于利用卫星进行战略侦察获取情报信息为战争提供保障,如在1973年10月爆发的第四次中东战争中,美国从战略利益出发,利用侦察卫星对战争双方的情况进行严密的侦察。在战争的关键时刻,美国将其照相侦察卫星获取的战场情报及时提供给以色列,为以色列一举扭转败局,反败为胜,发挥了至关重要的作用。1982年,英阿爆发马岛战争,美国动用其海洋监视卫星为英国提供情报支持,帮助英国击沉了阿根廷巡洋舰。美国在1986年空袭利比亚、1989年入侵巴拿马的军事行动中,都动用了空间信息系统为其提供情报支援保障。

1991年的海湾战争中,美国首次全面使用空间信息系统支援陆、海、空作战,使用了航天侦察手段、电子战和远程精确打击,开创了空间信息对抗在战役战术中应用的先例。以美国为首的多国部队动用了70多颗军用和民用卫星,利用部署在空间高远位置上的空间卫星监视系统获取情报和指示目标,进行气象、通信、导航保障与作战指挥控制,引导多国部队的远程精确打击武器实施打击。正因为如此,美国国防部把这场战争称之为"第一次空间战争"。科索沃战争中,美军动用了近20种共50多颗卫星,承担了70%以上的战场通信任务、80%以上的战场侦察监视任务和100%的气象保障任务,为98%的精确打击武器提供制导信息,对战区的通信信号实施24小时连续监听。科索沃战争与过去的军事行动最大的不同在于空间信息系统具有了全新的作用。此次局部战争利用大量卫星形成了较完整的航天侦察系统、卫星气象系统、导航定位系统和卫星通信系统,并使用了"初期联合空战能力系统"、"北约综合数据传输系统"和"海上指挥控制系统"等,基本实现了信息化、网络化、数字化和一体化。科索沃战争的信息化程度比海湾战争有了新的提高,军事卫星不仅向地面部队提供及时的军事情报,而且极大地提高了地面武器装备的效能。在阿富汗反恐怖战争中,有近百颗军事成像侦察、电子侦察、通信、导航和气象卫星在支持这场反恐战争军事行动,为美军及时提供情报服务。不仅如此,五角大楼还独家买断了空间成像公司"艾科诺斯"商业卫星所拍摄的全部阿富汗战区图像。除了控制商业卫星外,美国国防部还利用了其他非军事部门的天基信息资源,同时还使用了多种无人侦察飞机。在之后战争和军事行动中,美军更加注意夺取和保持空间信息系统的优势,空间控制与对抗初露端倪。美军在伊拉克进行的战争中大量使用了新装备、新技术和新手段,动用了包括侦察卫星、导航定位卫星、导弹预警卫星、气象卫星、国防通信卫星和全球广播卫星等近百颗军用卫星,同时征用了部分民用通信和遥感卫星,支撑战场的单向透明化。在战争中,美国的空间信息设施表现出色,天基雷达和光学系统日夜不停地为作战部队提供空间情报信息;"国防支援计划"预警卫星系统为联军提供战区导弹预警和敌方导弹袭击的预报;全球定位系统的精确和全天候导航定位能力为卫星制导炸弹和 B - 52 轰炸机从高空投掷联合直接攻击炸弹以及为特种部队作战提供准确的空间情报支持;安全、抗干扰的"军事星"和"国防卫星通信系统",加上商业通信卫星的补充,提供了世界范围的行动所必需的宽带服务。这些侦察、预警、制图、气象、导航、通信和指挥航天器向联合指挥部和作战部队提供有关战场情况的全部信息,直至单兵信息。美英联军充分发挥其空间信息系统优势能力,自始至终掌握着空间制信息权,支撑陆、海、空军一起实施的联合作战。

美国空间信息对抗能力在军事力量战场运用的实践充分表明,战场军事力量的集成和投入更加依赖于空间信息的获取和利用能力。美国及其盟军凭借着"绝对制高点"上的非对称的空间信息优势,掌握着战争的主动权。美国空间能力提供的制信息权的不对称优势是美军取得成功不可或缺的因素;美军充分利用了空间这个"绝对高地"所提供的不对称优势,将空间能力与陆、海、空作战完全结合在一起,形成体系作战优势。尤其伊拉克战争更加突显出美军在空间力量支持下的陆、海、空、天、电一体化作战。空间力量的应用广度和深度前所未有,空间信息对抗已开始进入实战。

第二节 决策体制

美国空间信息对抗发展战略制定的决策体制分为四层:总统与国会为决策层,主管最高决策以及立法和预算审查;国防部、情报界与国家航空航天局(NASA,简称宇航局)为计划层;承包商(工业界)、科研部门、大学等为实施层,各军兵种为执行和应用层。美国政府主要通过政策导向规划空间信息对抗的能力、建设和发展,通过合同管理的办法对美国的空间信息装备、技术和涉及的企业进行管理。美国空间信息系统是一个以国防部、宇航局进行宏观管理,以科研单位、工业界、大学为基础的公私结合、军民结合的综合体系。这一体系的特点是:庞大复杂、相互制约、集中决策、分散实施。

一、最高决策层

美国历来重视军事空间的发展,强调空间信息基础设施对于国家安全的重要性,认为其发展是国家威望和军事实力之所系,把军事空间信息系统作为空间军事发展政策的重要方面,视为国策。因而历来由总统领导其最高决策,国会为之立法、审查、拨款。

总统是唯一能为所需的国家空间发展政策提供持续影响力的领导,也是具有审查、指示和监督权力的个人。目前,总统对空间信息系统的发展责任和义务已有明确认知。美国总统作为全国最高行政首脑兼武装部队总司令,也是国家空间信息系统发展政策方面的最高协调者和决策人。

二战后历届总统在该方面所进行的活动大体可归纳为:①宣布国家有关空间活动的重大计划、决策和倡议;②以行政命令形式颁布国家军事空间发展的法律和政策指令;③直接领导国家情报机构和空间委员会首脑;④任命长期性、临时性或专业性相关政策制定和领导委员会,它们或编制规划,或审议发展战略,或调查重大事故,报总统决策;⑤任命国防部长和情报机构最高领导人、国家航空航天局长等;⑥在国情咨文中阐明有关政策和指导原则;⑦在预算咨文中向国会提出预算申请;⑧决定空间信息系统的运用、发展、国际合作重大契约、条约、协议的原则并予批准和签署;⑨批准使用空间信息系统用于作战的目的。

为协助总统处理重大决策和日常事务,设有庞大的总统办事机构,以及总统各方面业务的助理和顾问。见图2.1。与空间信息系统相关的最重要的总统办事机构有国防部,科技政策局,管理与预算局,国家安全委员会,行政管理局,中央情报局等,这些局的局长一般兼任总统助理或顾问,他们在起草总统给国会的国情咨文和预算咨文中起重要作用。总统每年向国会提供的这种咨文,其中必定包括空间信息系统决策和经费预算。

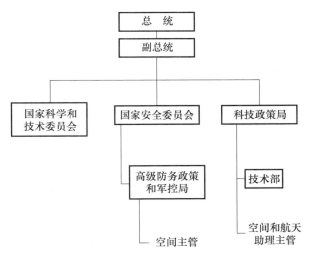

图 2.1　总统办公厅与空间活动有关的机构

国会作为国家的最高立法机构,也是军事空间活动的最高立法者。国会在军事空间领域的主要职责包括:①军事空间法案必须经国会通过才能正式生效;②总统的国情咨文和预算咨文必须经国会批准,才予拨款;③对外订立的有关空间条约和协议必须经国会批准才能执行;④对任何重大的空间事项举行听证会,请有关部门领导和当事人到会作证,对其进行审查;⑤国会可以 2/3 的总票数通过或否定总统的咨文和建议;⑥总统对有关部、局、委首脑的任命必须经国会认可。

美国国会、参议院和众议院都设有军事委员会、预算委员会、科学技术与空间委员会、拨款委员会,由它们审查、通过、批准重大的军事空间决策、规划、计划和预算;为协助两院分头或联合作出立法性决策,国会设有预算局和技术评价局。

国会对国家空间预算资金的授权和拨款的监督通过至少 6 个委员会来完成。它们是众议院武装部队委员会、参议院武装部队委员会、众议院和参议院拨款委员会、参议院特别情报委员会、众议院常设特别情报委员会和预算委员会。4 或 5 个委员会审查国防部空间计划;6 个委员会审查空间情报计划。例如,众议院常设特别情报委员会审查联合部队情报计划以及战术情报和相关活动计划,但参议院特别情报委员会却不对其进行审查。但也有例外,例如一些民用空间活动有可能被 13 个委员会审查。

总的来说,每个委员会都反映了它所监督的行政分支机构利益的优先权。情报委员会关注"消息来源和方法"和情报界对国家指挥当局提供情报的能力;武装部队委员会为三军、军队情报机构和各总部司令争取空间要求,并希望国家情报主要为作战力量服务;拨款委员会的国防小组委员会监督所有国防和情报空间计划,该小组委员会也是共同审查所有国家安全空间计划的地方,但它们主要关注预算问题。

在政府行政部门之上,设有以副总统任主席的国家航天委员会,其成员包括国务卿、国防部长、财政部长、商业部长、运输部长、能源部长、中央情报局长、白宫办公厅主任、国家安全委员会主任、科学技术政策委员会主任和国家航空航天局长。该委员会的职责是:①协助总统制订、修订、实施美国空间政策,监督有关部门执行;②协调国防部、NASA、商业航天部门的空间政策及活动,解决出现的重大政策问题;③促进军、民空间合作和技术、信息的交流;④以空间探索为手段为美国谋取或增进国家安全、科学技术、经济和外交等方面的利益。

从 1996 年起,制订美国空间发展战略的主要机构由过去以副总统为首的国家航天委员会改变为白宫科学技术委员会,后者与国家安全委员会共同主持政策制订过程。这一措施加强了空间、航天政策与国家科技政策和安全政策的协调。

一些科研机构在为总统和国会提供军事空间政策咨询方面起着重要的作用,它们构成了军事空间科技发展计划的辅助决策部门。主要包括总统和国会的常设科技咨询委员会,如总统科技顾问委员会、国家科学院、美国科学促进委员会以及专业性较强的空间科技组织等。

二、计划层

(一)国防部

(1)国防部长

为军队提供法律基础的美国法典第 10 卷指出:国防部长是总统处理国防部事宜的首席助理,他对国防部有领导、指导和控制权。为情报界提供法律基础的美国法典第 50 卷也指出,国防部长对国防部内的各情报部门,应通过同中情局局长的磋商,"保证(他们)有足够的预算……保证(他们)采取适当措施落实中情局局长制定的政策和对策决定。"这种双重任务组成了国防部长的职责,保证了国防部和情报界任务的顺利完成。

对情报界中的国防部门,中情局局长有责任"帮助制订情报活动和情报活动相关的年度预算",以及对"通过国家情报机构各部门搜集国家情报提出指导要求和优先权"。这包括国防部内的各情报部门。

（2）国防部长办公室

常务副国防部长通常处理国防部的日常管理工作。在有关空间事务方面,常务副国防部长一般通过国防部采购执行官,即负责采购、技术和后勤的副国防部长管理采购事宜。作为国防资源局主席,常务副国防部长直接参与预算决策。在情报方面,常务副国防部长通常就国防部和情报界的政策、计划、规划和预算等与中情局局长进行协商。

除了应付紧急计划决定外,国防部长通常授权其他部门管理国家安全空间活动。目前这一活动由负责指挥、控制、通信和情报的助理国防部长负责,他是国防部长和常务副国防部长的首席助手和顾问,特别是在国防部在空间和空间相关活动方面。负责指挥、控制、通信和情报的助理国防部长则依赖于助理国防部长帮办指导政策和采购,并为国防部情报、监视、侦察、信息、指挥、控制、通信和空间计划提供监督。见图2.2。

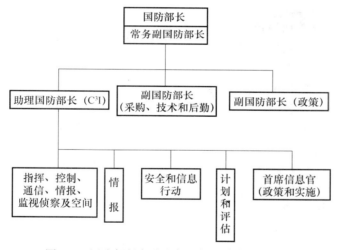

图 2.2　国防部长办公室与空间活动有关的机构

助理国防部长同负责政策和采购的国防部副部长协调空间政策和采购。作为首席参谋助理,助理国防部长对国防情报局和国防安全勤务有"领导、指导和控制权";对国家安全局和国家侦察局进行"参谋管理";对国家图像与测绘局以及国家安全空间设计师的工作进行"全面监督"。

助理国防部长还是国防部的首席情报官和国防部长办公室首席参谋助理,负责制订、监督和综合同国防部信息优势战略相关的国防部政策和计划。除了空间信息系统和空间政策,助理国防部长所发挥的作用还包括信息政策和信息管理、指挥和控制、通信、反情报、安全、信息作战、信息行动、情报、监视和侦察,以及国防部实施的相关情报活动。助理国防部长办公室最初成立于上世纪 80 年代初,90 年代中期重新调整,90 年代末再次调整。它的发展变化反映了在国防部长办公室内对于 C^3I 发展的重视。但是,空间在军事行动中的作用不断加强使该机构将重点逐渐转向空间相关的问题。海湾战争之前,空间信息优势能力同军事行动融合得并不好。海湾战争和海湾战争后,空间信息的支援被认为是支援作战的基础,可使情报和监视传感器同指挥、控制、通信系统实现一体化。在塞尔维亚的战役行动中,空间信息优势能力得到充分发挥。

助理国防部长在空间事务方面的职责范围包括政策、采购和机构间协调等。众多的职责集中在一个国防部长办公室,这样的体制有优点,但同时也带来许多问题,大量需要解决的问题以及众多需要监督和协调的机构分散了助理国防部长的时间和注意力。

在组织内部,空间信息系统发展政策制定的责任已移交给一位助理国防部长帮办。但是,助理国防部长帮办这一级官员没有进行与空间相关活动的军衔,也不能在机构协调中代表国防部。为了弥补这种不足,在助理国防部长办公室内,负责计划和评估的助理国防部长帮办负责监督同空间相关的 C^3I 能力部队的计划和预算。但这并不意味着负责计划和预算的助理国防部长这一职位有足够的权力影响国防部内部制订计划和预算决定的政策。

国家安全空间设计师向助理国防部长和中情局局长的机构管理主管参谋报告工作,并负责发展和协调反映情报机构和国防部空间任务领域的中、长期空间结构。但是,国家安全空间设计师办公室无权干预军队和情报机构的预算和采购项目。

目前助理国防部长所属机构面临 3 种困难:

控制的范围太广,因此只有最紧急的事务才得到处理。其结果是,日常空间事务留交中级军官处理,而他们在国防部和机构间交往中没有足够的影响力。

对空间计划、规划和预算无影响或影响太晚以至于不能对武装部队或情报机构的运作产生足够的影响。

在这个结构内,国防部之外无法找到一个在空间相关问题上有权代表国防部的高级军官。

(二)国家航空航天局(NASA)

NASA 是美国民用空间系统的总管单位,它属于"独立政府机构",负责计划并执行美国民用航天与空间任务。NASA 每年预算的 80% 以上以合同费形式或赠款形式转拨至航天工业界、科技界、高校和有关部门,约有 20 万承包商人员为 NASA 进行研究和研制工作。NASA 的主要任务包括:进行研究工作,解决大气层内外的飞行问题;研制、建造、试验、使用航空器和航天器;进行不载人和载人空间探测活动;为和平目的进行空天活动并最有效地使用美国的科学技术和工程资源;对本局活动成果及资料进行最广泛、最适当的推广与交流。

(三)情报界

中情局局长是总统在国家安全相关情报事务方面的首席顾问,是情报界的领导。中情局局长负责向总统、行政分支机构和部门的领导、参联会主席、高级军事指挥官以及必要时向国会提供国家情报(国家情报是指"与一个以上的政府部门或机构的利益相关联的情报")。

情报界包括:中情局局长办公室、中情局、国家安全局、国防情报局、国家图像与测绘局、国家侦察局;其他国防部内部负责通过侦察计划收集特殊国家情报的办公室;陆军、海军、空军、海军陆战队、联邦调查局、财政部和能源部的情报部门;国务院情报与研究局。见图 2.3。

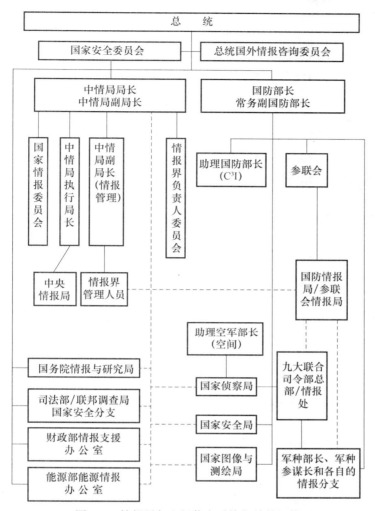

图 2.3　情报界与空间信息系统相关的机构

　　中情局局长为"国家外国情报计划"做出年度预算,并提交给总统。这份预算分散在构成情报界的各个部门和机构的预算之中。

　　由负责情报界管理的中情局副局长管理情报界管理参谋。该负责人帮助中情局局长协调和管理情报界,任务职责包括管理资源和收集要求以及评估空间计划和政策,负责同国防部长办公室协调政策和预算。情报界管理参谋在情报界的各组成部分内协调政策和预算,但无权对各组成部分年度内的预算进行重新规划。

第三节　影响决策的其他机构

　　影响美国空间政策的其他机构主要包括空间信息系统的使用单位,这些单位和组织,虽然不直接参与政策和战略的制定,但是对政策制定具有重要的影响。

一、军队

军队既是空间信息系统的使用者,同时也参与空间信息系统的建设,是空间作战和空间信息对抗的主体,因此对空间政策和空间信息系统的发展建设具有重要影响。

(一)总部司令

九大总部司令的职责是考虑空间资源如何满足任务需要,以及如何在他们的职权范围内将空间能力和应用需求结合,为应急和作战计划提供支持。他们还可通过正常的途径,按照程序对空间及空间相关能力提出政策导向要求和军事建设需求。

各总部司令有权根据需要组织部队完成指派任务。比如在军事行动中,总部司令组建有关职能司令部实施陆、海、空作战。由于空间信息资源对作战行动的重要性不断加强,未来的作战或许需要一名负责空间事务的指挥官。

美国航天司令部司令同时兼任北美防空司令部司令和空军航天司令部司令。作为美国航天司令部司令,其他总部司令提出的空间要求向他进行反馈,而且每年向参谋长联席会议主席提供能反映这些要求的综合优先需求清单。美国航天司令部司令的职责广泛,除了负责保护和保卫空间环境,还负责支援战略弹道导弹防御、国防部计算机网络攻击和计算机网络防御任务。

由于对空间依赖性的不断加强和空间相关资源的脆弱性,如何部署和使用空间能力来进行威慑和防御,成了美国航天司令部司令首要考虑的问题。并且随着空间任务的不断扩展,空间发展成为美国航天司令部司令的"责任区域"。虽然他同时兼任北美防空司令部司令和空军航天司令部司令,但更多的是要求他更加关注国家指挥当局分派的空间任务,而在其他诸如北美防空司令部司令及空军航天司令部司令的工作方面花费较少时间。这些司令是所属兵种部门的最高长官,根据所属领域的需求提出对政策导向的要求。

(二)各军种

每个军种都由国防部指派实施特定的空间计划,并根据国防部空间政策,把空间能力与其战略、条令、教育、训练、演习和作战结合起来。国防部85%的与空间相关活动的预算,都归空军使用,美国空军承担了大量与空间信息系统相关的任务。其他军种根据国防部的指派承担与空间相关的任务,但没有任何一个军种对空间行动有法定的"组织、训练、装备"权。

1. 美国空军。

美国空军被赋予操作和维护空间信息系统的任务,管理相关设施和基地,用以支援美国各作战司令部的作战要求。主要的活动包括监视、导弹预警、探测核力量、定位、导航、记时、气象预报和通信。空军为国防部和其他政府机构发射卫星,并对空中行动、导弹防御和空间控制行动负责。空军和其他军种依靠天基侦察卫星来保证精度、导向目标、定位目标及获取战斗空间的情况。但是空军本身不研制、采购或操作天基侦察卫星,相关的这些任务由国家侦察局负责。

在空军内部,空间相关活动主要集中在4个部分。空间信息系统的操作和需求由空军航天司令部组织。第14航空队承担发射国家侦察局和国防部的卫星,并有选择地发射部分民用卫星。此外,它还向战区级司令部提供空间基础支持,为北美防空司令部提供卫星预警和空间侦察信息。空军航天司令部制订空军所有空间需求并同其他军种合作制订其他军种的空间信息需求。见图2.4。

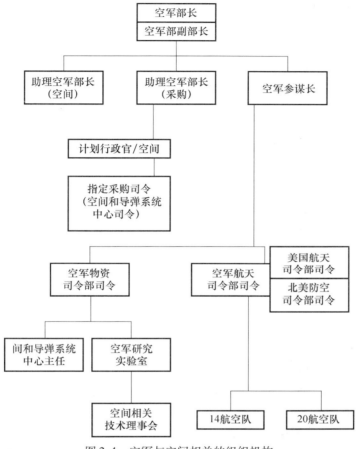

图2.4　空军与空间相关的组织机构

空军物资司令部下属的空间和导弹系统中心,指定人员负责设计、空间发射的研发和采购、指挥和控制以及卫星系统。项目执行官及空间和导弹系统中心主任,向负责采购的空军助理部长汇报项目的费用、安排和执行情况。空间和导弹系统中心主任还是指定的采购司令。空军研究实验室是空军物资司令部的一部分,从事高级技术研究。

空军在空间方面的作用领先于其他军种,这种传统可以追溯到上世纪60年代,那时出现了空军研究和发展司令部,即空军系统司令部的前身。此后,空军对其空间活动的组织进行了一系列调整。这些调整常与空间行动和空间任务管理责任的扩大相对应。如1982年,由于对空间的依赖性不断加大,来自苏联的威胁不断形成,空间预算的不断增长以及对空间"战场化"需求的领悟,空军成立了空军航天司令部。

空间将在美国军事力量的变革中发挥更大的作用。它将为海、陆、空部队提供支援;遂行新的空间侦察和监视任务;保护空间力量以及在空间、从空间、向空间、通过空间投送力量,这些新任务将扩大国防部在空间的威慑和防御能力。

随着空间军事系统承担的任务范围的改变,空军组织机构根据遂行任务的需要不断变革,根据任务需求变化来确定自身改组或转型。美国的学术界一段时间内倡导空间和空中能力一体化,但空军对此的认知却存在并线的差异,在实践中并没有把两者等同对待,仅把空间作为空中进攻和作战的一种支援能力。美国空军有关空间的任务和能力,赋予了它将对其他军种可以提供更多空间支援的职能。

2. 美国陆军。

分配给陆军的空间行动由作为陆军航天和导弹防御司令部一部分功能的陆军航天司令部实施,陆军航天司令部是美国航天司令部的陆军部分。陆军航天司令部负责国防卫星通信系统的有效载重控制,操作地面移动部队终端。它向世界范围内部署的国防部力量提供国防卫星通信系统。陆军在位于马绍尔群岛的夸贾林环礁实施空间监视行动。卫星终端和接收行动遍及陆军执行特定任务的各个部队。联合战术地面站由在欧洲、韩国和中东的陆军航天司令部和海军航天部队共同操作。遍布全球的陆军情报单位操作各种收集和获取空间、空中和地面情报的终端器和接收器。

航天和导弹防御司令部力量发展一体化中心制订的陆军空间需求由陆军部批准通过。但是,陆军航天司令部和陆军训练与条令司令部对陆军空间需求的制订也产生影响。空间相关设备的研究、发展和采购一般在航天和导弹防御司令部、情报和安全司令部或通信电子司令部内部实施。陆军空间项目办公室负责通过"陆军战术运用国家力量"项目操作所需的系统。

3. 美国海军。

海军航天司令部是美国航天司令部的海军部分。它的责任包括操作所分配的监视和预警空间信息系统;提供宇宙飞船遥感勘测和轨道管理;制订空间计划、项目、概念和学说;在联合领域提出海军作战要求。海军的空间研发工作由海军研究实验室进行。海军和海军陆战队的空间要求由海军航天司令部提出;空间信息系统由海军航天司令部和海军作战系统司令部采购。海军还有一个较小的"战术运用国家力量"办公室,用以提高作战人员对国家安全空间信息的运用。

海军航天司令部是主中心位于克罗拉多夏延山山脉的美国航天司令部的备用航天司令部中心。海军航天司令部还负责操作提供空间监视的海军雷达预警线。海军操作通信卫星超高频持续通信网,负责发展和采购此系统的替代系统——多用户目标系统,并且采购海军地面终端。海军空间司令部的基本任务是对世界范围内的舰队和舰队陆战队作战单位提供直接的空间支援,无论这些作战单位是常规部署、训练还是作出应急反应。

二、国家侦察局

国家侦察局是美国政府的空间侦察系统的国家级管理机构。国家侦察局主要职责是负责研发所需的空间信息系统新技术,大规模系统工程设计,空间侦察系统的发展、采购和运行;保障国家安全使命所需的相关情报活动。虽然国家侦察局是国防部的机构,但它的预算即"国家侦察计划"是"国家外国情报计划"的一部分。中情局局长批准"国家侦察计划"和"国家外国情报计划"的其他部分,并为其提供指导。国防部长应确保实施根据中情局局长决定确定的"国家外国情报计划"中国防部应完成的那一部分。鉴此,国家侦察局受这些部门的共同掣肘。

国家侦察局曾是美国政府的系统采购局。在其初创初期,国家侦察局只是一个较小组织,非常脆弱。在开发先进技术和系统预研方面发挥了较大的作用,解决了涉及情报收集方面的诸多困难问题,具有优良的系统工程能力。随着空间信息系统重要性凸显,国家侦察局也得到了较大的发展,和初创时期承担的任务已大不相同。其职责除了管理涉及空间的大量项目,还注重关注空间信息系统相关的前沿研究。国家侦察局将负责提升前沿研究和技术转化为先进系统的应用能力。

国家侦察局在收集全球情报方面非常成功,这些工作的影响涉及美国多个领域,使用户对卫星侦察成果的依赖性越来越大。国家侦察局为了减少资源紧张的情况对用户服务的影响,花费了大量时间对卫星侦察项目进行了维护。国家侦察局在计划采购新系统时倾向于在减少技术风险的同时强调效用性和可靠性。这种考虑偏重于改进提高现有系统,对体现革命性先进技术的新系统的开发则不太重视。

三、联邦政府各部

(一)商业部

拥有应用卫星计划,主要是诺阿(NOAA)卫星系统,供其所辖的国家海洋和大气局使用。国家标准局、国家电信和服务局、海洋管理局、人口普查局以及国家海洋和大气局所辖的国家气象服务处、国家海洋渔业服务处、国家海洋调查处、环境研究所、环境数据和信息服务处,也大量使用或出售卫星照片和数据。

(二)能源部

在空间信息系统的投入和研究方面占有众多预算份额,仅次于国防部和 NASA,主要用于火箭和核聚变的研究,旨在研制核推进系统和空间能源。该部的航天核系统处曾与NASA 合组计划协调委员会,以协调双方的工作。

(三)国务院

协调美国同外国的空间合作,为美国参加国际合作和学术、技术、贸易活动创造条件。它在联合国机构中代表美国参加有关航天和外层空间问题的会谈和签约,协助NASA 和政府其他机构起草美外双边或多边协议。

(四)运输部

其空间活动多数是为联邦航空局和海岸警备队服务,海岸警备队利用通信卫星进行通信和海事活动。联邦航空局利用卫星系统进行飞机导航和空中交通管制。该部对NASA 的发射活动给予支援。该部下设民用航天运输局,对国内外办理民用航天运输及发射等事宜。

(五)农业部

负责研究并应用遥感技术,测报农作物长势和土壤墒情、虫害、水文和野生动植物的信息和数据,改进农业生产;它对真假植被的分析对军事伪装和反伪装也有一定价值。

(六)环保局

利用卫星遥感监测地球环境,包括研制、优化、试验、应用监测环境的设备和方法,调查、分析环境的特性,此外,还对月球和行星进行遥感探测和研究。该局与 NASA 合作设计了地球资源卫星,后改名陆地卫星。它设在北达科他州苏福尔斯的地球资源观测系统数据中心,一直向美国军事单位、工业界和社会提供不同需求的遥感卫星照片和数据。

（七）政府独立机构和公司

（1）联邦通信委员会

联邦通信委员会管理政府以外的许多通信卫星。该委员会对申请经营通信卫星的公司颁发许可证，进行等级评定并规定其相应权利。该委员会还为通信卫星规定技术规范，向国际无线电协会等机构提出美国对有关频率分配、对外直播等问题的建议。

（2）国际通信局

国际通信局在 NASA 设有联络处，在各航天发射基地设有办事处，以便向国内外报导美国航天发射等消息。

（3）国家科学基金会

国家科学基金会的任务是促进航天基础研究，向国家科学院空间科学部提供半数的活动基金，同 NASA 进行空间天文学方面的合作。

（4）军备控制与裁军署

同国防部合作发射过一系列核探测卫星，并签订一些国际条约，如《核禁试条约》、《外层空间条约》等，并在限制战略武器会谈、削减战略武器会谈中发挥重要作用。

四、非政府组织

例如忧思科学家联盟这样的组织，从学术的角度提出政策建议。

第四节　政策的执行

美国空间各种政策的执行有严格程序，由各相关部门落实政策的规划，并将分管的业务细化。

一、规划、计划和预算流程

美国的空间信息系统建设涉及美国的重大决策，在类似的项目建设中，例如重大武器系统的政策落实和建设，一直执行规划—计划—预算制度，这个制度是美国管理重大系统的基本制度。美国为确定某财政年度的重大项目研制立项和预算，需要提前大约两年多时间，首先进行规划，在规划前提下制订计划，在计划基础上确定预算。

规划从每年 2 月份开始。各军种中各专业司令部或联合司令部向参谋长联席会议呈报该司令部的规划素材。参联会起草一份"联合战略规划"，阐明内容包括对敌情威胁所做的综合军事评估，建议达到的国家军事目标，实现这些目标所用的战略，实现这些战略的规划，实现这些规划达到的能力，为获得这种能力要冒的风险等。于当年 9 月份呈报国防部领导。同时上报的还有一份"远期战略联合评定"，阐明从中期向远期规划过渡的设想。分管国防政策的国防部副部长在审读这两份文件、考虑过其中的建议之后，领导起草本年度的"国防指导原则草案"，起草中也参阅各部门的意见及素材。"国防指导原则草案"起草后，除在国防部、参谋长联席会议、各军种、各司令部传阅外，也在国家安全委员会和国务院传阅，以广泛征求意见。在吸收各方面意见后，将"国防指导原则草案"定稿为"国防指导原则"，连同"联合战略规划"文件，于翌年 1 月颁布，就此结束了规划阶段。规划阶段共经历 11 个月左右。

在计划阶段,各军种和国防部各业务局,按照"国防指导原则",起草自己的计划。计划写成"计划指标备忘录"的形式,阐述对任务的要求和要达到的指标,达到指标的措施,以及各项计划的资源和资金分配。计划初稿于这年5月份呈报国防部领导审查,各军种计划还报参联会审查。然后参联会向国防部长报一份"联合计划评审备忘录"。国防部成立一个审核组,审核各军种、国防部各局的"计划指标备忘录"是否遵守"国防指导原则"。对计划中的各种问题,在同国防部长磋商后,按军种写成"计划决策备忘录"。国防资源局于8月份完成审查工作,并公布各军种、各局按此备忘录修改过的"计划指标备忘录",计划阶段即告完成。此阶段历时7个月,最后进入预算阶段。

预算阶段为同年9月,各军种和国防部各业务局按照修订的"计划指标备忘录",向国防部提出预算框算,然后由国防部长办公厅和管理与预算局进行严格审查。审查的结果写成"计划预算决定",由国防部长或副部长签署。但若对被审查者有争议,就由国防资源局提出解决建议,有时由国防部长或副部长会见争议一方,商定最终决定,做出"计划预算决定修订本",予以公布。在12月,总统会同国防部长对预算进行审查后,让管理与预算局将国防部的预算纳入总统的"国家预算咨文",于下一年的1月份向国会提出。这一阶段为时5个月。

提交国会后,国会还要用几个月的时间进行审查和最后的批准。

二、费用管理

(一)国防部空天经费管理

（1）预算形式

美国国防部预算常以3种形式表达:一种是按陆、海、空三军,国防部各局列表;一种是按项目列出预算表;一种是按研究、研制、试验鉴定和采购等分类列表。

（2）预算过程

国会在收到总统预算咨文15天内召开会议,研究这个咨文。研究的依据是国防授权法和国防拨款法。"授权"是国会讨论各项目及其管理所需经费后,按把该项目办得最好所应开支的最大额度考虑,给各项目分配的预算。而授权后在拨款过程中,常因拨款资金不足,或因各项目间争夺款项的结果,使拨款额度少于授权额度。虽然这种情况只发生在部分项目上,授权和拨款的差额也不大,但毕竟两笔数字是不同的。

审查预算咨文先从众议院开始,预算委员会和拨款委员会下设若干小组委员会,对预算逐项进行严格推敲。它们研究的结果,以拨款法案和税收法案的形式转给参议院,由参议院的预算委员会和拨款委员会进行审查。两院常常在协议折中取得共识后,才将预算授权作为正式法案通过,报总统审批签署后执行。

（3）经费管理

① 审查。在国防部空间信息系统研究、研制项目中,凡研制费超过2亿美元,或生产费超过10亿美元者,都要由国防采办委员会审查;凡研制费超过7500万美元或生产费超过3亿美元者,都归入"大型武器系统"进行管理。这一过程的重要特征是在研制(采办)的4个阶段进行4次阶段审定,即在军方提出作战需求后进行第1阶段审定;在方案论证与定案阶段进行第2阶段审定,决定是否立项;在考核验证阶段进行第3阶段审定,决定是否进行全面研制;在全面研制阶段进行第4阶段审定,决定是否投

入批量生产。

② 开支。研究、研制、试验、鉴定费在国防部支出项目中属于第 6 类开支。

（二）NASA 的空天经费管理

NASA 的航天经费预算过程也很复杂,所以美国政府管理和预算局要它同政府其他机构一样,提前制订第三年的预算。这样一来,NASA 每年都同时有三项预算工作在进行中:一为当年的预算,它正被执行中;二为明年的预算,它正在受管理与预算局—总统—国会的审查过程中;三为后年的预算,是 NASA 总部根据各航天中心呈报的科研和工程项目预算汇总、平衡后编制出来的。

NASA 的预算分 4 大块:研究与研制;空间飞行控制与数据通信;研究与项目管理;设施建造。后两笔钱不分年度,只要在规定的若干年内用完即可。允许 NASA 在 4 大块预算间做内部调节使用,但只允许把研究与研制费的 5% 转用于研究与项目管理。

NASA 的预算报到管理与预算局之后,该局先削掉它认为 NASA 预算中该削减的部分。在就削减后的预算与 NASA 取得共识后,再纳入总统的预算咨文一起上报国会。国会两院的授权委员会(预算委员会)及其几个小组委员会对 NASA 的预算及其开支项目逐项进行研究,两院的授权委员会都有权增减 NASA 的预算额度,遇有意见相左时则召开两院授权委员会联席会议,共同制定一个向 NASA 的最高拨款额,有时还就这笔钱怎样用加以限制,或施加先决条件。然后把这些决定转给两院拨款委员会审查执行。各拨款委员会也有权调整 NASA 的预算申请额度,但它们不像授权委员会那样逐项细查。最后定下来的拨款额度,就是 NASA 两年后的实际开支额。例如拨款委员会 2011 年列入计划拨款中的资金,也就是 NASA 在 2013 年概算额度的实际数字。由于以上预算过程是逐年滚动式的,所以 NASA 每年都可得到今后第三年的概算数字,并可凭借这些数字制订它自己的 5 年研究、研制和预算计划。

三、项目管理

（一）装备项目管理

（1）重大装备项目管理

重大装备系统是指其研究、研制、试验、鉴定费用超过 2 亿美元,生产费用超过 10 亿美元的系统。其取得过程分 10 个步骤:①明确需求;②征集并探索各种方案与途径;③预算与筹资;④进行试验论证;⑤选择项目;⑥选择厂商;⑦进行成本和价格分析;⑧谈判并授予合同;⑨进行合同管理;⑩实际使用和操作。

这一过程通常又可分为概念探讨、论证与定案、全面研制、采购与部署 4 个阶段。在每个阶段开始前都要进行审查,审查内容是该项目所处状态,审查结果决定该项目是否应转入下一阶段,或继续当前阶段研究,或应予取消。最高审查组织是"国防系统采办审查委员会",它通常在论证与定案阶段和大规模研制之前审查该项目。

各军种将其对新武器的申请写入"重大武器系统开端理由书"中,连同"计划指标备忘录"一同呈报国防部长。理由书的指标有:①改善性能;②经济可行性;③技术先进;④风险小;⑤质量高;⑥能加强本行业的基础;⑦社会经济考虑等。

如果该项目在"计划决策备忘录"中批准研制,则任命一名项目负责人,成立项目办公室,这就表明概念探讨阶段开始。

系统项目办公室是整个系统产生过程的核心,项目办公室主任负责拟订和管理项目预算与项目进度,制订项目置办策略和安排研究、设计、发展、试验和生产等,确保后勤保障,以及合同的选择、会谈和登记。项目办公室下设项目管理、工程施工、后勤供应、生产、试验、培训和录用专家等组织,它们协助项目负责人工作。

每个项目在每年申请预算(按规划—计划—预算制度,任何项目都得每年申请一次预算)时还要进行年度评审。若项目成本超支或拖期,或对性能要求出现争议,还要受管理与预算局、总审计局和参、众两院有关委员会的调查。

(2)军用航天系统项目管理

空军系统司令部航天系统部取得航天系统项目的过程只和上述重大装备取得过程略有不同,它分为4个阶段:

第1阶段也叫概念探讨阶段,目的是起草对该系统的初步建议。它在"重大航天系统新开端理由书"被批准、系统项目办公室成立之后,就开始发出全系统研究建议征集书(招标书),然后根据投标者的多少和可用资金的额度,向3~5家公司授予固定价格合同,让它们起草系统设计建议书(投标书)。然后评审投标书,并选择其中最好的几份转入第2阶段。

第2阶段为方案论证与定案阶段。投标者把投标书细化,并进行大量工程设计,以准备竞争投标用的工作包。项目办公室要为投标者的技术资料保密。它还要进行初步设计审查,这些设计说明书和设计要求一经审查通过,就转入第3阶段。

第3阶段为全面研制阶段。系统项目办公室发出全面研制招标书,投标者投交设计建议书。项目办公室召开选标会议进行评选,然后与中标者会谈并授予"成本+奖励费"合同。而中标者(主包商)则建造该航天项目的一个或多个研制样机,以及地面辅助设备和用户设备的研制样机。研制样机用于发射,整个航天系统也进行服役试验。这个阶段可持续2~8年。如审查通过,即转入生产和部署阶段。由于航天产品复杂昂贵,而经费有限,从来不曾采用过选两家使之竞争或对两家承包商签订同一项合同的作法。

在整个过程中采用什么合同,要看项目各阶段所冒的风险大小而定。概念研究反映的是系统初步设计,只是纸上作业,所冒风险甚小,采用固定价格合同即可。这种合同的成本控制全由承包商承担。但也有的公司在概念研究阶段花的钱超过合同价格,它们的目的是竞争下几个阶段的合同。从来没有哪家公司没进行概念研究就能拿到论证定案或全面研制合同的,相反总是在完成概念研究的3~5家公司中择优进行论证定案研究;然后再从完成论证定案研究的公司中选一家进行全面研制。所以一家公司要在争夺重大航天系统的承包的竞争中获胜,它就首先必须在概念研究和论证定案两阶段获胜。

在全面研制阶段,承包商把纸上作业变成实物硬件,此时风险大大提高。例如美国的国防卫星通信系统Ⅲ、国防气象卫星计划、国防支援计划以及导航星全球定位系统,都曾在全面研制阶段出现造价超支和进度拖期。国防卫星通信系统Ⅲ的全面研制合同就做了284条更改。对产品的要求愈高,承包商愈是会遇到问题。所以,全面研制的风险较大,就必须采用"成本加……"类型的合同,增加固定额度的利润。

第4阶段为生产和部署阶段。生产合同一般采用固定价格合同。因为设计更改和研制风险大多数都在全面研制阶段得到解决,少数更改出现在生产和部署阶段,由用户与承包商协商解决即可。

美国逐步完善的空间信息基础设施,使其在空间信息能力方面一枝独秀,长远的战略规划和有序的计划、规划、准备使美国空间信息系统的建设日趋成熟,由此也带来越来越多的收益。

第三章　美国空间信息对抗的政策体系

自"二战"结束以来,美国一直重视国防领域的立法工作,建立起由法律、行政命令、总统指令等组成的较为完备的国防与军队建设政策体系。在空间领域的各项活动也是在美国一系列政策法规的规划和指导下有序发展。美国空间信息系统发展的政策体系包括:航天法规、国家航天政策、总统指令、国防部航天政策、空军航天政策、国家航天发展规划、国防部战略计划和航宇局战略计划等。

美国没有专门"空间信息对抗"概念的提法,但在国防与军队建设实践中,从约翰逊政府时期开始,就认识到军事空间的战略地位,后来的各界政府,通过不同的文件规划相关系统的建设和发展。美国空间信息系统的政策,包括涉及空间信息系统建设相关的法律、法规、规章、指令以及标准规范等内容。

美国空间信息系统建设从 20 世纪 50 年代中期开始,与信息技术的发展相适应,一直呈现快速发展的势头,空间信息系统建设法规政策也经历了一个从无序到有序、不断调整、逐步完善的过程。美国立法制度是以判例为基础构建的,没有设立封闭的、涵盖未来一切事务的原则、制度和概念,因而美国空间信息对抗的发展与走向的法规政策分散于美国各项法律、法规与政策体系之中,并且根据空间信息系统建设实践,不断进行修订和完善。

从 20 世纪 50 年代至今,美国政府多次发布《国家空间政策》。美国的《国家空间政策》是指导国家空间技术活动,协调各部门在空间活动中的相互关系,推动国家空间能力持续发展的顶层战略性政策性文件,也是美国关于军事空间发展的顶层政策规划。此外,美国军方也以《美国国防战略》《美国国家安全战略》《国防部空间政策》《美空军空间政策》《作战条令》《空间作战》等各种方式发布新的军事空间政策,这些政策在美国空间政策的整体规划下,制定详细的发展规划。美国的军事空间政策是国家空间政策的重要组成部分,在国家军事空间政策的指导下,具体制定空间信息对抗的指导原则,规划军事空间信息对抗活动。

第一节　美国空间战略的指导原则

控制空间、谋求空间信息对抗的绝对优势是美国军事空间政策既定的长远目标,而实现空间武器化是美国暗中不断加强的重要手段之一。自美国空间事业诞生之日起,美国就在不遗余力地向着这个目标迈进,在该领域,美国一方面打压其他国家的发展,一方面通过制订规则企图长远处于主导地位。然而,受技术发展水平的制约,这一目标在今后要有一个漫长的过程。当前及未来的相当长时间,美国军事空间信息能力的重点发展方向仍将是军事卫星应用系统的发展,通过夺取和保持空间信息优势支持地面作战和反恐活动。在历年的美国国家空间政策中强调的主要目标是确保美国拥有强大的空间能力,夺取和维持美国在空间领域的领先地位。在美国国家空间政策中关于军事空间能力的发展享有优先发展地位。美国军事空间政策是对美国国家空间政策关于军事空间活动的进一步诠释,寻求将空间能力应用于军事领域的技术途径,并确立军事空间信息系统应用体系建设的指导方针。美国军事空间政策在长期发展过程中体现了一些基本不变的指导原则,主要有夺取和维持其在军事空间领域的领先地位;确保在空间自由行动的权利;坚持军、民、商空间部门协调发展,以及营造与其军事空间力量建设目标相适应的国际法律环境等。

一、夺取和维持美国在军事空间信息领域的领先地位

进入新世纪以来,随着世界各国空间能力的迅速提高,美国军事空间政策中历来所强调的空间信息的威慑作用,将要遭遇对手反威慑的挑战。美国军事空间政策为了应对针对美国空间信息系统的反威慑威胁,要投入很大的力量发展卫星防护系统,并在反卫星技术研发方面继续保持领先水平。美国认为,要实现国家安全目标,美国必须保持在军事空间信息系统领域的领先地位。这种领先地位具体体现在技术能力、工业基础以及空间专业人才培养等诸多方面。

为保持在技术能力方面的领先地位,美国的空间政策保证美国各种技术的生成环境,比如美国积极发展各种先进的运载火箭推进技术,不断提高运载火箭的运载量,增强火箭的冗余性、兼容性和可靠性,降低运载火箭进入空间的成本;将各种卫星技术作为军事空间领域的发展重点,重点研发空间侦察、监视、导航、气象与通信等航天系统,以提高这些系统在军事作战中的应用能力;积极研发反卫星技术,随时具有剥夺对手进入和使用空间的权利,在对抗中处于绝对优势地位;积极发展各种天基武器,为未来的空间作战做好准备等。

为保持空间信息基础方面的优势,美国将不断加大对空间基础设施方面的投入。美国对空间信息领域的巨大投资使得美国获得了空间信息能力的全球领导地位,其将来的政策导向仍然保持这种延续,确保空间投资的绝对领先。

提供保留优秀人才的政策。为维持空间信息系统方面的人才优势,就要求在军事部门、政府部门、学术研究院和工业界培养和保留一支能掌握高度复杂技术的优秀专业人才队伍。对这些人才的要求是:能制订新的条令和操作方案,这些条令和操作方案涉及空间信息获取与传输、信息分析、进攻性和防御性空间作战、空间力量投送和其他空间军事应用等诸多领域;操作最复杂的信息系统。为确保所需的人才,国防部、情报部门乃至美国全国通过加强职业发展、教育和训练方面的投资,使其置于较高的优先权。

美国对空间领域"保持领先地位"概念的内涵随着形势变化而改变。1982年的美国空间政策认为,对空间领域"保持领先地位"就是"在所有空间领域都要处于世界领先地位"。在经历了天基反卫失败、航天飞机失事等一系列重大挫折后,在1988年出台的国家空间政策中,对在空间领域"保持领先地位"有了新的解释:"在竞争日益激烈的国际环境中保持领先地位并不意味着要求美国在所有空间领域均处于领先地位,而是要求美国在能对取得国家安全、科技、经济和对外政策目标起至关重要作用的关键空间活动领域中处于领先地位。"

二、确保美国在空间自由行动的权利

美国认为,拥有进入空间和利用空间的能力是美国国家的重要利益所在。空间行动自由权是美国的基本主张,而且否定其他国家同样的权利。

美国坚持其自由进入空间的权利,有着深刻的军事内涵。美军认为,与陆、海、空一样,空间是一种支持国家安全的作战媒质,在空间可以实施空间支持、空间力量增强、空间控制和空间力量运用任务。而自由进入空间,是实现这四项任务的前提。冷战期间,美国的空间资产对监视苏联的战略核部署起到了关键作用。冷战结束后,尤其是进入新世纪以来,美国军事力量在多次的军事行动中取得明显优势,其空间力量发挥了不可或缺的作用,而安全可靠地进入空间是使美军空间资产能发挥其作战效能的前提和基础。因此,美国的军事空间政策同样强调美国的权利,美国拒绝承认其他任何国家对外层空间或星球声称拥有主权,拒绝对其开展空间活动和从空间获取数据的基本权利进行任何限制,美国将其空间信息系统视为国家财产,空间信息系统享有不受干扰地通过空间和在空间运行的权利,有意干扰其空间信息系统将被视为对美国主权的侵犯。

在冷战初期,美国空间技术能力落后于苏联。美国为保持其自由进入空间的权利,提出"和平利用"空间。在冷战中后期,美国的空间技术能力获得很大发展,能与苏联相抗衡,对"和平利用空间"又有了新的解释:"和平目的"允许美国为了国家利益开展相关的国防和情报活动。冷战结束后,尤其是进入新世纪以来,美国在军事空间领域取得绝对优势,进而提出:"美国将劝阻或吓阻其他国家发展阻碍美国自由进入空间的能力,必要时采取行动,拒止对手利用空间能力损害美国国家利益。",意味着美国将在保障其自由进入空间权利的同时,随时剥夺对手进入空间的权利。美国一贯采取实用主义的态度:在某一领域落后于对手或取得了强大的领先地位时,它都要积极推动这一领域的国际控制,借此限制对手的发展;而在需要宽松的发展空间时,它就要拒绝和摆脱这一领域的国际束缚。

三、坚持军、民、商空间活动协调发展的途径,开展有限的国际合作

美国的空间事业起源是先有军、再有民、后有商。艾森豪威尔政府时期的《国家航空与航天法案》明确,由国防部负责空间防御、空间武器研发与空间军事行动,其他空间活动由新成立的美国国家航空航天局负责。到里根政府时期,商业空间活动开始有了较大的发展,在里根政府时期发布的国家空间政策中,首次提出美国的空间活动由军、民、商三个独立的部门完成,从而确立了商业空间活动在国家空间政策中的地位。2006年发布的国家空间政策根据有关法案和法规,突出强调国防部长、国家情报局长、NASA局长与商务部长之间要加强协调,共同对涉及国家安全的空间信息系统发展负责。

美国的国家军事空间政策导向侧重部门间的协调合作。在美国的空间信息活动未来的趋势中,这种协调发展在政策中更加得到强化,美国这种由军、民、商共同发展、管理和推进空间事业的格局是由空间活动本身的特性所决定的。开发和利用空间一方面将给政治、军事、经济、文化等社会各个领域带来巨大的效益;另一方面又需要高强度的资源投入、承担很高的政治和经济风险。空间系统必须也只能由多个部门的联合参与,这是各个国家的空间活动所普遍遵循的原则。所以,整合、协调军、民、商各部门空间活动

的指导思想和政策措施是美国家空间政策和军事空间政策的重要内容。军事空间技术的发展将会带动民用和商用空间技术水平的提高;而民用和商用空间活动的迅猛发展又能为军事空间活动提供坚实的技术基础,显著降低成本,缩短开发周期。

军、民、商共同参与空间活动的体制促进了美国空间能力的快速发展,但由于军、民、商空间部门在组织结构上相互独立,有着各自的管理、预算控制和政策监督体系,再加上信息沟通不够,从而造成了许多不必要的重复建设和资源浪费。为了克服这种弊端,美各个时期的国家空间政策都强调要加强各部门的协调与合作,并成立"空间高级机构协调小组"、"国家空间安全委员会"之类的机构,为部门之间建立密切协作关系提供组织保证。

美国国家军事空间政策推行军、民、商结合的发展途径,通过发展民用和商用空间信息系统,首先是带动了军用空间技术的发展,发展民用通信和导航技术,可提高军事通信能力和空间武器能力;发展载人航天的飞船返回技术可用于提高美军的天对地打击精度;发展小卫星编队飞行技术,可改进卫星的精确在轨控制能力,提高美军的反卫星作战能力。其次是增加了军事空间计划的隐蔽性,有利于取得民众的支持,获得更多的资金来源。更值得关注的是,商用卫星在战时可以提供信息支援,直接增加了空间作战能力。

美国的国家空间政策倡导在空间技术领域开展适度的国际合作。美一方面需要通过国际合作展现其和平利用外层空间的形象,并借助别国的资金和技术发展自己的空间能力;另一方面,航天技术的两用性又使得美国在合作过程中必须顾及泄露技术秘密的风险。因此在国际技术合作过程中,美国不可能与合作方完全共享关键信息。美国在军事空间领域很少与其他国家进行合作,无论研制、生产还是发射军用卫星,完全由美国自己来承担。即使是国际空间站、合作发射卫星等项,合作也是十分谨慎的。因此,实现真正意义上的国际合作,存在巨大的障碍。

美国政府可能在符合美国国家安全利益的前提下,适时与其他国家或组织就空间活动展开国际合作。开展这种合作的前提条件是,这些空间活动需使合作双方共同受益,增进空间和平探索和利用,促进国家安全、国土安全,以及对外政策目标的实现。由此可见,这种合作是有限的、有条件的。

四、营造由美国主导的国际法律环境

国际空间军控形势直接影响着美国军事空间活动,因此,美国历届政府的军事空间政策都包括与其军事空间力量建设相配合的空间军控政策,以营造有利的国际法律环境。

目前,还没有国家使用专门的空间武器,或者故意破坏他国的卫星,空间用户已经自愿制定出缓解空间碎片的指导原则以保护空间环境。然而令人担忧的是,目前还没有制定出有效的机制应对日益增长的挑战。例如:避免卫星之间以及卫星与碎片之间的碰撞、解决空间利用中的潜在冲突;建立空间发展国家间的协作关系,这可能使彼此消除疑虑、澄清意图。

外层空间条约,是空间法律的基础文件,它的条款为空间管理提供了基础的指导原则。但是该条约在处理紧急现实问题时作用有限,并且缔结多年来,各空间强国没有对其修订和细化给予足够的关注。一些重要的问题并没有得到清楚的回答,比如如何保护卫星免受破坏,如何防止空间环境恶化。另外,外层空间条约缺乏一个解决分歧的协商机制。

美国致力于在国际社会中建立有关空间资产行动和卫星发射的"准则",以规范各国在空间的"行为",即由美国主导建立所谓的"空间国际法"。这意味着美国要开始再一次充当国际规则的制定者,新规则必定以美国及其盟国的空间利益为先,同时限制其他国家发展空间能力。

第二节　美国空间信息对抗政策体系

美国在《国家空间政策》《美国国防战略》《美国国家安全战略》指导下,制定、完善利用外层空间、保卫国家安全的空间军事活动政策体系,并指导规划着空间信息系统建设。美国的军事空间政策分为法规、国家政策、总统指令、国防部政策和计划与军种的计划等几个层次,与军事空间信息对抗活动有关的政策主要集中于国防部这一层次外。所有这些空间政策,再加上美国参加的国际性空间条约和法规,构成了美国空间信息对抗政策体系。

美军空间信息系统建设法规政策纵向上分为国会制订的法律,政府(总统及国家行政部门)的总统指令或制订的行政法规、政策,国防部制订的规章、指令、指示与标准规范,以及军种制定的计划4个层次。其中,国会法律位于顶层,权威性最高,一般较为宏观,为下位法规提供宏观指导;行政法规政策包括总统行政命令与政策,依据国会法律结合现实需要制定,种类繁多、内容丰富;国防部指令、指示、规章制度,根据国会法律以及行政机关法规制定,与实际工作结合紧密,内容具体、操作性强,是开展空间信息系统建设各项工作的具体指南;各军兵种根据兵种的发展规划和作战能力需求制定相应计划、条例条令,规划着本兵种相关领域的发展。在这个体系中,空间法规是美国开展空间活动的法律依据,国家空间政策是政府指导空间括动的纲领性文件,总统的相关指令是有关空间信息系统建设的指导性文件,国防部空间政策规定国家空间政策中有关军事空间活动条款的具体贯彻和落实。美国军事空间活动按照美国的法律规定由国防部统管。美国的空间计划具有较强的操作性,规定了具体年限内所要做的具体工作计划,包括民用空间计划、军用空间计划、空间情报计划和空间商业计划,其中军事空间计划由国防部制订,空间情报计划由国防部会同中央情报局协商制订,具体实施主要由空军负责实施。

一、国会制定的法律

国会是美国最高立法机构,可就武装力量全局性问题和其他重要问题制定法律。国会制定的军队空间信息系统建设方面的法律,一般对美军空间信息系统建设宏观性、全局性问题进行规范,是美军空间信息系统建设必须遵循的基本方针与根本依据。

美国从航天时代开始就对空间研究与开发给予了最大的关注,赋予了航天事业极高的地位,给予了充分的重视。今天无论是就空间活动的范围和水平,还是就国家空间立法的完善程度上来说,美国都是世界上最先进最完善的国家,是世界各国在空间研究与开发,以及配套的立法建设方面效仿的对象。而空间立法之所以在美国得到完备的发展,是与空间活动商业价值的体现,以及有关趋势的加强密切相关的。

国会颁布的法律可分为永久性的基本法、年度法案和特定法律与修正案三种类型。永久性的基本法是指在较长时期内保持相对稳定的、能够长期起作用的法律,如美国宪法等;年度法案主要是指国会每年都要审议通过的国防授权法与拨款法法案;特定法律与修正案是指国会针对某个或某些特定问题所制定的特定法案与修正案,这些法案往往以提案人即议员的姓氏命名(如克林杰一科恩法案等)。空间信息系统建设相关的法律主要属于特定法律与修正案。

为建立统一完善的法规体系,美国国会按类别和领域将各项法律逐一收录在《美国法典》之中。《美国法典》的编纂是一项迄今为止仍在进行的巨大工程。根据国会颁布的法律,美国众议院法律修订委员会办公室可以随时对该法典做出补充或修改,自1926年以来每6年发布一次新的版本,去掉其中的重复性规定,并解决单项法律之间相互矛盾或不一致的情况,以保证法典的时效性。该法典共分为50个大的专题,每个专题下分为篇,之后是章、节、条,每一条中又可以有若干款规定。

航天法规是美国开展航天活动的法律依据。美国的第一个国家空间法案是1958年7月29日通过的《关于航天与外层空间研究法》,依照该法案确立的美国国家民用航天活动的领导机构是美国航空航天局,该法将航天活动纳入了法制化轨道。该法的通过较之1967年联合国通过的《关于各国探索和利用外层空间包括月球与其他天体活动所应遵守原则的条约》还要早9年。

经过多年的发展,目前美国形成了较为完善的空间法规体系,为加速并规范航天工业的产业化和商业化,国会最新批准了多部航天法规。

《国家航天委员会法》提出,随着航天工业对国家科学、公共安全、国防、商业通信等方面的作用日趋重要,建议重新组建国家航天委员会,为总统和国会提供决策咨询。

《零重力零税收法》建议对从事航天活动的公司实行免税,以鼓励相关企业投资航天。

《航天现代投资法》建议加快发展更具商业潜力的商业航天运输业,其不仅是美国经济的重要组成,还事关国家安全和外交利益。

《NASA灵活性法案》赋予NASA招聘科学家和科研人员的权力,允许NASA为员工提供可与私营企业竞争的待遇,防止人才流失,吸引和留住人才。

《遥感应用法》建议成立以NASA为主的项目委员会,处理卫星遥感应用的相关事宜,解决因使用遥感图像而引起的国家、地方和各州之间的矛盾和法律冲突。该法还建议在2008年前开展遥感在国家安全和森林火灾等方面的应用研究。

《商业航天法》建议政府加大对仍处于起步阶段的航天旅游业的投资力度,以加快发展航天旅游业。

《商业航天发射法》建议政府应保护国内商业航天运输业,特别是应鼓励商业载人航天的发展。

《太空探索法》提出了恢复载人航天飞行的新目标,以鼓励探索太阳系和其他星系的生命起源。

《太空保护法》重申了"为和平目的开发和利用太空"的指导思想。

《载人航天飞行独立调查委员会法》针对哥伦比亚号航天飞机失事提出,总统应授权成立由国会认可的、航天专家组成的独立调查委员会,政府官员不得介入事故调查,并提出了政府在开展事故调查中的行为规范。

与大多数比较发达的空间立法国家相比,美国不是通过一个完整的基础性的法典来对国家的空间活动进行完整意义上的规范和调整,而是通过建立一系列配套专门法律来对国家各种形式的空间活动做出规范和调整。

二、行政法规与政策文件

行政法规与政策文件是政府指导空间信息系统建设的纲领性文件。1978 年美国颁布了第一部国家航天政策和民用航天政策,之后又在不同时期颁布了多个行政法规与政策文件。

美国空间政策的总目标是:"通过支持一个强大、稳定和平衡的国家计划,继续保持美国在世界空间领域的领导作用,以实现美国在国家安全、对外政策、经济增长、环境治理和科技进步等方面的发展目标。"在各种政策中,也有许多是关于某一方面发展的单项政策,比如 2003 年 5 月,布什总统签发了上任后的第一部商业空间遥感政策。提出的总目标是:"维护美国在世界遥感领域的领导地位,保持并增强美国商业遥感业的领先优势,以维护美国的国家安全利益和外交利益,促进经济增长和环境治理,保持科学技术领域的先进性。"明确今后政府将优先保证国家安全、国民经济发展以及外交政策所必需的遥感能力,特别是通过商业途径无法获得的有效而可靠的遥感能力。这项政策主要是关于空间遥感的发展目标。

行政法规一般由总统及其下属办事机构制定,包括总统下达的行政命令和联邦政府部门颁布的法规。行政法规是对国会法律和国家整体政策的细化和补充。具体而言,它对上位法的原则规定、授权性规定和主要制度进行量化和细化,对上位法没有具体规定但实际又需要的,则予以补充和完善。国防领域的行政命令一般由行政管理与预算局和军事单位协调进行起草。

为便于各项联邦法规的汇总与管理,美国政府将其颁布的各项行政法规收录于《联邦法规汇编》(CFR)当中,按各规章所管理的内容分为 50 篇专题。这些专题与《美国法典》中的 50 篇专题并不一一对应,但其中有 27 篇是相同或相近的题目。在每篇专题下又分为章、部分、节、条等,各篇所属章节包含法规发布部局的名称。CFR 每年修订一次,具体做法是每一季度修订一定的专题。

空间信息系统建设相关的行政法规与政策文件除了各个机构专门制定和颁布的以外,主要分散在《联邦采办条例》、《联邦采办条例国防部补充条例》及《行政管理与预算局通报》文件等中。《联邦采办条例》列为美国《联邦法规汇编》第 48 篇第 1 章,由美国联邦勤务总署、国防部、国家航空航天局共同制定,是联邦政府规范政府采办行为的基本法规,全面规范了包括国防采办在内的政府采办各类物品和服务项目的方针、政策及其实施细则,包括空间采办的相关规范。《联邦采办条例国防部补充条例》,列为美国《联邦法规汇编》第 48 篇第 2 章,由美国国防部负责制定,具体由国防部负责采办、技术与后勤副部长下的国防采购委员会承担,该补充条例对国防信息技术采办的相关内容进行了规范。《行政管理与预算局通报》如 A – 130 号《联邦信息资源的管理》,A – 11 号《信息技术与电子政务》,A – 127 号《财务管理系统》等。另外,总统办公厅签署的备忘录也由行政管理与预算局发布,如 M – 96 – 20 号备忘录《1996 信息技术管理改革法的实施》,M –

97 – 02 号备忘录《投资信息系统建设》,M – 00 – 10 号备忘录《政府文书削减法的实施程序与指南》等。

另外,国防部在国会法律的规范下,也根据自身情况编制了大量的政策与战略规划文件等,如《国防部转型规划指南》、《国防部首席信息官战略规划》、《国防部信息管理与信息技术战略规划》、《国防部信息保证战略规划》以及《网络中心战战略设想》等。见表 3. 1。

表 3.1   规范美军信息化建设的行政法规与政策文件

行政法规与政策文件名称	主要内容	
联邦政府颁布《联邦采办条例》	美国联邦勤务总署、国防部、国家航空航天局共同制定,对包括信息技术采办在内的政府采购活动进行了规范	1984 年生效,其后定期进行修订
国防部颁布的《联邦采办条例国防部补充条例》	国防部从军方角度对《联邦采办条例》进行补充,规范了军方的采购行为(包括军方的信息技术采办活动)	1984 年生效,其后定期进行修订
总统行政命令	以《行政管理与预算局通报》的形式发布,如 A – 130 号《联邦信息资源的管理》,A – 11 号《信息技术与电子政务》,A – 127 号《财务管理系统》等,对信息资源管理以及电子政务等活动进行了规范	定期出台和修订
总统办公厅签署的备忘录	M – 96 – 20 号(1996 信息技术管理改革法的实施》,M – 97 – 02 号《投资信息系统建设》,M – 00 – 10 号《政府文书削减法的实施程序与指南》,对国会法律给出补充规定	定期出台和修订
国防部发布的政策文件	《国防部转型规划指南》、《国防部首席信息官战略规划》、《国防部信息管理与信息技术战略规划》、《国防部信息保证战略规划》以及《网络中心战战略设想》,对美军信息化建设进行战略规划与政策指导	定期出台

三、主要总统指令

不同时期有关空间信息系统建设的总统指令。见表3.2。

表 3.2   有关空间政策的总统指令文件

总统指令	名称	颁布或更新日期
奥巴马	2009 年 5 月份发布了 3 号"总统研究指令"(PSD – 3)	2009. 05
g w. 布什政府时期	National Security Presidential Directives(NSPD)	NSPD 15:National Space Policy Review(28/6/02)
		NSPD 27:U. S. Commercial Remote Sensing Space Policy(25/4/03)
		NSPD 31:"Vision" for NASA and Goals for Space Science
		NSPD 40:U. S. Space Transportation Policy(21/12/04)

（续）

总统指令	名称	颁布或更新日期
克林顿政府时期 （1993－2001）	Presidential Review Directives（PRD）	PRD－1：Federallaboratories（5/5/94）
		PRD－2：Space Policy（5/15/95）
		PRD－3：Global Positioning System Policy Review（5/18/95）—Press Release
		PRD－4：Review of the University－Government Partnership（9/26/96）
		PRD－6：Renewing the Federal Government－University Research Partnership for the 21st Century（4/27/99）Presidential Review Directives（PRD）
	Presidential Decision Directives（PDD）	PDD－1：Establishment of Presidential Review and Decision Series（1/25/94）
		PDD－2：Convergence of U. S. Polar－Orbiting Operational Environmental Satellite Systems（5/5/94）
		PDD－3：landsat Remote Sensing Strategy 10/6/00
		PDD－4：National Space Transportation Policy（8/5/94）
		PDD－5：Guidelines for Federal laboratory Reform（9/24/95）
		PDD－6：U. S. Global Positioning System Policy（3/28/96）
		PDD－8：National Space Policy（9/16/96）
	National Security Council（NSC）	NSC－49：National Space Policy（9/19/96）
布什政府时期 （1989－1993）	Presidential Decision Directives（PDD）	PDD－1：National Space Policy（11/2/89） PDD－4 National Space launch Strategy（7/10/91）
		PDD－2 Commercial Space launch Policy（9/5/90）
		PDD－3 U. S. Commercial Space Policy Guidelines（2/11/91）
		PDD－5 Landsat Remote Sensing Strategy（2/5/92）
		PDD－6 Space Exploration Initiative（3/9/92）
		PDD－7 Space－Based Global Change Observation（6/5/92）
里根政府时期 （1981－1989）	National Security Study Directives（NSSD）	NSSD 13－82：National Space Strategy（12/15/82）
		NSSD 5－83：Space Station（4/11/83）
		NSSD 3－85：Shuttle Pricing（1/24/85）
		NSSD 6－85：National Space Transportation and Support Study（5/14/85）
	National Security Decision Directives（NSDD）	NSDD 8：Space Transportation System（11/13/81）
		NSDD 42：National Space Policy（7/4/82）
		NSDD 50：Space Assistance and Cooperation Policy（8/6/82）
		NSDD 80：Shuttle Orbiter Production Capability（2/3/83）

（续）

总统指令	名称	颁布或更新日期
里根政府时期 （1981－1989）	National Security Decision Directives（NSDD）	NSDD 5－83：Space Station（4/11/83）
		NSDD 94：Commercialization of Expendable launch Vehicles（5/16/83）
		NSDD 144：National Space Strategy（8/16/84）
		NSDD 164：National Security launch Strategy（2/25/85）
		NSDD 181：Shuttle Pricing for Foreign and Commercial Users
		NSDD 195：The U. S. Position：Nuclear and Space Talks（10/30/85）
		NSDD 254：U. S. Space launch Strategy（12/27/86）
		NSDD 293：National Space Policy（1/5/88）. Fact sheet（2/11/88）
		NSDD 318：Nuclear and Space Talks－－Additional Elements of the U. S. Position（10/24/88）
卡特政府时期 （1977－1981）	Presidential Review Memorandums（PRM）	PRM/ NSC 23：A Coherent U. S. Space Policy（3/28/77）
	Presidential Directives（PD）	PD/NSC25：Scientific or Technological Experiments with Possible large－scale Adverse Environmental Effects and launch of Nuclear Systems into Space（14/12/77）
		PD/NSC 37：National Space Policy（5/11/78）
		PD/NSC 42：Civil and Further National Space Policy（10/10/78）
尼克松、福特 政府时期 （1969－1977）	National Security Study Memorandums（NSSM）	NSSM 71：Advanced Technology And National Security（14/8/69）
		NSSM 72：Intl Space Cooperation Committee（4/9/69）
	National Security Decision Memorandums（NSDM）	NSDM 70：International Space Cooperation：US－USSR Activities
		NSDM 72：Exchange of Technical Data Between the US and the International Space Community
		NSDM187：IntlSpace Cooperation－－Technology and launch Assistance（30/8/72）
		NSDM 306：US－Japan Space Cooperation（9/24/75）
		NSDM 333：Enhanced Survivability of Critical US Military and Intelligence Space Systems（？/7/76）
肯尼迪、约翰逊 政府时期 （1961－1969）	National Security Action Memorandums（NSAM）	NSAM 32：US－USSR Commercial Air Transport Agreement
		NSAM 50：Official Announcement of launching into Space Systems Involving Nuclear Power

（续）

总统指令	名称	颁布或更新日期
肯尼迪、约翰逊政府时期（1961—1969）	National Security Action Memorandums（NSAM）	NSAM129：US – USSR Cooperation in the Exploration of Space
		SAM 144：Assignment of Highest National Priority to the APOLLO Manned lunar landing Program
		NSAM156：Re：Negotiations on Disarmament and Peaceful Uses of Outer Space
		NSAM 183：Space Program for the United States
		NSAM 192：Re："A Separate Arms Control Measure for Outer Space"
		NSAM 207：Assignment of the Highest National Priority to Project CENTAUR
		NSAM 237：Project MERCURY Manned Space Flight（MA – 9）
		NSAM 271：Cooperation with the USSR on Outer Space Matters
		NSAM 285：Cooperation with the USSR on Outer Space Matters
		NSAM 300：Review of Alternative Communications, Navigation, Missile and Space Tracking and Data Acquisition Facilities
		NSAM 301：Intelligence Installations, Ref NSAM 300
		NSAM 338：Policy Re U. S. Assistance in Development Foreign Communications Satellite Capabilities
艾森豪威尔政府时期（1953—1961）	National Security Council（NSC）	NSC 5520：Missile and Space Programs
		NSC 5814/1：Missile and Space Programs
		NSC5906：Basic National Security Policy
		NSC5918：U. S. Policy on Outer Space, January 26, 1960, National Aeronautics and Space Council

四、国防部制定的规章、指令、指示和标准规范

为贯彻落实各项法律、行政法规和总统指令,国防部需要根据本部门的实际情况颁布有关规章,主要包括国防部指令、指示、手册、指南、体系结构与标准规范等。

美国国防部指令是国防部根据法律、法规和规章制定的国防基本政策,用来规范国防部有关官员和部局在其职责范围内的行为;国防部指示是贯彻执行国防部指令的实施办法和具体规定。美国国防部的指令、指示按照统一的编号分成八个系列,即1000系列到8000系列,每个系列中的法规内容涵盖某一领域的管理规定。

国防部指令是对美国关于军事空间政策的细化和进一步明晰,例如国防部指令3100.10《国防部空间政策》声明:"空间是一种媒介,它与陆地、海洋和空中相似,美国军队可以在其中实施军事行动以保证美国的国家安全。"

确保空间自由,保护美国在空间的国家安全利益,是空间和与空间相关的行动的首要任务。

对美国空间信息系统的蓄意干扰将被视为对美国主权的侵犯。美国将采取所有适当的自卫措施,包括根据总统和/或国防部长的指令,动用军队对侵犯美国主权的行为做出反应。

空间作战通过对抗(如有必要)敌方出于恶意使用空间信息系统和服务,为实现美国国家安全目标做出贡献。

表 3.3　美国国防部指令与指示系列

系列	内容
1000 – 1999	规范全军部队编制、人员管理和队伍建设,涉及武装部队的日常行政管理事务,如军队编制组成、组织纪律、人员的募集、教育训练、文化娱乐、福利待遇、提升、调动、退役、奖惩等
1999 – 2999	规范技术装备方面国际合作与交流、军备控制、反扩散与反恐等方面
3000 – 3999	规范国际、特别是与盟国的军事科研合作,涉及采办国际合作、跨军种协议、核生化武器安全政策、航天政策、战争储备物资、靶场与试验基地、科学技术政策、军内科研机构和基础研究等方面
4000 – 4999	规范部队基本设施建设,如住房、医疗、通信设施、物资管理、装备后勤保障、军事装备的维修保养、零备件的采购、交通与运输管理、制造技术计划、小企业计划、建筑、环境保护等方面
5000 – 5999	规范国防部组织机构职责分工和国防采办,包括与国防采办系统密切相关的组织体系、国防部局、执行机构与实施部门的职责,以及采办政策、采办程序、采办队伍、工业能力评估、建模与仿真、试验与鉴定、安全保密、采办条/例、立法、刑事与民事等方面
6000 – 6999	规范军队医疗、卫生、保健等方面
7000 – 7999	规范国防财务管理与审计方面,包括规划、计划与预算系统,合同审计等有关惩处舞弊与浪费等行为
8000 – 8999	规范国防部的信息资源与信息技术管理、信息保障以及计算机网络等方面

美国国防部指令、指示数量众多,目前指令共 650 项,指示共 500 多项。其中,与空间信息系统建设相关的指令和指示主要被编入 3000、4000、5000 和 8000 系列中。这些指令和指示内容具体、实际,是国防部和军种采办管理人员的常用工具书。除此之外,美军还颁布了部分管理手册与指南。

美国军事空间活动由国防部统管,国防部空间政策是对国家空间政策中有关军事活动条款的具体贯彻和落实。美国在利用外层空间保卫国家安全方面处于世界领先地位,得益于完备的军事空间政策。空军作为国防部的航天执行机构,制订空军航天政策,进一步规范军事空间活动。

1999 年 7 月,国防部公布了冷战后的国防部空间政策。该政策提出太空是一种媒介。国防部空间活动的优先任务是要确保美国在空间的行动自由和国家安全利益。空间活动的目标是确保美国的自卫权利和对盟国的防卫义务,确保完成飞行任务和出入太空的能力,确保威慑、预警和反击的能力,确保任何敌对力量无法阻止美国利用外层空间的能力。为此,国防部空间规划的重点是保证美国在空间支援、空间力量增强、空间对抗和空间力量运用等方面必要的能力。

2003 年 5 月,美国借"反恐"的契机,以一些国家发展大规模杀伤性武器和远程弹道导弹为由,颁布了弹道导弹防御政策。政策提出:调整美国的国防能力和威慑能力以应对不断出现的威胁是政府的首要任务,而部署导弹防御系统则是此项任务的重中之重。2004 年部署的导弹防御系统只是美国长期加强防御政策的开始,政府将不断寻求更新导弹防御系统和扩展导弹防御能力,包括部署更多的地基、海基拦截器和PAC-3爱国者导弹以及天基防御系统等。

美国国防部副部长卡特2012年10月18日签署了国防部3100.10号空间政策法令《国防部命令(DODD)3100.10,太空政策》。新版政策对过去指定的国防部空间政策及过去赋予国防部的太空相关活动职责进行了调整更新。政策核心内容包括17条太空政策条文和14个太空岗位的主要职责的描述。

法令指出国防部航天相关活动的目的是:对已制定的国防部航天政策及已赋予的国防部航天相关活动职责进行调整更新,以便与相关文献协调一致。此命令旨在全面应对越来越拥挤、越来越具有对抗性、越来越具有竞争性的太空疆域中面临的挑战。

法令阐述了国防部17项空间政策,包括:为太空活动与航天工业基础提供保障;明确对美国太空系统干扰的类别,国防部将采取必要措施慑止这种攻击;促进合理利用太空,与伙伴合作定义太空作业;共享太空态势感知;促进军事航天工业基础发展;促进国防部与航天、民用和商业航天界的合作;情报信息的任务安排、收集、处理、利用;征召高技能军用和民用航天专业人才等。

第三节　美诸军种空间信息对抗条令

在国家大战略的背景下,美军诸军种对于空间的认识和对抗理论也在不断发生变化,相继出台了多项关于空间对抗的条例、条令,指导美军空间信息对抗的具体举措。

一、空间信息对抗条令

体现在军种条令中,美军空间信息对抗思想的产生最早可以追溯到1959年。在当年颁发的第AFM1-1号条令中,美军首次提出了"航空航天力量"的概念。1971年,在AFM-1号条令中,美军第一次明确了"空军在太空的作用",体现了其太空对抗理论的雏形;1982年10月,美空军正式颁发了第一部太空作战条令,即AFM-6《军事航天理论》;1997年7月,在《2020年联合构想》中,美军首次提出"美国空军必须确保绝对太空优势"的作战理念。1998年4月,在航天司令部颁发的《美国航天司令部长远规划》中,提出"空间监视是获取空间优势的基础,其所带来的近乎实时的态势感知是实现空间控制的基础,使我们可以再空间自由行动"。并系统阐述了包括空间控制、全球作战、力量集成和全球合作等的作战思想。该规划明确提出了美军要以保持空间信息优势为主导,综合运用各种太空武器系统攻击敌陆、海、空、天目标,具备摧毁敌方各种航天器、弹道导弹、飞机、舰船和高价值地面目标的能力,基本明确了21世纪空间对抗能力建设目标,标志着美军空间对抗理论日趋成熟,稳步进入转型期。规划提出的空间控制、全球作战、力量集成和全球合作等作战思想,成为21世纪美军空间对抗理论的基石。美国空军1998年8月颁布了《空间作战条令(AFDD2-2)》,2001年对其进行修订,条令称"空间监视和侦察提供的支持对于空间态势感知是十分重要的",它是美国军事史上第一份关于空间作战行动的文件,为空军组织、训练、装备和使用航天部队提供了指导,是美国空军空间作战行动的依据和准则。该条令明确了空间力量的作用、航天部队的任务、航天部队的指挥、空军的作战地位、支援性航天部队的构成、空间对抗的形式及控制空间的能力。

　　AFDD2 - 2分别于2001年、2004年及2006年进行了3次修订和重新发布,其中2004年修订版改名为《空间对抗作战》条令。美国空军是美军空间力量的主要拥有者,这些条令比较详细地规定了美国空军进行空间作战指挥控制和部署实施的方式。由于空间作战是一个全新的作战领域,相关的作战思想和指挥控制方式还在不断探索之中,因此美国空军作为空间作战的先行者频繁地更新条令。在此基础上,美国参谋长联席会议颁布(JP3 - 14)《空间作战条令》,并在所有军兵种强制实行,代表了美军的空间作战方式探索已告一段落,形成了较为成熟的作战理论。

　　2001年1月和9月,美国国会空间委员会提交的《美国国家安全空间管理和组织评估报告》和国防部发布的《四年防务审查报告》相继提及并解释了"空间态势感知"及其重要性。

　　2002年8月9日,美军参联会颁发第一本《联合空间作战纲要》,系统阐述了美军联合实施空间战的原则、联合空间战的计划与实施,明确了各军种空间司令部的指挥关系,以及各军种的空间战行动、战区空间支援行动等内容,成为指导美军空间对抗行动的纲领性文件。美军认为,实现防空与防天一体化,空中与空间导弹防御一体化是确保美国安全和未来战争胜利的根本保证。从美军退役中将格雷厄姆的"高边疆"理论催生出来的里根总统的"星球大战"计划,到美国空军部长和空军参谋长联合签发的《航空航天保卫21世纪的美国》白皮书,人们都可以看到"天战"的影子。

　　美国空军联合出版物《联合空间作战条令(JP3 - 14)》,出版于2002年。它为计划和执行联合空间作战提供了指南,为所有作战部队(包括陆地、海洋、空中、空间和特别作战力量)提供了空间条令基础。《联合空间作战条令》阐明了空间作战的军事原理,明确了美国航天司令部的职责,为使用空间力量和空间能力建立了基本框架。它具体阐述了军事空间作战的基础、空间机构及其职责、空间力量的指挥控制、空间作战的目标与计划。

　　美国空军2004年8月2日颁布了《空间对抗作战条令(FDD2 - 2.1)》,这是美国空军在《空军转型飞行计划》之后颁布的最新空间作战条令,是第一部空间对抗作战条令。作为《空间作战联合条令》的补充文件,该条令总结了美军已有的空间作战经验,从指挥控制、计划实施、武器装备系统运用等方面阐述了空间对抗作战的具体样式,为运用空中和空间力量确保空间优势提供了作战指南。

　　《空间对抗作战条令》较之美军以往的空间条令更为深化,主要体现在:①首次对空间对抗作战进行独立阐述,并以法令形式规范空间对抗;②以作战行动的具体实施为基础,明确了空间对抗使用的武器装备;③理解并利用国际法与空间法,暗示美国国家空间政策将进行较大的调整;④首次表明美军在必要时可对第三方及中立国的空间信息系统进行打击;⑤将先发制人战略贯彻于空间对抗作战行动中,明确指出"如有必要,美军将采用各种手段提前抑制敌方的空间能力"。

　　2004年8月,美国空军颁布了AFDD2 - 2.1《反空间作战》条令,这是美国空军有史以来首次介绍空间对抗的方法,详细地描述了包括进攻和防御目的在内的对空间信息系统和卫星的对抗部署和实施。事实上,该条令不仅反映了美国空军空间军事化的意图,同时也表明了美军有可能对敌方军事卫星甚至具有民用功能的卫星以及由第三方操控的卫星进行先发制人的攻击。

该条令对防御性反空间作战和进攻性反空间作战作了定义,并提供了进行这两种空间作战的手段。比如,防御性空间作战的类型包括被动防护措施(如针对电磁脉冲进行加固)、攻击探测和分类以及诸如实施机动等主动防护措施,还包括被称为"回射"(shoot - back)的功能,即"对敌反空间能力压制"(SACC),对敌反卫星系统实施攻击,对反卫星系统进行截获,摧毁敌方射频干扰机和激光"致盲"器。同时明确了进攻性反空间作战的对象包括在轨卫星、通信链路、地面站、发射装置、C^4ISR 系统等。

美国空军 2005 年 1 月公布《美国空军转型飞行计划》2004 年版,该报告没有像以前的版本那样涉及所规划的武器系统,特别是与空间战有关的武器系统,在建立所谓"太空优势"上表现出较以前"更友善、更温和"的态度。

该报告第一次明确指出将首选"暂时和可逆"的措施来阻止敌方利用空间的能力,而把对空间设施进行摧毁作为最后的选择;同时指出将尽量减少使用会产生太空碎片的动能武器,并建议采用被动的而非主动的措施对美国空间信息系统进行保护。

2006 年,美空军再次更新了 AFDD2 - 2《空间作战条令》,对空间信息对抗的空间态势感知也进行了详细描述:"有关(目前和未来、友方和敌方)空间事件、威胁、活动、环境以及空间系统(包括天基、地基和链路)状态、能力、限制和部署的必不可少的现实和预测性的知识,它使指挥官、决策者、计划者在全谱作战中获取和保持空间优势。"该条令还明确了空间态势感知是空间作战任务领域之一"空间控制"的重要组成部分,重申了空间态势感知在空间对抗中的地位和作用,指出空间态势感知不仅要感知现在,也要预测未来。

2007 年 7 月,根据美国空军部长的指示,空军条令文件 2 - 9《情报、监视与侦察》颁布,在空军条令文件 2 - 5.2《情报、监视与侦察》的基础上,增加关于空间作战中心情报、监视与侦察方面的内容,细化了情报职权方面的内容。

2009 年 1 月 6 日,美国参谋长联席会议正式发布新版条令文件(JP3 - 14)《空间作战》,用于取代 2002 年 8 月 9 日颁布的旧版《空间作战联合条令》。新版条令用于指导美国陆军、海军、空军、海军陆战队和海岸警备队运用空间力量夺取作战优势。美军参联会主席斯坦利·麦克莱伦在该条令前言中指出:"这份出版物是美军计划、执行和评价联合空间作战的条令,用于指导美国武装力量进行联合作战的活动和行为,是美军进行多部门协调和介入多国作战的条令基础。"由条令内容可以看出,这份条令文件规定了美军使用空间能力、把空间力量集成到联合作战中的总体框架,其地位非常重要。

2009 年 1 月美军在更新后的《联合空间作战条令》中,首次把空间态势感知作为联合空间作战的一项任务。2011 年 7 月 28 日,为与联合条令编号一致,美空军将"AFDD2 - 2"更名为"AFDD3 - 14",标志着包括空间态势感知在内的空间信息对抗理论的统一。

2013 年 5 月,美军颁布 JP3 - 14《联合空间作战条令》,新版条令对空间态势感知的定义进行了高度浓缩和全新解释。

进入 21 世纪以来,美国相关领域的防务专家结合国家安全战略需要并出于牵引作战发展趋势的目的,提出了以联合航空航天力量为主体的对抗理论新构想,先后抛出了"空间信息制胜"、"空间控制战略"、"确保空间信息优势"、"空间机动制胜"等一系列作战、对抗理论,对未来太空作战的顶层架构、对抗形态、方式方法以及太空作战力量的任务、构成和使用都做出了大胆设想和清晰的勾画,其核心思想是强调要以优势的军事航天力量确保控制外层空间,谋求空间信息优势,并把这种优势进一步转化为陆、海、空优势,从而加重战略筹码,以达到有效击败、控制其他敌对国家的目的。

同时,美军坚持认为"转型始于文化,终于文化",成功的转型依赖于太空作战理念根植于全体官兵,必须提高空间信息对抗在军队甚至社会上的认知度和关注度,这就需要建立健全相关条令条例和配套法规建设的支撑。2000 年以来,美军每年出版《空间威胁态势评估》,并根据空间威胁态势变化修改完善,不遗余力宣扬他国空间存在及作战能力,强调空间不对称威胁,为空间作战力量发展奠定舆论基础。先后出台了《基于太空的武器系统及威胁分析》《空间战略主体规划》《国家安全空间力量发展路线图》和《空间对抗作战》等多达 30 余部相关法规、条令和文献。2006 年发布了《国家空间政策》,2008 年通过了《宇宙基本法》,2009 年美空军发布《网络空间司令部战略构想》,并组建了网络空间司令部、全球打击司令部,为美军实施空间信息对抗全面转型奠定了基础。

近年来,美军空间力量为适应其战略转型的需要,领导机构发生了变化。随着美军空间作战机构发生重大调整,美空间司令部并入了战略司令部,相应地,美国陆军空间司令部转变成为陆军战略司令部,海军的空间司令部与海军网络战司令部合并,这些变化将促使美军对现有空间条令进行修订。同时通过总结在阿富汗和伊拉克作战中的经验教训,美军认为在两个方面条令还存在不足,一是对支援战区作战的空间力量缺乏协调和整合,二是伊军对 GPS 干扰机的应用表明对手已经意识到美军作战对空间信息系统的依赖,从而试图破坏美国的空间能力,美军迫切需要进行专门的反空间作战。

二、实施计划

美国空间信息对抗实施计划包括民用空间计划、军用空间计划、情报空间计划和商业空间计划。军事空间计划和情报空间计划由国防部制订,主要由空军负责实施;民用空间计划由 NASA 负责制订并实施;对于商业空间计划,政府只制定政策,具体实施由企业自行完成。

2004 财年空军航天司令部的《战略总体规划》明确提出了未来 15 年美国军事航天计划的目标:在空间支援方面,具备快速反应的空间运输、卫星紧急启动和快速周转的能力。在空间力量增强方面,要拥有天基的地面活动目标指示能力和目标探测、定位、识别与跟踪能力。在空间对抗方面,部署新的天基空间监视系统、攻击探测与预报系统以及提高航天器的自卫生存能力。在空间力量运用方面,拥有从空间实施常规、非核、全球快速打击与交战的能力。

2009 年、2013 年空军出台《空军转型计划》,明确在军事转型过程中,空间的转型目标,未来的职责和任务等。

NASA 战略计划包括未来 20 年美国的航天发展规划、各子战略领域的发展计划以及 NASA 所属航天中心的项目实施计划。

和军事实施计划相对应,NASA 也不断完善实施计划。2003 财年 NASA 战略计划提出的 3 项战略远景是:改善人类的生活质量;延长宇航员在太空的生存时间;探索其他星系的生命。3 项使命任务是:认识和保护地球;探索宇宙,寻找生命;激励和鼓舞下一代航天人。6 个战略领域是:空间科学、地球科学、航空航天技术、空间飞行、生物学研究和教育。其中"生物学研究"和"教育"是 2002 年新增的战略领域。

2004 年 1 月,作为世界上唯一成功实施载人登月计划的国家,布什政府宣布了雄心勃勃的空间探索计划。计划的目标是:2010 年前完成国际空间站计划;2008 年前研制并试飞新型"机组探测飞行器";2008 年前向月球发射无人探测器,2015~2020 年实施载人登月,并为载人火星探索做准备。

在总体计划的指导下,美军制定具体的实施计划。比较典型的计划例如:

XSS - 12 计划

XSS 微小卫星验证计划的目的是为美国空军研究实验室的模块化,在轨服务概念进行相关关键技术的演示验证。XSS 规划系列包括 XSS - 10、XSS - 11 和 XSS - 12,美国空军已于 2003 年和 2005 年发射了 XSS - 10 和 XSS - 11 微小卫星,并进行了大量关键技术的试验验证。XSS - 12 是在 XSS - 11 的基础上用于验证交会对接技术、基于交会对接的在轨服务技术以及用于非对接卫星维修的精确绕飞技术的小型演示卫星。

FREND 计划

在"轨道快车"计划后,美国目前重点发展了针对非合作目标的新一代空间机器人计划,主要目的是增加卫星的寿命以节省成本,验证在轨自主卫星服务的能力以及太空机器人活动有效性。FREND 最大的特点在于能够实现对非合作目标的捕获,这就使其很容易被改造成为反卫星武器。而且 FREND 最终的运行轨道将在地球同步轨道,这就使美国具备了潜在的全轨道高度反卫星的能力。

F6 计划

"F6 计划"是美国五角大楼的国防高级研究计划局(DARPA)启动的一项研究项目,目标是验证一种完成空间任务的新方法。卫星系统具备迅速快捷、机动性强和便于更换等优点,它将使美国军方能十分轻松地将过期或损坏的卫星零部件更换掉。DARPA 透露,与传统的动辄重达数吨的卫星不同,这种新型卫星系统采用了模块化和组合的概念。传统间谍卫星上的重要部件,如间谍相机、各种高技术传感器等将形成一个个单独的小卫星运行在主卫星附近。这些飞得很近的小卫星共同组成一个星群,之间用无线网络互联。

自主纳卫星护卫者(ANGE - 1S)计划

自主纳卫星护卫者部署到工作轨道上后将移动到距离被保护卫星不远的空域,以便当主卫星出现故障时对其运行状态进行评估并找到具体原因。此外,ANGE - 1S 还可用于对载人飞船的热防护层进行检测。ANGE - 1S 卫星的能力包括监视太空气象状况,探测反卫星武器,和主卫星一同诊断技术问题。不过这种技术还有可能被用作反卫星作战。基于 ANGE - 1S 技术开发的微型卫星有可能被装上无线电干扰设备。

协作航天器(TICS)计划

美国国防高级研究计划局在 2007 年 12 月 6 日向潜在竞标商介绍了微小、敏捷卫星星簇的初始设计合同,最终部署后可以为大型航天器提供轨道防护。在 TICS 计划中,DARPA 希望最终建造的卫星重 1~4kg。试验将验证星簇改变编队执行多种任务的能力,范围从太空监视到卫星维修。DARPA 官员认为这种微卫星甚至可以阻拦反卫星武器或其他威胁卫星的物体。执行一次任务后,微卫星星簇可以在轨重新编配,以执行新任务。TICS 项目的及时响应性和灵活性比传统卫星更强,其建造、试验和发射校验要比传统卫星简单、便宜。

第四章　美国空间信息对抗政策的主要内容

随着空间信息系统建设的不断推进,美国逐步建立、健全了空间信息系统建设的政策指令体系,有力地规范了空间信息对抗发展的各项保障工作。作为指导美国空间信息系统建设的指南,政策涉及的内容明确包括人、运行和技术三个因素在内的综合建设政策以及建设体制机制方面的政策。美军在空间信息系统建设政策内容上的更新,反映了美军为了应对空间信息系统不断面临的威胁和挑战,以及新的安全需求。

第一节　空间信息系统管理体制方面的法规政策

管理体制是空间信息系统建设顺利开展的组织基础。美国国会、联邦政府、国防部、情报界及其下属机构制定了详尽的法律法规,对参与美军空间信息系统建设的机构、主管部门及实施单位等做出明确规范,从法律上为美军空间信息系统建设搭建起组织实施框架。

一、管理机构

1958 年美国出台了《关于航天与外层空间研究法》,该法案初步确立了美国空间系统的组织领导体系。根据该法案美国国家民用航天活动的领导机构是美国航空航天局(NASA)。

1958 年 1 月 31 日,美国用"丘比特"C 火箭(改名"丘诺"1 号火箭)成功发射了第一颗人造地球卫星"探险者"1 号。为了加速空间事业的发展,1958 年 2 月美国成立了国防部高级研究计划局,具体负责国家空间计划的实施。同年,美国国会通过《国家航空空间法案》,并于当年 10 月成立美国航空航天局,负责统管民用空间活动,重点是进行空间技术的探索与研发。为了加强军事空间侦察力量建设,1961 年 9 月美国成立了国家侦察局(NRO),该机构受国防部和中央情报局共同领导,主要负责军用侦察卫星的发展。这样,美国就初步形成了以总统和国会为最高决策层、NASA 和国防部分别管理民用和军用空间活动的格局,同苏联在载人空间、卫星应用和空间攻防等领域展开了长达数年的"空间竞赛"活动。

在美苏争霸的大背景下,美国确立的空间活动的管理体制体现了竞赛与对抗的需求,保障了相关科学研究的有序进行。为确保美国空间目标的快速实现,促进各部门之间的密切合作,协调技术与情报的交流,避免不必要的重复,同时也为了更快地形成军事空间方面的优势地位,美国专门设立了由国家最高决策层组成的空间协调机构,主要职责是审查与制定国家空间政策、拟制发展规划与计划、统一协调各部门的空间活动。

1958 至 1973 年,根据总统指令,美国成立的最高空间协调机构是"国家航空空间委员会",由副总统任主席,附设于总统办公室内。1973 年,"国家航空空间委员会"机构撤销,其职能由管理与预算办公室行使。1977 年,卡特总统组建了"空间计划协调委员会",由总统科学顾问普雷斯领导,其成员有国防部、国家安全委员会和 NASA 等单位的代表。该机构的主要职责是对军用与民用、研制和使用部门之间关系进行协调,促进和加强各部门之间的合作。

20 世纪 80 年代初以后,随着空间应用范围的扩大,在美国的空间活动中除了包括民用和军用空间活动外,又出现了新的商业空间活动部分。为此,美国"经济政策委员会"下设一个"商业空间工作组",作为集中处理空间商业事务的管理机构。这样一来,在美国便形成了三个相互独立且具有顶层管理职能的空间活动主管机构。

在里根执政的 1980 至 1988 年,政府组建"高级部际空间小组",主要职能是拟制与审查国家空间政策,协调政府部门对空间政策的执行情况进行监管。其主席由国家安全委员会的官员担任,成员包括国务院、国防部、商务部、运输部、中央情报局、参谋长联席会、NASA 等单位的代表。布什总统 1989 年执政后,于 4 月 20 日正式成立"国家空间委员会",取代"高级部际空间小组"。"国家空间委员会"由十名部长级官员组成,主席是副总统奎尔,其他成员有 NASA 局长、管理与预算办公室主任、总统秘书长、总统安全事务助理、中央情报局局长、国务卿、国防部长、商业部长和运输部长等。该委员会的职责是监督和协调国家空间政策的实施,研究解决政府部门中军用与民用空间活动和非政府部门中商业空间活动的重大政策问题,以及促进各部门之间的合作、技术和情报交流。1993 年克林顿上台后,在当年 11 月 23 日建立了国家科学技术委员会,并使其成为总统协调联邦政府科学、空间探索和技术政策的重要机构,而民用空间政策的制定主要由白宫科技政策办公室(OSTP)和 NASA 共同负责。

除建立最高层次的协调机构外,在同民用空间发展合作方面,美国空军与 NASA 还结成了研究伙伴关系,确保了自由交流与共享空间技术研究信息,加强了双方长期研究规划的协调。从美国空间技术发展的历史来看,空间技术的诞生为其在国家安全中的战略地位奠定了基础,发展军事空间始终是国家战略决策的重要内容。美国一直把保持空间技术的先进性和全球领先地位作为国家的战略目标。为了获取并保持空间技术优势,并为国家安全战略和军事战略服务,美国把加强军事空间顶层管理作为重要战略举措,并由国家最高决策层组成顶层管理和协调机构,督促和强化军事空间的发展。

1996 年制定的《国家空间政策》确定国家科学和技术委员会是总统领导的内阁级组织,是"解决国家空间政策相关问题的主要论坛"。总统办公厅下属的科学技术政策办公室负责协调科技方面的联邦政策,科技政策办公室局长是总统科技助理。在这种意义上,他是总统科技顾问委员会两主席之一,参与国家科技委员会的工作。美国《国家安全政策》规定:"国家科技委员会和国家安全委员会将在恰当时共同主持政策的实施"。1996 年的国家空间政策责令国防部管理空间控制任务的执行,根据该政策细化的美国空军条令进一步指出:"根据条约的职责,美国将开发、执行、保持空间控制能力,以确保空间行动的自由,并且根据指令,剥夺敌人实施空间行动的自由。"

2002 年美国空军航天司令部与战略司令部合并为战略司令部,美国空军航天司令部成为美军战略司令部下设的军种航天司令部,但是美国空军航天司令部领导的空间力量仍然是美军空间力量的主体。

二、军事空间信息系统资产的应用管理

美军的空间信息系统资产按其信息功能可分为空间目标监视、预警、通信、导航等系统。各系统由相应的业务部门管理,各管理部门之间职责分工明确,相互协调,共同完成空间资产的管理。

空间目标监视网主要由 2 个监视中心和分布在全球 16 个不同地点的雷达和光学探测器、天基监视系统构成。其中,主监视中心是位于科罗拉多州夏延山的空军空间控制中心。该中心是北美防空防天司令部和美国战略司令部共同使用的数据处理与监视警戒中心,负责对空间目标特性数据的处理以及空间目标的编目管理。位于弗吉尼亚州达尔格论的原海军空间控制中心,相当于夏延山空间控制中心的备份。空间监视探测器主要包括雷达探测器、射频探测器和光学探测器等,其中大多数探测器由美国战略司令部管理,个别探测器归陆军、林肯实验室等部门管理。为了对空间人造目标建立数据库,空间控制中心首先对最新发射的目标进行探测,将标明空间卫星位置的要素集发送给探测器,探测器根据要素集搜索目标。探测器收集跟踪观测结果,经反馈后进行处理和分析。空间控制中心利用这些信息计算新的要素集,进行新的预测,这一流程将 24 小时不间断进行。

导弹预警卫星系统主要是"国防支援计划"系统,由空军第 21 空间联队的第 2 和第 8 空间警戒中队管理。实施信息传输时,"国防支援计划"卫星地面站通过可生存通信集成系统(SCIS)和军事星卫星系统等通信链路传输导弹预警数据,这些数据报告通过地面站的数据分发中心发送到美国战略司令部、北美防空防天司令部作战中心以及位于内布拉斯加州的备选导弹预警中心等用户。这些中心立即将这些数据送往各个业务局以及世界各地的作战地区。

军用通信卫星系统主要有"国防卫星通信系统"(DSCS),"军事星"系统和"舰队卫星通信系统"(MIISATCOM)等。空军第 50 空间联队分别通过第 3 和第 4 空间作战中队控制"国防卫星道信系统"卫星和"军事星",海军卫星作战中心控制"舰队卫星通信系统"卫星。"国防卫星通信系统"能提供全球通信,既支持大型固定终端,又支持小型机动终端,既提供远程战略通信,又提供近程战术通信;"军事星"为三军提供战略、战术通信和数据中继服务;舰队卫星主要用于海军的战术通信卫星,为作战部队提供低速率的战术性指挥与控制通信服务。

导航卫星系统主要采用"全球定位系统"(GPS),由 24 颗 GPS 卫星组成,分布在 6 个平面轨道上,由空军和运输部共同管理,空军空间司令部总部负责为 GPS 的发展提供经费保障,为 GPS 星座提供空间和地面段支持。为确保导航卫星正常运转并将精确的定位数据传递给 GPS 用户,美军在其境内建立了 1 个主控站,3 个上行数据发送站和 5 个监控站,GPS 的信息获取和运行管理由 GPS 联合计划办公室负责(GPS – JPO)。根据 2004 年 12 月颁布的国家天基导航、定位、授时(PNT)政策,美国成立了国家天基 PNT 执行委员会以代替已有的部际 GPS 联席执行委员会,并对参与 GPS 管理的各个部委的职责进一步明确。新执委会是 GPS 最高级别的联邦政府管理机构,对维持和促进 PNT 结构的政策、机构、需求和资源分配负有战略决策责任,并对各个部局提出的建议进行协调。

气象卫星系统主要包括"国防气象卫星计划"卫星和"诺阿"卫星。"国防气象卫星计划"卫星由美国空军管理,"诺阿"卫星由商务部下属的国家海洋与大气管理局(NOAA)管理。"国防气象卫星计划"卫星可全天候收集全球气象信息、海洋信息以及太阳和地球物理信息等,与"诺阿"等民用气象卫星配合,为美军制定和实施作战计划以及后勤补给等提供较准确的气象预报支持。

第二节　空间信息系统建设战略规划方面的法规政策

空间信息系统建设是一项开创性的工作,对于美国来说,其空间信息系统建设在战略规划方面没有现成经验可供借鉴,只能不断摸索并在实践中不断修正。美军空间信息系统建设的战略规划主要体现在指导军事空间长远建设的政策文件中。

一、国家层面的战略规划

由于空间事业涉及国计民生、国家安全、国家主权和地位,美国一般由总统统管国家空间战略发展问题。由总统授权设立科学技术委员会或空间委员会及类似机构,作为国家空间发展的最高决策咨询机构,对整个空间活动实行统一领导,集中管理,制定发展战略,充分体现了国家在空间管理中的意志。

布什政府上台后,更加强调空间的战略地位,积极吸收《国家安全空间管理与组织评估委员会报告》(2001年初发布)的建议,将国家空间安全利益作为最优先的国家安全事项来考虑。为了预防"空间珍珠港事件"的发生,美军加了对军事空间活动管理机构的调整。如美国国防部继续强调空军为军事空间活动的主要执行部门,负责所有的军事空间活动,并委任一名四星上将专职负责该司令部的工作;指定由空军副部长兼任国家侦察局(NRO)局长,负责管理保密和非保密航天计划的采办;任命四星上将、空间问题专家理查德·迈尔斯担任参谋长联席会议主席一职。这些重大任命表明,军事空间活动的决策与管理受到了美国国家最高当局的高度重视。

在国家战略层面的空间政策,往往关系到国家发展和国家安全的整体规划和导向。比如2010年6月,奥巴马政府发布了上任后的首个国家航天政策,是为应对新的安全威胁,谋求构筑自主、高效的太空能力,推动军、民和商业航天工业全面发展,以加强美国在世界航天的领导地位。奥巴马表示,尽管面临严峻挑战,政府仍会保持空间领域长期的成功和领导力。国家层面的空间政策往往是从战略的高度,阐述空间系统发展方向性的问题。奥巴马政府国家空间政策的解读:①继续履行航天活动的长期原则。承认所有国家具有和平进入、利用和探索太空的权利。②呼吁所有国家共担义务,负责任地开展航天活动,防止灾祸、误解及不信任。③致力于扩展航天国际合作。尤其在太空科学与探索、对地观测、环境数据共享、减灾、太空碎片监测等领域。④形成稳健、富有竞争力的工业基础。加大先进技术与新概念投资,使用商业航天产品与服务满足政府需求等。⑤承认对太空环境的稳定性需求。继续实施双边和多边透明与互信机制。⑥大胆开拓太空探索的新途径。包括:载人与机器人太阳系探索、开发经济可承受的近地轨道以远的创新型载人技术。⑦继续致力于用太空系统保障国家与国土安全。继续投资太空态势感知能力与运载火箭技术,提高识别并定性威胁的能力,对干扰或袭击美国或盟国太空系统的行为实施威慑、防御、必要时挫败的行为。⑧加速研发地球环境监测与研究卫星,研究、监控并支持国家对灾害的快速响应。

二、国防部定期出台战略规划文件

2011年2月4日,美国国防部长和国家情报总监办公室首次联合发布《国家安全空间战略》公开版摘要。分析空间战略环境,给出美国国家安全空间目标和战略方针。空间战略环境的三个主要趋势为:太空正在变得越来越拥挤,越来越具对抗性,越来越具有竞争性。美国国家安全空间的目标是:增强太空中的平安、稳定与安全;维护和增强太空给美国带来的战略上的国家安全优势;使支撑美国国家安全的太空工业基础更加充满活力。美国国家安全空间的五大战略方针:①倡导对空间的负责任的使用、和平的使用和平安的使用;②不断提升美国的空间能力;③与负责任的国家、国际组织和商业公司合作;④防止并慑退那些针对支撑美国国家安全的空间基础设施的侵犯行为;⑤准备挫败攻击并在被降效的环境中作业。

美军在国防部层次定期出台的战略与政策文件,主要包括"设想"类文件与"战略"类文件。例如1996年颁布的《2010联合设想》和2000颁发的《2020联合设想》,预测了美军2010与2020前后的主要战略环境、主要作战样式以及未来空间信息系统建设的挑战与机遇,并提出了发展网络中心作战能力与建设全球信息栅格等设想。"战略"类文件主要包括《国家安全战略》《国防战略》《国家军事战略》和《战略规划指南》,这些战略类文件一般在美国每一届政府上台后进行制定,一般每两年或四年更新一次。《国家安全战略》最为宏观,涉及内政、外交、军事等方方面面,考虑综合运用上述多种手段达成国家目标,为空间信息系统建设提供能力目标与发展方向。《国防战略》主要阐述美国的安全环境、存在的机遇与挑战、战略目标以及实现战略目标的途径。如美国2005年《国防战略》提出了"多层主动防御、持续防务转型、基于能力方式、管理防务风险"四条战略方针,明确了美军空间信息系统建设以转型为主要内容,以能力建设为根本方向。《国家军事战略》考虑如何分配和应用军事力量达成规定的目标,位于国防战略之下。上述三种战略自上至下构成指导关系,自下至上构成服从和服务关系,即上个层次的战略是制定下个层次战略的依据,下个层次的战略服从和服务于上个层次的战略。

美军在国防部层次的政策指南,还有相关的法令。2012年11月29日,美国国防部副部长卡特签署了国防部3100.10号航天政策法令。法令指出国防部航天相关活动的目的是:对已制定的国防部航天政策及已赋予的国防部航天相关活动职责进行调整更新,以便与相关指令协调一致。此命令旨在全面应对越来越拥挤、越来越具有对抗性、越来越具有竞争性的太空疆域中面临的挑战。法令阐述了国防部17项航天政策,包括:为太空活动与航天二业基础提供保障;明确对美国太空系统干扰的类别,国防部将采取必要措施慑止这种攻击;促进合理利用太空,与伙伴合作定义太空作业;共享太空态势感知;促进军事航天工业基础发展等。

美军通过战略体系和未来的国家安全环境预测,并通过对国际安全环境的分析,明确美军面临的挑战和机遇,以加强空间信息系统建设的针对性、主动性和自觉性。比如2001年《国家安全战略》指出,在未来15~20年,美军可能面临的严峻挑战是:"全球性竞争对手"的出现,主要指中国或俄罗斯;恐怖活动,特别是对美国本土的恐怖袭击;"衰败国家"的威胁日益严重,军事能力向非国家组织扩散;核生化及增强高爆炸药武器技术的扩散,尤其是核武器和弹道导弹的扩散。文件指出,今后美国面临的挑战与威胁最突出的特征是"不确定性",对何时何地会发生威胁、威胁者是谁不得而知。文件同时指出,美军在军队空间信息系统建设方面,也拥有其他国家无法比拟的巨大优势,如世界顶尖高技术人才多、掌握最先进的核心信息技术、军事创新能力强等,美军只要充分利用这些优势,抓住难得的历史机遇,就能在世界各国中率先建成空间信息系统军队。

国家侦察局不定期发布战略愿景,针对相关领域展现美国的空间发展战略。2010 年 5 月,国家侦察局发布的战略愿景,提出了 5 项目标:一是提高对国家情报任务的基础能力,并与国防部行动整合。其二,只有在多情报、多平台和多领域前提下,才考虑通过合作提高情报能力。第三,研发应对巨大情报挑战和威胁预警所需的前沿系统与创新技术。特别要发展有前景、革命性、别人认为不可能的技术与能力,如:嵌入式创新型太空搜集技术,对重要用户的快速响应能力等。第四,发展并稳定高素质且经验丰富的团队。第五,成为航天情报领域的领袖,确保提供灵活的政策环境,支持并扩展太空情报搜集能力。

三、确定军事空间建设的目标、内容和重点的战略规划

进入新世纪后,国际战略形势发生了巨大变化,美国成为世界唯一的超级大国;同时空间技术和信息技术的飞速发展,孕育着新的军队形态与作战样式。在这样的大背景下,美军于 2001 年设立部队转型办公室,并在"9·11"事件后发布了多个"部队转型"的政策文件,包括 2002 年 3 月公布的《国防部训练转型战略规划》、2003 年 4 月的《国防部转型规划指南》和 2003 年 11 月的《军事转型战略途径》、2004 年 1 月的《联合转型路线图》。

美军上述转型文件指出,部队转型要求实施作战方式、组织方式、工作机制以及与政府其他机构合作方式的转型。转型文件指出美军在近期空间信息系统建设过程中,着力加强部队能力建设,重点提升 6 种关键作战能力,即保卫美国本土和海外基地免受大规模杀伤武器攻击的能力;有效地实施信息攻击和保护己方信息系统安全的能力;有效地实施信息攻击和保护己方信息系统安全的能力;持续地实施侦察、监视和快速交战,使敌人无处躲藏的能力;强大的空间作战能力,包括空间进攻和空间防御能力;信息共享和指挥、控制、通信及计算机、情报、监视与侦察能力。

四、创新空间对抗理论的政策导向

军事空间信息系统建设需要先进的军事理论作指导。美军上述联合设想文件、战略规划文件以及部队转型文件,包含了许多创新性的战争和作战理论,主要包括"网络中心战"、"空间作战"、"非对称作战"、"快速决定性作战"等。"空间对抗"既是一种作战理论,又是信息时代的战争形态。在这种同时发生在物理域、信息域和认知域的战争中,战场上的各作战单元和各作战系统通过空间信息系统实现网络化,各级作战人员能共享空间信息系统提供的战场态势信息,能高效率地实施各种空间信息系统作战行动。"空间信息对抗行动"比空间信息战的内涵大,是指在平时、危机时和战时,在保护己方信息能力和信息系统的同时,攻击、破坏、削弱敌方的信息能力和信息系统。"非对称作战"是指

两种不同类型部队之间的交战。"快速决定性作战"的实质是用决定性的作战力量打击敌"重心",以迅速、坚决地达成作战目标。在以上各种作战理论中,"空间信息对抗"理论最为重要,是美军空间信息系统建设长远建设的总体指导理论。

第三节　空间信息系统建设实施方面的法规政策

美军空间信息系统的建设实施核心内容是卫星平台、信息装备、业务管理以及业务训练方面的内容。美军在这方面制定了较为完善的法规政策,指导空间信息系统基础建设和应用的全面开展。

一、规范空间信息系统装备采办的政策

军事空间信息系统装备是推动军事空间力量建设与发展的物质基础。军事空间装备的采办与空间信息系统的管理在空间力量建设中发挥着重要作用,其采办管理体制主要由国防部与各军种负责采办的机构构成。为了控制和管理空间基础设施的建设,建立了覆盖军事空间基础设施建设方面的全过程、分类齐全、具有不同法律效率的法规体系。第一层次为国会制定的法律如《国家安全法》《武装部队采购法》《国防生产法》《鉴定合同竞争法》等,对空间基础设施建设规划了宏观方向和指导方针。第二层次是行政部门根据国会授权或法律规定制定的行政法规,包括联邦政府有关条例(如《联邦采办条例》等)和行政命令(如《联邦采办工作改革》等),这些法规文件是对国会制定的法律的补充和细化。第三层次为国防部、政府各有关部门制定的条例、指令和指示,如美国国防部的《联邦采办条例国防部补充条例》、国防部5000.1指令、国防部5000.2指示等文件。

根据规范,由各军种空间司令部和国防部相关业务局提出军事空间装备的需求计划。这些需求计划在上报各自主管采办计划机构的同时,呈报到空军空间司令部下辖的"空间与导弹系统中心"(SMSC)。由SMSC对军事空间装备需求计划进行汇总、排序后,形成军种空间装备需求计划上报空军采办执行官。空军采办执行官将军种与国防部相关业务局的空间装备需求计划进行汇总,上报国防部负责采办、技术和后勤的副部长。

从历史上看,一直是美空军负责空间方面的技术探索活动,美国空军也是美军空间装备研发的主管部门。根据出台的《国家航空空间法案》,民用空间和载人空间领域归NASA主管,高度机密的侦察卫星归国家侦察局主管,空军主要负责其他军事空间装备的研发与采办。在20世纪60年代初,国防部长麦克纳马拉发布指令,指定空军集中主管发展空间信息系统,责成空军全面负责研究、发展、设计、试验国防部的空间信息系统。2001年5月,美国防部长拉姆斯菲尔德再次强调空军在空间领域的职能,并指定空军为国防部的空间执行机构,负责整个国防部空间信息系统的计划、规划和国防部重大空间计划的采办,包括陆军、海军和国防部相关业务局的计划。

空军的"空间与导弹系统中心"(SMSC)具体负责设计、研制和采办空间发射系统、指挥控制系统及卫星系统(侦察卫星除外)。

陆军的空间装备需求计划由空间与导弹防御司令部(SMDC)下辖的"力量发展综合

中心"拟定,空间装备的研究、发展和采办通常由 SMDC、情报与安全司令部或通信电子司令部负责实施。

海军空间装备需求由"海军网络与空间对抗司令部"负责拟定,海军空间装备的研究与发展由海军研究实验室负责实施。另外,海军还负责研制和采办"移动用户目标系统"(MUOS)下一代通信卫星和地面终端的采办计划。

国家侦察局是美国情报界侦察卫星的采办代理机构,负责天基侦察系统的设计、研制、采办,国家侦察局对其秘密研制的侦察卫星进行全寿命管理。国家侦察局长由空军副部长担任,他直接向国防部长报告工作,同时也受中央情报局领导。见图4.1。

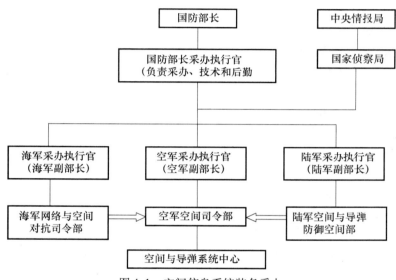

图 4.1　空间信息系统装备采办

二、制定采办程序的政策

为推动空间信息系统建设的顺利实施,制定采办程序的政策。相关法规政策及其主要内容包括:

(一)制定空间信息系统装备采办程序

空间信息系统装备的采办程序必须适应信息技术更新换代快、技术复杂性高、成本增加的特点。随着空间信息系统装备在美军装备体系中所占比例不断提高,美军先后于1991 年、1996 年、2001 年、2003 年和 2008 年对采办程序进行了多次调整,以适应空间信息系统建设的需要。相关改革内容都列入到美军 5000 系列采办文件之中。2008 年 12月,美军发布 5000.2 指示《国防采办系统的运行》,确定了新的采办程序。

新版 5000.2 指示针对信息技术复杂性提高、更新换代快等特点,在 2003 年版采办程序的基础上,对国防采办程序做了如下调整:一是将原方案精选阶段改为方案分析阶段。其工作内容在原方案精选的基础上进行了扩展,将装备需求生成中的"解决方案分析"工作纳入该阶段,使采办工作与需求生成工作联系更为紧密。二是扩展了技术开发阶段的工作内容。该阶段虽然名称未发生变化,但将原来进行的样机研制工作前移到技术开发阶段,加大了技术开发阶段的经费投入,有利于提高技术的成熟度和稳定性。三是将原系统开发与演示验证阶段改为工程与制造开发阶段。新采办程序将样机演示验证工作提前型号研制阶段的中心任务转为完善样机设计方案,改进制造工艺,为进入小批量生产做好准备。此外,新版5000.2指示也改进了渐进式采办程序,要求任何装备项目在新一批次采办前必须进行需求审核,审核通过后才能开始新一轮的渐进采办。

(二)加强对空间信息系统建设管控的政策

美军为更好地满足"反恐"应急作战与"基于能力"战略转型的需要,在装备采办与空间信息系统建设中,以"放权"和增强采办灵活性为主线,扩大采办人员和承包商自主权,但是这也削弱了军方对采办过程的管控力度,加之采办需求变化较频、竞争不力等原因,致使近年来空间装备系统采办"拖、降、涨"问题越来越严重。美国奥巴马政府上台后,责令尽快解决系统采办中存在的上述问题。美国国会2009年5月制定颁布了《2009年武器系统采办改革法》。该法针对"拖、降、涨"问题,以加强采办过程管控为主线,提出了一系列重大举措,主要包括:①提出了新的装备采办竞争策略,进一步提高竞争力度,尤其是加强样机研制过程的竞争;②提升系统工程与研制试验鉴定机构的级别,在原来软件与系统工程办公室的基础上,组建系统工程办公室和研制试验鉴定办公室两个管理机构,加强技术成熟度的评估与管理;③提升国防部负责财务与审计的副部长下属的计划分析与评估局到助理国防部长级别,并设立新的成本评估与计划鉴定局,加强对项目成本的集中管理和控制;④加强对项目全寿命过程的评价监督,强化对装备空间信息系统建设"成本、进度、性能"的综合管控。

(三)体现空间信息系统应用能力建设的政策

美国国防部发布的《联合作战概念》《联合转型路线图》《网络中心战:创造决定性作战优势》《网络中心战实施纲要》以及各军兵种制定的"转型路线图"等对联合作战理论创新和实验以及教育训练进行了规定,体现空间信息系统应用能力建设方向。

上述联合作战概念与政策文件论述转型后的部队如何实施作战行动、作战支援和非作战行动,提出对联合作战的空间信息支援具体需求。开发联合作战概念的目的是:发展信息战力量,夺取信息优势;将一般信息和知识转化为决策信息和作战信息,提高部队的态势感知能力;加快部队作战节奏,提高部队应急反应能力;加强对战场的控制,提高分散配置部队以及快速集中作战力量的能力;以集中信息和作战效能代替集中兵力,提高部队战场机动速度;延伸传感器的作用范围,提高信息威慑能力;压缩战争和作战行动层次,在尽量低的层次上实施联合作战;实施近实时指挥,缩短从传感器到决策者再到射手的反应时间。联合作战概念开发包括:提出总体联合作战概念,编制"总体联合作战概念文件";开发具体的联合作战概念;编制联合作战支撑目录;开发联合作战和军种作战的支援行动概念;制定上述各种支援行动的综合一体化框架;最终形成《联合作战设想》。

联合作战概念开发和联合作战概念实验相辅相成,互为依托,相互促进。联合作战概念开发实质上是联合作战理论创新;对创新理论进行实验,可使其得到验证和完善。美军联合作战概念实验的内容包括:制定《联合实验指南》;对联合实验设施和手段进行评估;制定联合实验计划;制定和颁发联合实验准则,并推动《联合实验指南》和实验计划的落实。

空间信息系统应用能力建设关键的方面是人才,空间信息系统的重要构成要素之一是新型高素质军事人员。美军注重通过加强教育训练培养具有应用能力的部队和军事人才,美军注重对现行军事专业教育体制的调查、分析和评估,并根据未来作战的需要,进行调整改革,加大空间信息人才的培养。

（四）开展业务管理的政策

美军空间信息系统业务管理的总体思路是以能力建设为核心,以信息技术为手段,以体系结构为指导,加强信息系统管理建设,实现业务管理的可视化,提高装备采办管理的空间信息系统水平。美军通过制定《业务企业化体系结构》以及《企业化转型规划》,确定各管理信息系统的功能与技术指标,指导空间信息系统建设的顺利进行。

美军空间信息系统的业务管理遵循国防系统管理运行程序,国防部层次由业务转型局负责实施,各军种的管理由各军种分散实施的原则。美军《业务企业化体系结构》中,对需要建设的信息系统进行了顶层设计,并对相关系统的技术标准进行了明确的规范。

第四节　空间基础设施建设方面的法规政策

美国发布了大量法规政策文件对空间基础设施建设进行规范指导,美军的各军种和有关司令部也出台了有关政策文件,规范所属领域的空间基础设施发展和建设。

一、明确空间基础设施建设的目标和原则的政策

一般意义上讲,美国政府为市场经济提供了广阔的发展空间。但一些涉及国家安全的高技术领域,政府的干预又是显而易见的,这种干预的集中表现便是有关部门依法制定相关的政策和法规。

上世纪 80 年代切,美政府面对欧洲联盟空间领域的挑战,开始重视卫星发射服务工作,着重促进空间基础设施建设。美国政府首先制定了补贴政策,美国国会通过了《美国空间服务法规》,对国家承担商业卫星发射的风险责任和金额、发射服务失败给第三国造成损害时的责任等等作出了明确规定,从而使美国的发射服务公司得到了保护和鼓舞,提高了国际竞争能力。

在涉及军事空间信息领域,美军发布了一些宏观政策与规划文件,从顶层指导空间信息系统基础设施建设,将空间基础设施的建设作为保持空间优势的首要条件与行动基础。2011 年版《国家安全空间战略》称"美国是空间态势感知的领导者,国防部将继续提高它所获取的空间态势感知信息的数量和质量"。为此,美军对加强空间基础设施的项目进行进一步明确,天基空间监视系统、空间篱笆等项目作为空间基础的重点项目获得了发展,追求探测目标更精准、监视范围更广、实时性更好的空间环境侦察、监视和感知能力。

从参众两院拨款的额度可清晰看出美国对军用基础技术创新发展的支持。DAR-PA 是美国国防部的核心研发机构,堪称美空间军事装备的"技术引擎",DARPA 在2013 财年获得逾 28 亿美元用于各项先进军用技术的研发。其中,空间项目与技术类别预算达 1.6 亿美元,较 2012 财年预算大幅提高了 64%。部分子项目预算明细如下表所示。

表 4.1　DARPA 部分空间项目与技术

项　目	2012 财年预算（万美元）	2013 财年预算（万美元）	目的
F6 系统	4000	4800	验证卫星结构的可行性和优势,其中单一航天器的功能被无线联通航天器集群所替代
空间领域感知(SDA)	1800	2900	研发和验证一种可操作的框架和响应式防御应用,以提高易受攻击的天基通信资源的利用率
空间监视望远镜(SST)	1004.1	1020.4	使新型空间望远镜具备高探测灵敏度、短焦距、广视野和快速分步确定等优点,以显著提升空间监视能力
凤凰(Phoenix)计划	1250	2800	借助商用卫星,将小型组装系统送到近地轨道,对轨道上现有卫星的高价值长寿命部件进行升级、固定、修理和强化
看我(See Me)	500	1550	构建小卫星系统,验证单兵用户从空间直接获取近乎实时的图像的能力

《2020 联合设想》强调全球信息栅格是实现信息优势的关键体系。美国防部颁布的《创造决定作战优势的全球信息栅格》和《全球信息栅格实施纲要》,拟定了全球信息栅格建设规划,2015 年建成全球信息栅格,2020 年能打比较成熟的网络中心战。

《国防信息基础设施总计划》阐述了有关国防信息基础设施的背景、政策、指南、战略和倡议措施,规定了该项目的地位、范围,提出了项目的管理方式、资源、人力、性能和进度要求。《信息技术基础设施体系》和《国防信息技术设施通用操作环境》等指导性文件,确定了国防信息基础设施建设的技术标准和应用范围。

二、规范各建设部门职责任务的政策及指令

相关政策文件与指令指示明确各部门在有关事项上的职责任务,要求各司其职,确保各项任务完成。

美国国家安全空间的领导、组织与管理的主体架构是在冷战期间形成的,随着国际空间安全形势的发展,体制上的问题日益突出,成为美战略界和决策层关注的重点。2001 年后,在拉姆斯菲尔德的强力主导下,美军航天力量指挥管理机构进行了较大调整,将原航天司令部撤消并入战略司令部,空军航天司令部职能与权限得到加强,单独指定。四星将军任空军航天司令,成立了国家安全空间学院,制定了空间专业人才工程战略,大幅度加强了空间作战培训,扩建了空间创新与研发中心,开展了"施里弗"空间战略演习。虽然这些改革已经取得了一些成效,但是安全空间的领导、组织与管理现在仍然困扰着美国决策层。根据国防授权法案,国会又成立了一个由资深议员和退役将军组成的独立评估委员会,对美国国家安全空间的组织与管理进行全面的分析与评估。

2008 年 7 月,委员会向国会提交了评估报告,提出了四点改革措施与建议:

第一,建立和实施统一国家空间战略。总统应亲力而为,重新建立由国家安全顾问领衔的国家空间委员会,统筹国防部、情报界、国家航空航天局及其他与空间相关的联邦机构,负责勾画国家安全空间的优先发展方向与重点,协调不同部门之间的利益与冲突,主导空间战略的制定与实施。

第二,建立支持国防部长和国家情报总监的国家安全空间协调机构NSSA,由国防部负责空间的副部长和国家情报常务总监领导,负责国家空间政策、需求、预算和采办,下设由各军种和中央情报局人员组成的联合参谋部。

第三,将国家侦察局、空军空间与导弹系统中心、空军研究实验室航天器分部以及各军种航天司令部负责提供空间能力的部门合并,成立国家安全空间组织(NSSO),由一个二星将军(或相同职级的文职人员)领导。NSSO在需求和采办上对NSSA负责,在组织、训练和装备上对空军航天司令部负责。

第四,军方和情报部门必须制定和实施空间采办人才战略,遴选、教育、培训和管理满足空间采办项目需求的专门人才,确保空间采办项目稳定、可持续发展。

针对信息基础设施建设某些重大问题或具体项目,美国国防部颁布了大量指令指示进行规范指导。如针对信息栅格建设,2000年3月,负责C^3I的助理国防部长发布80 - 8001号指南与政策备忘录《全球信息栅格》;6月,发布6 - 8510号指南与政策备忘录《国防部全球信息栅格信息保证》。2002年9月,国防部发布了指令DODD8100.1《全球信息栅格顶层政策》。2004年2月,负责网络与信息集成的助理国防部长发布指示DODISI10·1《跨国信息共享网络实施》;4月,国防部常务副部长发布指令DODD8100.02《在国防部全球信息栅格中使用商业无线设备、服务和技术》;2005年8月,国防部发布了指令DODD3020.40《国防关键基础设施计划》;9月,负责网络与信息集成的助理国防部长发布指示DOD12010.07《关于与北约和北约成员国远程通信设施合理化的政策》。2006年7月,常务副部长发布指令DODD5105.19《国防信息系统局》。2008年10月,负责政策的副部长帮办发布国防部手册DODM3020.45 - V1《国防关键基础设施计划(DCIP):国防部基于使命的关键资产鉴定程序》和DODM3020.45 - V2《国防关键基础设施计划修缮规划编制》。

三、规划空间基础建设投资比例政策

美国在空间基础设施方面的投资绝大部分由政府承担,只有商用卫星系统的投融资由私人机构承担。

美国近几年来每年的航天预算在300亿美元以上,军用航天和民用航天预算各占一半左右。其中军用航天预算基本上用于空间基础设施建设,民用航天预算有大约50%用于空间基础设施建设。因此,美国每年用于空间基础设施建设的投资估计在200亿美元以上,投资额度遥遥领先于其他国家。

美国民用通信卫星系统的投资预算每年大致保持在10亿美元左右;对地观测系统的投资预算大致保持在14亿美元左右;空间站的预算有递减之势。

美国空军航天司令部《2006规划》制定了未来25年空间力量发展的路线图,将武器装备和作战能力按近期(2006 - 2011财年)、中期(2012 - 2018财年)和远期(2019 - 2030财年)三个阶段,通过维持、改进现有能力和发展创新性的转型能力,逐步实施空间力量转型。

　　虽然 2002 年美国空军航天司令部与战略司令部合并为战略司令部后,美国空军航天司令部只是美军战略司令部下设的军种航天司令部,但是美国空军航天司令部领导的空间力量是美军空间力量的主体。美国空军航天司令部的空间资源和空间投资占美军的 90% ~ 95%。所以,美国空军航天司令部对未来空间力量发展的路线图和对各作战任务领域在 2006 ~ 2030 财年的投资规划,在一定程度上反映着美军空间力量的发展趋势。

第五章　冷战时期美国空间信息对抗政策导向

冷战时期是美国空间信息系统发展最快的时期,这一阶段充满了对抗的火药味。在美国空间信息对抗政策的导向上,主要涉及了军事空间信息系统的地位和使命,发展方向和措施,军、民、商空间活动的协调关系以及空间军控政策等方面。

第一节　冷战初期的政策导向

20 世纪 50 年代,美国在 U_2 飞机被苏联击落和"开放天空"的建议遭到苏联拒绝后,为侦察苏联的军事实力,于 1955 年决定发展卫星技术的战略方向,国防部随即着手相关的技术准备。

1957 年,苏联成功地把世界上首颗人造地球卫星送入轨道,美国认为这是对美国在世界范围内的技术霸权和政治信誉的挑战。来自公众和国会的压力要求美国对此做出回应。在苏联卫星发射后仅仅 6 个星期,美国军方便提出了具体的对抗措施,出台了第一项反卫星武器计划,这预示着代表着两个不同意识形态集团的对抗扩展到空间信息领域。

在这种背景下,艾森豪威尔政府于 1958 年签署了美国历史上第一个空间政策——《国家航空航天法案》。《国家航空航天法案》提出,美国开展空间活动的基本目标是"和平利用"空间,并用立法的方式确立空间系统的地位,"为确保美国的安全与繁荣应充分开展航空与航天活动",提出应确保美国在空间技术领域的领先地位。在该法案中责成国防部负责与国家安全有关的空间活动,确立了国防部国家军事空间的领导权。管理和控制民用空间活动的职权由美国国家航空航天局(NASA)承担。在第一个空间政策中,就重视民用空间活动,确定了军事空间和民用空间协调发展的战略机制,为美国空间系统的发展确立了明确的思路。在这一政策的导向下,民用空间活动吸引了大范围的空间活动参与者,不但有力促进了空间科学的快速发展,而且促进了国家整体科技水平和经济的发展。国家整体科学水平的提高又反过来推进军事空间技术水平的提高,相互之间形成可持续发展的态势。艾森豪威尔政府的空间政策导向是发展空间基础设施建设,坚持发展侦察卫星,注重战略情报的获取。在该时期,对于对方空间信息系统的攻击还未提到议程,即使军方提出了一些反卫星方案,在政策层面也没有被采纳。在对抗上,局限于一些软策略,比如在清楚军事空间技术与苏联相比不占明显优势的情况下,为了限制苏联军事空间活动的进一步发展,美国向国际社会提出所谓"和平开发利用空间",目的是通过借助国际社会和主导国际空间规则,来最大程度遏止苏联空间信息系统的发展。

在国家政策的大战略导向下,美国在政策层面在为空间对抗进行技术准备。1958 年美国国防部着手研究把近地外层空间变为可能的战场,确定武器和技术兵器系统的样式,对夺取近地外层空间制空权的途径及其对实施武装斗争的影响等对抗问题进行研究。1959 年《美国空军基本条令》首次使用"航空航天"这一术语并替代了"空中"一词，同时将空军的战场定义为"地球表面以上的整个空间"，即"航空航天"空间。

虽然美国投入巨资发展载人航天和航天飞机等空间计划，但始终将发展侦察卫星作为发展军事空间的基础。美国继 1958 年发射了第一颗卫星后，相继发射了通信、侦察、导航、气象、预警卫星。这些卫星的发射均比苏联提前数年，而且技术性能也优于苏联。在应用层面，美国的侦察卫星曾在解决"古巴导弹危机"中发挥了巨大作用。1976 年 12 月，美军发射了"锁眼"KH – 11 传输型可见光侦察卫星，该卫星采用普查/详查相结合的工作方式，普查分辨率达到了 1 ~ 3 米，详查分辨力达到了 0. 15 米。在 20 世纪 70 年代，美军还相继建成了国防卫星通信系统（DSCS）、国防支援计划（DSP）卫星系统、国防气象支持计划（DMSP）卫星系统，并开始着手建设全球定位系统（GPS）。

1971 年《美国空军作战条令》第一次规定空军在外层空间对抗的任务和作用，明确表示美国空军具体负责与航天器有关的军事活动，并"确保其他国家不能利用空间探索获取战略上的利益"。这标志着美国空军空间对抗理论的诞生。1979 年版的该条令将空军的空间任务进一步明确为：航天保障、战斗力增强和太空防御。

一、艾森豪威尔政府时期的政策导向

意识形态的对抗为美国的空间信息系统的发展提供了源动力。美国空间信息系统的发展始终处于对抗需求的牵引下，要么有明确的对抗对象，要么寻找潜在对抗对手，在冷战期间对抗需求的理由非常充足。1957 年 10 月 4 日，苏联成功发射人类历史上第一颗人造卫星——斯普特尼克 1 号，宣告人类步入太空时代，同时吹响了两大强国空间对抗的号角，开启了美国空间时代的新纪元，预示着美苏对抗区域从地面、海洋、大气层延伸到外层空间，外层空间被纳入美国国家安全范畴。在意识形态领域、各种物理疆域展开对抗的同时，也拉开了空间信息对抗的序幕。1958 年的美国总统国情咨文专注于两个主题：谋求和平和加强国家力量，特别是它的科学和军事力量，并明确外层空间科学是双方争夺的制高点。之后，常规的战略侦察手段频频出现问题，特别是在 U₂ 飞机被苏联击落，接着"开放天空"的建议遭到苏联拒绝后，为侦察苏联的军事实力和有效的进行空间领域对抗，美国筹划大力发展卫星技术，国防部随即着手相关的技术准备，这一时期美国确立了美国空间军事系统发展的基调。

美国政府目前已解密的关于艾森豪威尔政府时期的外层空间政策的文件有 3 个，即美国国家安全委员会第 5814 号文件（简称 NSC5814）、第 5814/1 号文件（简称 NSC5814/1）、第 5918 文件（简称 NSC5918），这些文件体现了艾森豪威尔时期空间信息对抗的顶层规划。

艾森豪威尔政府的外层空间政策最早的文件是 NSC5814 号文件，共 31 页，解密日期是 1981 年 12 月 9 日，属"部分解密"类文件。NSC5814 号文件的前身是美国国家安全委员会下设的计划委员会依据特委会对外层空间的调查，提出的名为"美国外层空间政策"的政策草案，计划委员会于 1958 年 6 月 20 日把这项政策草案交给国家安全委员会，国家安全委员会把它作为 5814 号文件，于 1958 年 7 月 3 日在国家安全委员会的会议上进行了讨论，以后计划委员会又根据讨论进行了修正。1958 年 8 月 14 日，国家安全委员会召开第 376 次会议，采纳了 NSC5814 号文件的修正版，并把它重新编号为 NSC5814/1 号文件,在经由艾森豪威尔总统批准后,成为美国外层空间政策的第一个正式文件。

NSC5814/1 号文件的全称是"美国关于外层空间的初步政策",分为"前言"、"总体考虑"、"目标"和"政策指导"4 部分,共 30 页,解密日期是 1981 年 12 月 10 日。

在"总体考虑"中,文件以大量的篇幅强调了外层空间对美国国家安全的重要性,以此来论证美国制订外层空间政策的重要意义。文件肯定了外层空间所具有的科学、军事和政治价值,并强调说"苏联在发射人造地球卫星方面最初的以及随后的成功,不仅影响了国内外美国人民的信念,而且影响了美国在科学、军事能力等方面的领导地位"。

文件不仅认为苏联的成就对美国的国家安全构成威胁,而且还强调了共产党中国,认为在不久的将来,共产党中国也会发射自己的人造地球卫星。中国的这种做法会提高自己在亚洲和欠发达国家的声望,除非自由世界的盟国也取得同样的成就,否则会进一步削弱西方的技术领先地位。

继 NSC5814/1 号文件后,由美国国家宇航局主办,又拟定了一份名为"美国外层空间政策"的政策草案,并于 1959 年 12 月 17 日交给国家安全委员会。1959 年 12 月 29 日,国家安全委员会与国家宇航局召开联席会议,讨论并通过了这个草案。1960 年 1 月 12 日,艾森豪威尔总统批准了这个文件,国家安全委员会以 NSC5918 号文件的形式下发,同时取代了 NSC5814/1 号文件,成为美国外层空间政策的正式文件。

NSC5918 号文件的全称是"美国的外层空间政策",分为"总体考虑"、"目标"和"政策指导"3 部分。共 22 页,解密日期是 1981 年 12 月 10 日。

（一）艾森豪威尔政府空间政策的主要内容

NSC5814/1 号文件被称为"美国关于外层空间的初步政策",一些关于外层空间活动的问题只是在文件中被提出来,而并没有提出合适的解决办法。对于外层空间的用途文件也认识得不够深入,而且由于对美国自己的外层空间的实力估计不足,政策和"目标"在某些方面亦有悖于美国现有的外层空间能力的实际,具体的"政策指导"亦需要完善。

文件承认:"苏联已经在外层空间的科技成就方面超过了美国和整个自由世界,令全世界瞩目和敬仰。如果苏联在空间开发领域继续遥遥领先,它就能利用优势地位削弱美国的声誉和领导地位,进而威胁美国的国家安全。……人类征服外层空间的最初阶段聚焦于科学技术,表现为国家间的竞争。其结果是把在外空领域的成就视为在科学、军事能力、工业技术方面的领导权,甚至是普遍性的领导地位。"因此,苏联卫星的发射有深远意义,它深刻影响了美国人的信心,撼动了美国在科学和军事能力方面的优越感。这一事件对全世界各色人等的心理冲击削弱了美国与盟国的关系,影响了美国与共产党集团的关系,以及与中立国和非结盟国家的关系。如果苏联继续展示在外空能力的领导地位,而美国无所建树的话,"必将更加损害世界民众对美国领导权威的信心"。特别是中国宣布在不久的将来也要发射卫星的打算,更加刺激了美国。文件指出,只有美国在空间技术表现得强大突出,才能提升世界人民"对美国科技、工业和军事力量的信心"。

文件对外空技术的科学价值有了更广泛深入的认识。外层空间技术的科学价值表现在它为人类提供了新的、独特的科学观察和科学试验的机会,将大大增强人类对地球、太阳系和宇宙的理解。具体表现在以下诸领域:地球物理学、物理学、气象学、生物学、心理学、天文学、月球探测、行星探测等等。文件指出了和平利用外层空间的前景,但处处可以看到为军事目的考虑而提出的各种权宜之计,因为许多外空技术同时具有民用和军事价值。因此,美国的政策是"在和平使用外层空间时,必须考虑其可能纯粹服务于美国安全利益的非和平用途"。

文件也从纯军事角度对卫星系统的军事用途进行归述,这些军事用途可分为3大类:一、目前即可发挥的使用价值,如军事侦察。侦察卫星对于美国的国家安全有重要意义,对于实施"开敞天空"的建议和监督国际军备控制系统的运作也有潜在价值,但文件中关于侦察卫星功能以及卫星构成等具体细节没有解密。二、在不远的将来可能实现的价值,包括气象观测、军事通信、电子对抗、导航等。三、未来的潜在军事价值,包括维持人在外空的生存;建立反卫星系统,俘获、击毁敌人的外空飞行器;发展天基武器,用卫星携带导弹,攻击地面目标;建立月球基地,以之作为军事通信中继站和侦察站,考虑从月球发射导弹打击地球目标的可能性。文件中提到外空飞行器的这些用途,都具有非常高的预见性,直到今天仍是对抗的优先考虑领域。

NSC5918号文件的基调依然是,美国要在空间技术方面赶超苏联,以维护美国的国家安全及其对全世界的领导,同时文件对苏联威胁的估计也大大加强了。

基于对苏联外层空间能力的估计和苏联在外层空间不断取得巨大成就的现实,NSC5918号文件扩大了美国外层空间政策的通用范围,文件认为,如果空间着陆工具同反导弹防御系统同时使用,美国的外层空间政策就必将扩展到反导弹防御系统。这说明,在苏联咄咄逼人的空间技术优势面前,美国对自己的外层空间活动能力有了更深入的认识和思考,面对不容置疑的现实,NSC5814/1号文件中美国所表现的进攻态势有所收敛,在NSC5918号文件转而更加强调自己的防御能力,以确保在苏联空间技术占优势的情况下,美国的国家安全得到切实的保证。因此文件提到了美国正在研究的、在将来可能被用于军事的项目,它们包括用来侦察和捣毁敌人导弹或空间着陆工具的主动或被动的防御体系。

与NSC5814/1号文件相比,NSC5918号文件体系更加完备,内容更加丰富和深刻,尤其是突出了详细的政策指导,从而使文件的可操作性大大增强。因此NSC5918号文件具有长期性和稳定性的特点,从而使它取代了NSC5814/1号文件,成为指导美国外层空间活动的纲领性文件。

(二)艾森豪威尔政府空间政策的目的

苏联卫星的发射只是一个推动艾森豪威尔政府的外层空间政策出台的催化剂,艾森豪威尔政府制订外层空间政策的真正目的在于,缩短美苏两国在空间技术方面的差距,争取美国的军事优势,以确保美国的国家安全及其对全世界的领导地位。

在美国看来,苏联把外层空间计划列入优先发展的地位,美国确信如果苏联优先发展的外层空间计划持续下去,苏联将至少在以后的十年里保持它在这一领域的领导地位。而对于美国来说,优先发展外层空间计划则尚有一些知识、资金以及科学研究等方面的困难,把资源投入到有关外层空间活动的研究与发展中要冒很大风险,而且成功与否很难预见。鉴于此,为了减少苏联的威胁,确保自己的国家安全,美国可谓想尽办法,在技术上不占优势的情况下,美国主张"和平使用"外层空间,并在外层空间活动中实行国际合作,国际合作的主要目的就是加强美国在这一领域的领导者的地位,同时要瓦解苏联集团,美国还想利用联合国来达到自己的目的。文件指出,为了保持美国在和平使用外层空间活动中的领导者的姿态,需要美国把联合国理解为会采取积极态度的组织。

基于以上的分析和考虑,艾森豪威尔政府提出的外层空间政策的目标主要有4点,第一,为完成美国的科学、军事和政治目标,取得美国在这个领域的公认的领导地位,发展和利用美国的外层空间能力;第二,在使用外层空间和在关于外层空间的活动中的国际合作,不论是为了和平目的的合作,还是为了军事目的和盟国的合作,都要同美国的国家安全利益相一致;第三,为和平目的使用外层空间达成国际协议,以保证国家的和国际的外层空间活动计划得到有序的开发和管理;第四,在对外层空间潜能的利用中,通过可利用的科学合作计划,起到援助"瓦解苏联集团"的作用。

为了实现上述目标,艾森豪威尔政府提出的"政策指导"的主要内容概括如下:一是为了在最早的、可能的时间内完成自己的科学、军事和政治目标,美国要发展和扩大关于外层空间的活动,不仅要从事短期性的活动,而且还要发展长期性的计划;二是考虑到苏联在外层空间的优势能力对美国产生的心理压力,在不久的将来要制订一些既有科技、军事价值,又有世界性的心理影响的方案和计划,并且持续发展能充分利用美国外层空间的计划,尤其是当苏联在所有的外层空间能力中有优势的时候,发展能够回击苏联外层空间活动的心理冲击,展现美国在外层空间的进步的计划;三是建议美国和包括苏联在内的其他国家进行合作,以保持美国在倡导和平利用外层空间中的领导地位。

(三) 艾森豪威尔空间政策的影响

艾森豪威尔政府空间计划的重点放在发射侦察卫星上。利用卫星,可对欧亚大陆的机场和其他军事设施进行系统的搜寻,基本能完全探测到军事部署的变化,提供对突然袭击的预警质量。当敌方导弹发射时,它的发动机就是一个很强的低频红外线发射源,卫星在几百英里之上的高空可以探测到。空间侦察在政治上不会引起注意,用于侦察的设备在轨道上能长期使用。军事卫星还被用于导航、通信和监视核爆炸。到艾森豪威尔离任前夕,美国成功发射了31颗人造卫星,5个空间探测器。

艾森豪威尔政府外层空间政策的制订,不仅在艾森豪威尔政府执政时期,而且在以后的历届政府执政时期,都产生了重大而深远的影响。这主要表现在:外层空间政策的出台,极大地促进了美国空间技术的发展,推动了美国空间活动的迅速展开。继艾森豪威尔政府以后,几乎每届美国政府都要发布其空间政策,空间政策已经成为美国每届政府国家安全战略的重要组成部分。艾森豪威尔政府的外空政策和活动奠定了后来美国政府外空政策的基础,此后,肯尼迪政府、约翰逊政府和尼克松政府的外空活动基本上是在艾森豪威尔政府的框架内进行。因此可以说,美国外空活动的"大纲"形成于艾森豪威尔时期。

艾森豪威尔政府的外层空间政策和外空活动,推动了美苏冷战"四维空间"的形成,继陆地、海洋、空中之后,外空成为新的冷战战场,美苏两国你追我赶,争相把优秀科学家和大量资源投入到这一领域。外空对美国国家安全的意义日益突出,外空能力被视为国家整体能力的象征。外空政策成为国家安全政策的重要内容,它丰富了美国国家安全观的内涵,并影响着国家安全政策的其他方面。空间技术的发展,微妙地改变了美苏关系。大规模报复战略威慑作用的前提之一是使用核武器的决心,而这种决心的前提便是"知彼"，即了解苏联的动武意图和准备工作。1957 年前，美苏双方互知的困难很大，太空时代的到来，解决了这一难题。军事卫星较好地使各方了解对方，防止形势发展到不可收拾的地步。

总之，在冷战初期，由于受当时空间活动发展水平的限制，美对空间重要地位和巨大作用的认识更多集中于与苏联进行技术竞争，提升国家政治形象，军事空间活动的作用主要集中于卫星及其应用。

二、肯尼迪时期空间政策导向

肯尼迪总统上台以后，重新修定了美国外层空间政策。新的空间政策除了继续强调美国空间计划的和平努力外，也在不经意中淡化军事色彩以降低其他国家的反对声音。因此，美国很容易地争取到联合国立法委员会对美国和平利用空间的支持，逐渐化解了苏联借"间谍卫星"之题而进行的外交攻击。

冷战大背景下，美国举国一致对外层空间问题非常关注，肯尼迪对前任政府的外层空间政策抨击也并未停留在政治层面上，在肯尼迪对尼克松取得竞选胜利后不久，他就任命了一个外层空间特别委员会来考察美国的国家空间项目，这个委员会由麻省理工学院的杰罗姆·威斯纳任主席，威斯纳本人后来出任肯尼迪政府负责科技事务的总统特别助理。

1961 年 1 月 10 日，外层空间特别委员会向当选总统肯尼迪提交了一份 25 页的报告，这就是威斯纳报告。这份报告意在总结艾森豪威尔政府外层空间决策之得失，同时向新当选总统勾勒美国外层空间发展的全貌，并提出新的建议，它对肯尼迪政府的外层空间决策起到了至关重要的作用。

威斯纳报告评估了美苏外层空间发展的状况，考察了前任政府的外层空间政策，并提出了当前政府外层空间政策的未来发展方向。报告对艾森豪威尔政府外层空间项目及其管理程序提出了批评，并特别提到国防部和国家宇航局在外层空间项目上的严重重复问题。威斯纳报告可以说是开启肯尼迪政府外层空间政策思路的第一份重要报告，由于外层空间特别委员会中相当多的成员都在肯尼迪政府担任负责科技事务的高级官员，因此威斯纳报告的思想在整个肯尼迪政府时期都得到很好的贯彻。

除威斯纳报告外，肯尼迪即任前后还有许多类似的评估报告出台，这些报告普遍认为"美国的外层空间发展滞后了许多年"。这种美苏之间确实存在"外空差距"的假设，是导致肯尼迪政府加紧同苏联展开外空争夺的直接原因。

受威斯纳报告的影响，肯尼迪在外层空间问题上表现出与艾森豪威尔截然不同的态度。他在 1962 年赖斯大学的讲话中清楚地表明"空间科学，如同核科学和所有的技术，自身没有道德心可言。……只有美国抢占了有利位置，才能让我们帮助决定这一新的领域将是一片和平的海洋还是可怕的战场。"可见，肯尼迪想要寻求的那个"安全的世界"必然是一个美国处处领先、处处为主导的世界，这就奠定了该政府在外层空间政策上的冷战基调。

无论空间信息系统，还是其他军事项目的建设，或是民用空间项目，肯尼迪政府都将其视为冷战武器来看待。1960 年肯尼迪的一次讲话也许更能暴露美国外空政策的冷战本质："外空控制将在下一个十年决出胜负。如果苏联控制外层空间，他们就会控制地球,就如过去几个世纪,控制了海洋的国家亦控制了大陆一样……在如此重要的竞争中我们绝不能屈居第二。为确保和平与自由,我们必须争第一。"

肯尼迪时代的外层空间政策是一个充满着矛盾的混合体,它是冷战政治、国家利益与人类认识局限性相混合的产物。

第二节　冷战中后期的政策导向

约翰逊时代最为显著的特征就是发展并最终部署了积极的空间武器体系。也就是说约翰逊政府时期开辟了空间信息对抗的"硬对抗"时代。如果说艾森豪威尔时期是"侦察卫星的时代",肯尼迪时期是"阿波罗时代"的话,那么约翰逊时期就是"空间防御武器时代"。

由于美国政府在国际上承诺"和平利用外层空间",因此自艾森豪威尔时代起,美国的侦察卫星计划、军事通信卫星计划、军事气象卫星计划等军事卫星项目就受到国际社会的指责。为此,1962年10月25日,美国国务院专门颁布一份名为"美国关于外层空间的政策"的文件,替美国的军事空间政策辩解。根据文件,国务院认为,美国所谓的"和平地"利用外层空间,并不是说反对一切"军事的"空间活动,"许多外层空间和空间技术的军事使用是和平的"。美国只是反对"侵略性的"外层空间使用。因此,美国所承诺的"和平利用外层空间"活动,"总体上包括军事活动"。对于这种说法,苏联一针见血地指出,这样说来,"几乎每一个军事空间应用都能够被解释为和平的,甚至当把武器部署在外层空间时也可以这样解释"。

事实也确实如此,在对"和平利用外层空间"进行曲解的基础上,美国国防部心安理得地发展各种空间武器设施。根据美国军方自己的界定,所谓"空间武器",是指航天器和针对航天器的地基体系的武器应用,既包括进攻性武器也包括防御性武器。因此,无论从何种意义上来讲,反卫星武器和反弹道导弹都应被列入"空间武器"的范畴。这些武器体系在约翰逊政府时期终于达到技术成熟阶段,美国政府内部也因之出现第一次关于是否部署,以及以何种方式部署一种重要空间武器体系的争论。约翰逊之后,美国外层空间决策的空间武器化特征越来越明显了。

一、约翰逊政府时期政策导向

美国政府出于冷战政治的需要,对外层空间体系做出了有利于本国军事空间发展的划分。一部分军事空间项目被称为"非侵略性"的军事空间项目,因而被归入"和平利用外层空间"的空间应用,如军事侦察卫星、军事测绘卫星、军事气象卫星、军事导航卫星、军事通信卫星等;另一部分是无论美国如何解释都要被称为"空间武器"的体系,则成为美国受到批评和指责的根源,如反卫星武器和反弹道导弹。

就所谓"非侵略性"的军事空间支持体系来说,约翰逊执政时期,美国军事空间发展的一个重要特征是,许多从艾森豪威尔时期起就开始发展的军事空间项目到60年代初陆续达到了可操作水平。这是一个军事空间技术日趋成熟的时期,而约翰逊政府需要承担的使命就是继续完善这些军事空间体系,并在实战中加以应用。表5.1所示为4种重要军事卫星的应用领域,以及相关的项目设置。

表 5.1　非侵略性的军事空间体系发展

卫星项目	项目内容	最初可操作日期
军事通讯卫星	"信使"、"圣者""防御卫星通信系统"（Defense Satellite Communication System）	
军事气象监测卫星	"泰罗斯"、"防御气象卫星项目"（Defense Meteorological Program）	1960 年
精确定位卫星	"子午仪"、"导航星"、"全球定位系统"（Global Positioning System）	1963 年
空间监视卫星	"维拉·霍特尔"、"导弹防御警报卫星"	1963 年

　　由于美国政府长期将大量资金投向军事空间发展，因此，约翰逊政府时期，美国已经获得的主要空间实战对抗能力包括：①基于一种系统，能够收集苏联和共产党中国打击前和打击后情报数据的卫星体系；②一个可靠的，具有有效实战性的导弹摧毁和预警系统；③从地面或大气发射的、非轨道的卫星拦截和抵消系统；④侦察，并在适当时"抵消"或摧毁不合作卫星的系统；⑤提供加强全球指挥、控制、通信网络的卫星系统；⑥一种提供全球重要军事气象条件的实时观测的卫星系统；⑦能够进行同轨道会合与对接操作的可回收卫星系统，其将履行外层空间救援和后勤支持任务。恰好约翰逊执政时期，美国开始大规模军事介入越南战争，这为军方检验这些空间军事系统的实战能力提供了一次绝好的机会。

　　越南战争中，军事卫星初次展示出其对于战场的强大支持能力。美国第七舰队司令员威廉·莫迈耶（William Momyer）将军这样评论说："气象图片或许是战争最为伟大的革新。在关于是否发动打击的战场决策中，我依靠（气象卫星）提供的图片和传统的预报手段来做出决定。这使我能更加准确地把握当时的气候条件。卫星是从前战争中的司令员们所不会拥有的。"

　　就后一种类型的军事空间体系——"空间武器"来说，尽管美国的"空间武器体系"发展受到诸多指责，但所谓"苏联威胁"和"中国威胁"的现实存在使美国政府不可能放弃这种武器的开发与研究。正如美国军方承认，"强调（反弹道导弹）系统的发展是因为不断增强的苏联 ICBM 对美国的威胁"。1960 年 7 月，苏联进行了一系列射程为8000 英里的太平洋 ICBM 发射试验，目标瞄准夏威夷西南方 1000 英里处。这些苏联导弹技术和空间技术的发展使北美空防司令部与防空司令部联合起来，敦促美国空军参谋长加速"米达斯"项目的进度。约翰逊即任后，冷战氛围和苏联军事空间实力的增长促成了这样一种国内氛围，即"外层空间的军事应用已经日益得到全国认可"。这使一直争议颇大的代号为"X－20"的大型军事空间研发项目也因此"再次显现出合乎逻辑性"。

表 5.2　"X－20"相关研究

序号	名　　称	时间
1	推进滑翔武器体系应用研究	1958 年 6 月
2	"戴纳—索尔"第二阶段研究	1960 年 10 月
3	为回应麦克纳马拉 1963 年 3 月 15 日问题进行的研究	1963 年 10 月
4	"X－20"为 706 工程进行的 0 阶段研究	1963 年 11 月

（续）

序号	名　　　　称	时间
5	"戴纳—索尔"载人军事航天能力研究	1961 年 9 月
6	SR－178 全球监视体系	1960 年 11 月
7	美国空军空间项目	1962 年 10 月
8	"X－20"反卫星任务	1963 年 6 月
9	为回应总统科学顾问委员会问题进行的研究	1963 年 10 月

约翰逊执政时期，美国政府关于军事空间政策最为重大的 3 项决定是：

第一，在军事载人航天飞行领域，为合理利用资源，约翰逊政府取消了"X－20"的载人军事空间计划，空军的载人航天试验通过与国家宇航局的合作来完成。与此同时，正式批准空军的"载人轨道实验室"计划。

第二，由于美国军方的情报评估认为"随着空间技术的稳定发展，到 1964 年，苏联'轨道炸弹'形式的威胁就有可能出现"。因此，尽管早在艾森豪威尔政府时期，美国就开始了反卫星技术的研究与发展，但直到约翰逊政府时期才第一次公开表示美国将研制并部署这种新的"空间防御武器"。

第三，由于冷战前期，洲际弹道导弹是比"轨道卫星炸弹"更为直接、切近的威胁。因此，约翰逊政府除了加大反卫星武器的研制力度外，还对"积极的弹道防御系统"倾注了大量的人力物力，这就是陆军和空军都在发展的反弹道导弹。约翰逊政府时期，反弹道导弹在技术上达到可操作能力，在经历剧烈的国内政治争论后，美国首次明确了反弹道导弹体系的实战部署政策。

1969 年 1 月 16 日，约翰逊执政的末期，国防部用一纸国防部指令对"卫星、反卫星、空间探测和空间支持体系的政策和空间研究、发展、试验和工程的责任"进行了重新分配：①每个军事部门和防御机构都被授权进行初步研究，以发展使用空间技术的新方式。研究范围应当根据花费限制和其他适当的条件由国防研究与工程局局长来控制。②初步研究之后的外层空间项目的研究与发展要提交 DDR&E 来审议，并决定是否该建议在提交国防部长时，应被国防部长批准。只有在国防部长或代理国防部长的批准下，这种建议才能成为国防部空间发展项目或计划。③国防部空间发展项目或计划的研究、发展、试验和工程制造应当是空军部的责任。陆军和海军部可以派遣监督人员，作为项目进展的汇报及联络人。这份指令可以看作约翰逊政府对已有军事空间政策实施的经验总结，和对未来军事空间发展的一种安排。

从军事空间政策发展的角度来看，约翰逊政府除了加强以往几届政府时期都非常重视的"支持性"军事空间体系（主要是一系列具有各种军事辅助功能的卫星项目）的发展外，更为重要的是加大了可以真正归入武器体系的反卫星武器和反弹道导弹的发展。以往历届政府的军事空间发展历程表明，军事空间技术的进步与政府投入几乎成正比。从艾森豪威尔时期起，关于军事空间发展的政策争论就不仅仅是技术可行性问题的争论，更多的成为政府对军事空间投入与效益的性价比争论，因而，是否要研制或部署某一种类型的外空武器几乎完全取决于这一武器可以带来多少现实收益。在冷战对抗的国际背景下，这种现实收益又完全取决于美国政府对冷战政治因素和国家安全因素的考虑。正如 1967 年一份国防部备忘录所说,"过去的分析和当前的考虑都确认,这样一个体系(指在轨道部署大规模杀伤性武器)在技术上、操作上或经济上都不会吸引我们和苏联。……然而,可以预料的是,出于心理或政治原因,一个国家可能希望在轨道部署这样的武器"。也就是说,还是冷战思维左右着美国政府的军事空间发展决策。因而,尽管反卫星武器和反弹道导弹的设想和研究早在艾森豪威尔政府时期就开始了,但只有在约翰逊政府时期,在苏联和中国对美国造成新的现实威慑的条件下,美国政府才决定投入大笔资金发展美国的反卫星武器,以及最终部署美国的反弹道导弹体系。

二、从尼克松政府到老布什政府时期空间政策

尼克松政府提出"空间投资应在国家优先发展中占据其应有的地位",将空间计划作为中等优先发展目标,按照这种思路,空间发展重点放在实用化空间信息系统建设上。卡特政府对美国军事空间所面临的问题进行了一系列调查研究后,于 1978 年制定了《国家空间政策》,该政策首次明确提出美国空间活动遵循的原则和美国空间政策的目标:通过利用空间扩大美国的利益;与其他国家合作一同确保空间活动自由,以增强国家安全。

里根政府的空间战略更具有进取性。1981 年里根总统刚上任不久,就指导国家安全委员会对空间政策进行评估。1982 年 7 月 4 日,根据评估结果制定的国家空间政策正式公布,其主要目标是"加强美国安全,维护美国的空间领导地位,通过空间探测获取经济和科技利益,推进空间领域的国际合作,与其他国家一起共同维护空间活动的自由"。这项政策既反映了美国在空间领域所持的立场和观点,又为美国优先发展空间能力扫清了障碍。这项空间安全政策服从于 1982 年 3 月 3 日公诸于世的"高边疆"战略。为了推行这一战略,里根政府先后采取了一系列重大战略措施,其中比较著名的是里根总统发表了"星球大战"演说,规定了美国建立空间防御体系的总目标,确定对苏军事战略优势。

在里根政府的两任任期内,分别于 1982 和 1988 年两次修订颁布了《国家空间政策》,两个文件都特别强调要在空间领域处于世界领先地位,所不同的是,考虑到美苏军备竞赛的现实和技术发展的限制,1988 年的《国家空间政策》将 1982 年《国家空间政策》提出的"要在所有空间领域处于世界领先地位"调整为在"关键空间活动领域处于领先地位"。两个文件都重申了《国家航空航天法案》中"和平利用空间"的原则,但在 1988 年的《国家空间政策》中则补充道:"和平目的"要顾及到旨在寻求国家安全目标的空间活动。这一点充分彰显出,美所谓的"和平利用空间"实际上是美所界定的"和平"下的利用,其实质涵盖了所有与国家安全相关的军事空间活动。美国在《国家空间政策》中提出反对全面限制军事或情报利用空间的军控概念或法律框架。1988 年的《国家空间政策》首次分别从军、民、商 3 个领域对空间活动进行指导,其中"国家空间安全指南"成为美国军事空间政策的核心。"国家空间安全指南"指出,为支持美国固有的自卫权利,将从事的国家安全空间活动有:威慑,并在必要时防御敌人攻击;确保敌军无法阻止美国利用空间;在必要时使敌人的空间信息系统失效;增强美军和盟军的作战能力。

里根总统在 1983 年宣布了为期 5 年、耗资 260 亿美元的《战略防御倡议计划》,主要包括"洲际弹道导弹防御计划"和"反卫星计划"两部分,这就是著名的"星球大战",目的是为了建立一个全面的防御系统,使苏联的弹道导弹完全失效。"星球大战"计划的出

台,极大地推动了美国军事空间能力的建设,使得美国防部的空间预算首次超过 NASA。在此期间,美军发展了动能武器和定向能武器等计划。

随着美国国家军事空间政策的调整,美国国防部和美国空军分别于 1987 年和 1988 年出台了《国防部空间政策》和《空军空间政策》。《国防部空间政策》提出的目标是:提供实用能力以确保美国军事空间活动能够满足其国家安全的需要。为此,美国将阻止或在必要的情况下防御敌方的进攻;确保敌对国家的军事力量不能妨碍美国对空间的应用;利用空间信息系统增强美国及其盟国的作战行动。《国防部空间政策》还首次明确提出:与陆、海、空一样,空间被认为是一种可支持国家安全的军事作战的媒介,在空间可实施空间支持、空间力量增强、空间控制和空间力量运用这 4 种军事空间任务。其中,空间支持是指在空间部署和维持军事设备和人员,包括发射和部署空间运载器、维修和保持轨道上的空间运载器,必要时修复空间运载器;力量增强是指通过执行空间操作来改善武装部队的作战效能,包括通信、导航和监视等能力;空间控制旨在确保友军在空间行动自由的前提下,必要时限制或拒止敌人在空间的行动自由,其中包括使敌方卫星失效和卫星防护;力量运用是指从空间执行的作战行动。《空军空间政策》强调,空间力量在未来战争中将是决定性的力量,美国军事力量必须准备好将空间力量从战场支持向全谱军事能力方向转变,空军应负责将空间力量整合到空中力量之中,空军要积极使空间作战活动制度化。

"国家空间安全指南"在国防部的空间控制任务领域中强调发展全面反卫星系统,并尽快形成初始作战能力。美国空军航天司令部于 1982 年 10 月正式颁发了第一部空间作战理论,即《军事航天理论》,标志着美军空间作战理论的初步形成;1990 年完成的《航天作战》,对空间作战理论进行了全面系统的阐述,美军空间作战理论由此正式确立。美国空军的任务被进一步明确为空间控制、力量运用、力量加强、航天支援等内容。航天作战逐渐开始强调空间力量投送,主张利用空间环境对地面力量进行加强。

老布什上台后,多次在国会等公开场合大谈空间活动对于美国的重要性,并且拓展了空间信息系统建设的范围。提出"重返月球"、"飞向未来"、"向火星进军"等雄心勃勃的口号,声称"空间事业应一直全速前进",并表示"要增加空间预算"。老布什坚决支持宇航局 90 财年 133 亿美元的新预算,这个数字比 89 财年预算增加 24 亿美元。在老布什政府推行"零增长预算"原则的情况下,空间活动能够得到如此支持凸显了其政府对于空间影响的认识,老布什本人被航宇局官员誉为"历届总统中最支持宇航事业的总统"。

老布什政府重视空间信息对抗活动的作用,把空间信息对抗的目的确定为:制止外来攻击;保证美国空间活动不受外来干扰,必要时抑制敌方空间信息系统;增强美国及其盟国的作战力量。

在老布什政府时期,已经形成了一种观念,即"国家的安全已经与美国进入空间时代联系在一起。我们已经到了没有一个巨大的空间能力便不能完全掌握自己国家命运的时代"。

老布什政府要求国防部充分利用空间飞行载荷能力,支持战略防御计划的要求,通过监视、预警、反卫星和提高生存能力等措施保持全面的空间控制技术。为此,国防部采取了两项具体措施:一是采用采购空间信息系统,向各个制造厂商采购制造简单、实用性强、费用较低的军事卫星,用以代替美国过去设计的复杂而昂贵的卫星;二是加强未来空间站的军事应用,发挥人在空间的军事作用。这后一条是经过多年论证后才慢慢被国会接受的。

1989 年,老布什总统发布新的《国家空间政策》。该政策保留了里根政府所规定的空间活动的目标和重点。由于经费和技术的限制以及苏联解体等国际形势的变化,老布什政府削减了战略防御倡议计划的规模,制定了关于智能卵石、地基雷达以及天基智能眼等项目的发展计划,并提出尽快部署天基武器。老布什政府当政期间,发生了海湾战争,空间信息系统首次被系统地、大规模地应用于战争。在这一次战争中,美国利用技术优势获得空间控制权,空间信息系统主要作用表现为"力量增强"。

总的来看,老布什政府坚持了里根政府空间政策的基调,但作了适当调整,其战略意图和长远目标"更加具体,更富有进取心"。老布什政府空间政策的特点可归纳为:突出军事空间活动的作用。

在冷战中后期,美国的军事空间政策有了较大发展。尤其是在里根时代,为打破美苏核军备竞赛的僵局,美国军事空间政策与以前相比,更加强调军事空间能力的作用和地位,明确规定了军事空间能力建设的目标和活动领域主要包括空间支持、力量增强、空间控制以及力量运用。军事空间技术的重点是发展航天飞机和反导、反卫技术,军事空间政策重视军、民、商空间活动的协调发展。

第六章　冷战后美国空间信息对抗政策导向

冷战结束后,随着苏联的解体,美国在空间信息方面一枝独秀,其空间信息对抗发展战略和政策也相应调整,以适应其国际战略调整和面对不断出现的新任务。国家层面推出了一系列国家战略和国家安全战略,国防部和军兵种出台了一些条令,规范空间对抗的发展方向。1992年以来,美军先后颁布了《空军航空航天基本理论》、《军事航天作战理论》、《美国空军空间作战条令》和《美国空军空间对抗条令》等一系列关于空间对抗的条令文件,提出"空天战役"的概念,明确了防御性空间对抗行动和进攻性空间对抗行动的指挥控制和指导原则,具体规定了实施联合空间对抗的要求和程序。在这样政策的导向下,美国空间信息系统具有了实战能力,在支援战场方面发挥了不可替代的作用。

第一节　克林顿政府的空间政策导向

1996年9月,克林顿政府公布了冷战后第一个《国家空间政策》,在克林顿政府的《国家空间政策》中提出,美国必须具备控制外层空间的能力,并称"太空和陆地、海洋与大气层一样都是一种介质,美国在这些介质内进行的军事活动都是为了实现国家的安全目标。太空对美国的国家安全和经济利益至关重要"。它还强调:"必要时,可阻止对方利用空间信息系统,……美国要发展、运用和保持对太空的控制能力,确保在太空的行动自由。一旦受令,可剥夺对方的这种自由。"该政策表明,美国要拥有制太空权。它为美国的太空军事化定下了基调,并且把空间军事化确立为一项国家战略。在该时期的《国家空间政策》中,空间信息系统能力目标是,加强空间监视,提高美国在全球军事行动的保障能力,以及监视军备控制条约和不扩散协议执行情况的能力;要对关键的空间基础设施和运行中的空间信息系统提供保护,发展控制外层空间的能力,确保美国在外层空间的活动自由,并剥夺对手的这种自由。根据这一目标,政策规定,允许美国为了国家安全利益在太空进行防务建设和情报收集,国防部的主要任务是保持空间活动支援作战的4种能力;对关键航天技术设施和运行中的航天器提供保护;发展和利用空间控制能力,确保美国在空间的活动自由,并有能力剥夺对手的这种自由等等。克林顿政府制定的空间政策中,美国承诺将和平利用外层空间,为全人类的利益服务。

克林顿颁布的空间政策是在强调和平利用的外衣下对政策的解释,美国对和平利用太空按自己的需求进行解释,比如美国将在追求国家利益时进行的国防及与情报相关的活动界定为"和平目的"。在空间政策目标方向,克林顿的空间政策也提到了要加强和维持美国的国家安全,鼓励地方和私人投资、利用太空技术。在国家安全方面,克林顿太空政策也提出,国防部要维持执行太空支持、武力增强、太空控制以及武力运用使命的能力;制订具体的情报要求细则,能够满足军方和全国层次的情报信息要求;维持并改进太空发射系统能力以满足国家安全需要;在与条约义务相一致的前提下,美国将开发、运用及维持太空控制能力以确保太空行动自由,并在接到指令后剥夺对手的太空行动自由;开发弹道导弹防御项目,以便在20世纪末拥有改进的战区导弹防御能力;一个国家导弹防御部署准备项目以防止出现对美国的远程弹道导弹威胁,以及导弹防御系统改进技术项目。

紧随其后,美军航天司令部于1998年4月公布了发展太空力量、实施太空对抗的长远规划《2020年设想》。其中提出了空间控制、全球作战、力量集成和全球合作等作战思想,强调要"确保美国及其盟国拥有不间断地进入太空、在太空自由行动的能力",同时还明确指出:"美国及盟国的卫星和空间信息系统不仅要有可靠的防护措施,还应具有制止敌对国家利用空间的能力,……应具有剥夺或直接摧毁敌对卫星和空间信息系统的能力。"这份文件标志着美军的太空军事化理论已经成熟。

一年之后,美国国防部又出台了《国防部航天政策》。它除了重申上述两项政策的基本思想和原则之外,又为太空军事化提出了新的借口和理由,声称"任何对美国卫星和空间信息系统的蓄意干扰,都将被视为对美国主权的侵犯,美国可以采取一切措施,包括使用武力,来回击这种侵犯"。该政策把太空军事化提升到维护国家主权的高度,也把美国称霸太空的野心暴露无遗。

1999年7月,美国国防部发布《国防部空间政策》,重申确保在空间的行动自由和保护美国在空间的国家安全利益是空间及与其相关的空间活动的优先任务。《国防部空间政策》提出,美国的空间信息系统是国家的财产,有权不受干扰地穿越空间并在空间工作。对美国空间信息系统的有意干扰将视为对美国主权的侵犯,如果得到国家指挥当局的指令,美国将采取一切合理的自卫措施,包括使用武力回击对美国主权的这种侵犯,必要时对抗用于敌对目的空间信息系统及服务。《国防部空间政策》还指出,空间及其相关空间活动的规划应将重点放在改善涉及国家安全的空间操作、确保空间任务支持、增强对军事作战行动和其他国家安全目标的支援等方面。

由于美国国在军事和经济上越来越依赖太空,在克林顿政府后期,对于空间安全的研究建议更为集中,主要体现在:为使美国畅通无阻地进入太空,掌握太空控制权和优势地位的重要性在继续增加;天空和海洋是20世纪的战场,太空将是21世纪的战场;从军事角度讲,控制太空比导弹防御的意义大得多。美国需要一个强大的空间控制计划,以保护和利用太空资源,阻止敌人使用它们的空间信息系统;美国应大力发展用以袭击地面、海上和空中目标的空间武器,而没有必要动用部队和飞机。

实际上,美国防部一直在制定外层空间战略。美国空军决定在未来战争中更多地依靠空间力量,并由"航空"向"空天"转变,同时建立一支快速、机动、高效的"天军",美国空军航天司令部制定了详细的太空作战战术原则。美国空军部长和空军参谋长联合签发《航空航天:保卫21世纪的美国》白皮书,该白皮书指出美国空军将由以空战为主转变为既可空战,又可在太空作战的"航空航天一体化"空军。这是美军第一次以纲领性文件的形式,确定本国的"天军"计划。

美国的"天军"负责监视来自空中、地面和水下的洲际弹道导弹,侦察跟踪外层空间的卫星和飞行器,及时预警、通信,获取气象资料,然后用反卫星卫星、反卫星导弹、束能和动能武器实施拦截击毁导弹,摧毁或俘获卫星,从空间摧毁地面目标。同时实施空间运输,燃料加注,卫星维修以及支援陆、海、空军作战,进行信息对抗等。

1997 年美国国防部公布了新的太空政策,空军推出《全球参与:21 世纪的空军构想》的报告。该报告指出:到 2010 年,美国将投资 5000 亿美元用于发展太空武器,它"号召军队要像 18 世纪组建海军来保护海上贸易一样来保护美国的太空行动自由"。美国参议院在 2001 年底的一份报告中说,美国国防不应该把太空仅仅当成一种"信息媒介",应该把它当成"发射能量的战略高地"。空军的构想勾画出了美国空军转变为"天军"后,将具备的 6 种核心作战能力,即航空航天优势、全球快速机动、全球攻击、精确打击、空间信息优势、迅捷战斗支援。具体内容包括控制人类进入太空的"发射窗口";争夺空间轨道;保卫太空固定产业;争夺太空交通管制权;争夺月球和其他星球领土所有权等。

拉姆斯菲尔德上任美国国防部长后,比他的前任更加注重太空。空军在总部设立了"太空作战处",负责研究、演示直接利用空间信息系统支援陆、海、空各种作战任务的方式,开发可供空军使用的空间装备。创办了太空战学校,培养军事宇航员和太空战人员,并在师、联队设立应用军事航天技术的组织机构。组建第 76 太空控制中队和第 52 太空入侵中队,其任务是保护美军在太空中的行动和袭击太空中的别国部队。

第二节　小布什政府的空间政策导向

小布什总统任期 8 年,在其任内,美军战略指导思想向"先发制人"全面转变,美国空间政策较之克林顿时期的"后冷战空间政策"有更加明显的进取性,美军空间作战准备也在此政策下迅速推进。

2002 年美国单方面退出反弹道导弹协定开始,美国太空战略进入新的调整时期。2002 年 6 月美国总统下令"对国家太空政策进行评估"。美军开始认真思考以太空为基地进行全球打击"。2004 年美国通过《反太空行动方针》,规定要更加积极地将太空用于军事目的,采取"欺骗、破坏、阻止、削弱和摧毁"等各种对抗手段,来保护美国的卫星系统。

2005 年美战略司令部和空军航天司令部正式明确指出,美军航天战略将以"先发制人"思想为基本指导。美军通过伊拉克战争,有效检验了其空间力量的作战支援能力;之后相继颁布了《新航天政策》、《空军转型飞行计划》、《空间对抗作战条令》、《2006 财年及远期战略主导计划》、《太空科学与技术新战略》等一系列空间对抗指导性理论,整合改组了联合航天司令部、海军航天司令部等空间作战指挥机构,美军空间作战建设全面加速推进,空间作战能力得到大幅提升。

美军于 2004 年 7 月 27 日颁布修订的《空间对抗作战条令》,是《空间作战联合条令》的补充文件,是美国空军第一个关于空间对抗作战的条令文件,是为应用空中和空间力量来确保空间优势的作战指南。

一、拉姆斯菲尔德报告对美国政府空间政策的影响

小布什政府的空间政策受拉姆斯菲尔德的影响较大。随着空间在军事领域和经济领域发挥的作用越来越大,美国对空间的依赖性也日益增强。进入 21 世纪,各国航天事业的快速发展对美国的空间能力提出了新的挑战,美国政府开始重新审视 1996 年克林顿政府制定的空间政策,以期确立新的空间发展目标。早在 1999 年 7 月,美国第 106 届

国会授权成立一个"评估美国国家安全太空管理与组织"的委员会,集中研究如何改进美国的太空管理和组织结构来增强美国的国家安全。2001年1月11日,这个由拉姆斯菲尔德任主席、共13名成员构成的"评估美国国家安全太空管理与组织委员会"向国会提交了一份报告,也称"拉姆斯菲尔德太空委员会报告"。报告从促进美国国家安全、确保美国太空优势角度提出了改进美国太空管理和组织的政策建议。评估报告对美国空间政策具有很大的影响力,该报告的诸多政策建议和主张成为日后小布什政府太空政策的重要依据。

报告指出,我们正处在太空新时代的前夕。各类天基技术正在对商业和社会活动的重要方面产生革命性的影响,并将继续发生影响。太空不仅已经与美国人的日常生活密不可分,而且美国的"天基能力帮助美国领导人实施对外政策",包括必要时以史无前例的方式使用武力。"正因为美国具有的太空能力,因而美国可以在高度复杂的国际环境中更好地维持威慑,并将威慑延伸到盟友。"然而,报告忧心忡忡地指出,正因为美国对太空日益增强的依赖,使美国产生了脆弱性;美国太空系统的政治、经济和军事价值使之容易成为敌视美国的国家和非国家行为体的袭击目标。报告还危言耸听地提出,如果美国想避免出现一个"太空珍珠港",就必须严肃考虑美国太空系统受到攻击的可能性。

为了避免出现太空珍珠港事件,报告指出,美国必须在决策、组织、管理、太空能力、投入等方面进行倾斜或革新。在决策方面,报告提出,鉴于美国对太空依赖的日益加深以及由此产生的脆弱性,美国领导人,特别是总统必须对此高度重视,将美国国家安全太空利益视作国家安全的重中之重,颁布国家安全太空政策,以确保美国在太空的领先地位。"只有总统的领导才能确保获得包括商业、民用、国防及情报等所有太空部门的合作。"在太空组织方面,报告对现有的太空组织结构进行了批评,指出美国政府,特别是对太空活动负有领导责任的国防部和情报机构还未对21世纪的国家安全太空需要做好准备或加以认真对待,未能体现美国对太空日益增长的依赖性及由此产生的机遇和脆弱性。委员会认为,应该立即对大量各自为政的太空活动进行合并,重新调整指挥结构,建立新的通信线路并修改相关政策,以便担负起更大的责任。在太空能力方面,报告指出,历史上,每一种媒介,包括陆地、海洋和空中,都曾见证过冲突;现实表明,太空也会不例外。鉴于此,美国必须开发既能威慑来自太空以及在太空的敌意行动,又能捍卫美国不受此类行动侵害的手段,即美国具有超越任何人的太空能力。在太空投入方面,报告强调美国必须在科技资源——不仅仅在设施方面,而且必须在人员方面——加强投入,以确保美国继续成为世界上领先的太空大国。

该报告建议尽早评审并在适当时候修订国家空间政策,并提出5项建议:①应将美国国家安全空间利益作为最优先的国家安全事务来看待,总统必须有权首先制定国家空间政策,然后为政府高级官员提供指导;②调整政府空间管理结构,尤其是国防部和情报界,要将主要精力放在满足21世纪的美国国家空间安全需要上;③加强国家空间安全计划的国防部长和中央情报局局长合作;④美国必须发展威慑和防御空间敌对行动的手段;⑤美国必须对空间领域的科技、设施、人员充分投资。

委员会报告还列举了美国在太空方面存在的利益,并详细阐述了为捍卫此种利益所要实现的太空政策目标。报告指出,美国在太空方面的利益主要包括三个方面:第一,促进对太空的和平利用;第二,利用美国在太空方面的潜力支持国内、经济、外交和国家安全;第三,开发和部署必要手段以威慑针对美国太空资产的敌意行动,以及威慑和防止利用太空危及美国利益。为实现上述太空利益,报告提出,美国必须在五个方面采取措施。第一,转型美国的军事能力。具体需要改进的能力领域包括:①确保太空进入和在轨行动;②太空态势感知;③从太空进行地球监视;④太空防御;⑤本土防御;⑥在太空、从太空以及穿过太空进行投送。第二,强化情报能力。美国需要重新评估其从太空进行情报收集的方法,投资天基情报收集技术,提供革命性的情报收集方法,同时将美国商业公司的卫星情报收集能力整合到其情报收集系统中。第三,塑造国际法律和规范环境。报告指出,为保护美国国家利益,美国必须促进对太空的和平利用。但报告特别强调,在此"和平"的涵义是"不侵略",它并不禁止在太空部署武器或使用武器,也不禁止从太空向地面应用武力或在太空、经过太空进行军事行动。报告还特别提醒,美国必须对有可能限制美国在太空行动的任何国际协议保持警觉。第四,促进美国的技术领先地位。美国政府必须显著增加在突破性技术方面的投资,同时显著降低太空系统的生产和发射费用,以确保美国的太空优势。第五,建立和维持一支太空专业干部。报告特别强调建立一支太空专业干部的重要性,提出必须强化在干部培养、教育、培训方面的投资,建立一支高水平的军事和文职太空专业干部,以适应太空军事需要。

可以看出,拉姆斯菲尔德太空委员会报告无论在措辞上,还是内容上都极具挑衅性。其政策建议的核心是,为了确保美国的国家安全和利益,可以将太空视作与陆地、海洋和空中一样的媒介,进行军事行动,包括部署太空武器,为此不惜反对任何可能约束美国太空行动的国际协议。

在拉姆斯菲尔德担任国防部长后,这份报告的许多建议在美国军方所制定的发展规划中有所体现。拉姆斯菲尔德的报告在以后的诸多计划中以不同形式进行了体现,报告中所建议的"美国必须发展、部署和维持必要的武器,以阻止敌方的攻击并防护美国脆弱的空间信息系统",体现在2003年版的《空军转型飞行计划》中,在该计划中美空军公布了近、中、远期空间装备与技术的发展计划;美国转型办公室还在2004年制定了快速响应作战发射计划,提出增强空间态势感知能力和增强空间信息系统防护。

二、小布什的空间政策

太空委员会报告呼吁尽快制订一个新的美国国家空间政策,且该委员会主席拉姆斯菲尔德也在报告提交后不久被任命为国防部长,但由于"9·11"恐怖袭击的发生以及此后小布什全力聚焦于反恐战争,新的国家层面的空间政策迟迟没有出台。但是,美国军方一直持续不断地进行计划的调整,来适应不断面临的威胁。

美国空军认为,空间力量是一种进攻性力量,可以增强美军的全球军事存在。为此,美国空军积极推进航天装备研发、航天部队建设和作战理论研究,大力发展进入空间、利用空间和控制空间的能力。美国空军陆续制定了《空间作战条令》和《空间对抗作战条令》,将夺取空间优势作为空军的重要职能之一。为了支持美国国防部"主宰机动、精确交战、全方位保护、集中后勤"的联合作战设想,美国空军出台的《空军转型飞行计划》确定了未来空间能力的发展目标。美国空军认为,空间能力是现代作战力量的一部分,可提供关键情报信息,对获取信息优势至关重要,能够缩短"从传感器到射手"的时间。发展航天装备与技术的目标,是为国家安全和联合作战提供优势的空间力量。在 2003 年公布的《2006—2030 财年战略主导计划》中,美国空军提出,为了充分利用空间,将进一步提高航天装备增强军事力量的能力,并发展空间控制能力和空间力量运用能力;为了获取和保持空间优势,不仅要保护己方的重要空间信息系统,还要拒止敌人获取空间服务。

布什在第二任期,于 2006 年 8 月签署了任内的第一份国家空间政策文件。在这份文件中,强调"空间行动自由对于美国的重要性恰如空权和海权对美国的重要性一样",为促进美国的安全与繁荣,"美国必须具有强大、高效的太空能力"。报告阐述了美国太空政策的原则、目标、总体指南以及国家安全太空指南和民用太空指南等方面。

新政策提出了美国太空政策的原则,概括起来主要包括:和平探索和利用太空,美国为追求国家利益而进行的国防及与情报相关的活动也属于"和平目的";太空行动自由,拒绝对美国在太空行动及在太空获取信息权利的任何限制,对美国太空系统的有意干扰将被视为对其主权的侵害;美国的太空能力(包括地面、太空及链接部分)对于国家利益至关重要,美国将维护其在太空的行动自由,劝阻或威慑它方妨碍美国此种权利或发展此种能力,采取必要的步骤保护美国的太空能力;反对出台禁止或限制美国进入或使用太空的新法律机制或其他限制措施。

在此原则下,新政策提出了美国的太空目标:①加强美国的太空领导地位,确保美国的太空能力能够及时地为促进美国国家安全、本土安全以及对外政策目标服务;②美国能够在太空以及通过太空进行不受阻碍的行动,以捍卫美国在太空的利益;③进行并维持革新性的载人及机器人探索项目,以拓展人类在太阳系的存在;④增加民用探索、科学发现以及环境活动的收益;⑤支持充满活力、具有全球竞争能力的国内商业太空部,以便促进革新,增强美国的领导地位,保护国家、本土及经济安全;⑥支持促进国家安全、本土安全及民用太空活动的机器人科学技术基础;⑦在互利以及促进对太空的和平探索及利用,促进国家安全、本土安全以及对外政策目标方面,鼓励与外国进行太空活动国际合作。

新政策还提出,为实现上述目标,美国政府将着手加强 4 个方面的工作:第一,培养太空专业人员;第二,改进太空系统的开发及采购;第三,加强机构间的合作;第四,增强和维持美国的太空相关科学技术以及工业基础。

在涉及国家太空安全方面,除了要加强国防部与情报部门的合作,提供及时的情报外,新政策要求,国防部长还必须履行如下职责:①维持执行太空支持、武力增强、太空控制以及武力运用使命的能力;②制订具体的情报要求细则,能够满足战术、战役和全国层次的情报收集能力;③为国家安全目的提供可靠、经济、及时的太空进入;④提供支持持续的全球战略及战术预警和多层次、一体化的导弹防御太空能力;⑤开发能够确保太空行动自由以及在接到指令后能够剥夺对手太空行动自由的能力、计划和选择;⑥承担太空态势感知责任,国防部长必须支持国家情报局长的太空态势感知要求,并为美国政府、商业太空部队出于国家安全及本土安全目的提供太空态势感知服务。

小布什太空政策的核心就是争取未来军事竞争的制高点。布什政府认为,在世界各国中,美国拥有最强的军事技术,但未来战争是信息化战争,打赢信息化战争的关键是拥有"制天权"。尽管世界各国间的军事竞争从来没有停止过,太空技术也在为战争服务,但是还没有一个国家明确宣布将太空作为战场。美国修改太空政策,就是为将太空军事化开绿灯,为在太空部署武器铺平道路,把太空纳入美国"投放武器的最后一个合法边疆",夺取未来军事竞争的制高点,使美国在未来与其他国家的军事竞争中占据战略主动。正是因为这一点。美国在太空政策中强调的重要一点就是既要保证美国在太空的行动自由,还要阻止任何"敌视美国利益"的国家或个人进入太空。

在小布什的总统任内发动了几场高技术局部战争,美国的卫星和航天器显示出对战争行动所具有的重要性和支援、保障作用。多颗卫星组成了空间侦察监视、空间通信、空间导航定位以及空间气象保障,庞大的"天网"为战争的胜利奠定了基础,使战场形成了单向透明,美国占尽了优势。战争实践表明,太空能力与军事行动有着密切的关系,太空在军事上的作用日益明显。美国在其后出台的《四年防务评估》报告指出:"太空战和信息战能力已成为军事能力的中坚,夺取空间控制权——利用空间和不让敌人利用空间——将成为未来军事竞争的一个重要目标。"

小布什政府修改太空政策的用意是为谋取美国的绝对军事优势。美国在21世纪的战略目标是建立美国领导下的"21世纪",而军事力量是实现这一目标的重要保证。小布什政府认为,美国要想在21世纪的较长时间里保持全球军事优势,就必须改变传统的军队结构,实现美军的转型,其核心是提高美军的作战能力。根据美国2005年出台的《国家军事战略》报告,美军未来的建设要以"基于能力型"军队建设理论为基础。也就是美军更加重视对手将如何进行作战,以对手将具备何种作战能力作为美军建设的依据,从而在能力上具备对所有对手的"压倒性军事优势"。为此,美国陆、海,空三军分别提出了提高能力建设的具体指标。美陆军要进一步向模块化发展;美海军在提高隐身能力、生存力和特久性的同时,要能够在全球范围内对常规目标实施实时的打击;美空军要提高空中力量远程打击能力,到2025年将远程打击能力提高50%,并"具备在全球范围内同时迅速定位和打击数千个固定和移动的目标"的能力。

美国认为,当前正在进行的军事革命为延长美国的军事优势期提供了机遇,而军事革命的核心是信息战能力和太空战能力。因此,美国要抓住这一机遇,利用美国雄厚的基础研究能力,保持和发展信息和太空这两个技术优势,大力发展适应未来战争形态需要的信息战和太空战能力。因此可以说,美国出台新太空政策,就是要将太空军事化。美国希望通过在太空部署武器系统,进一步提高美军的作战能力,拉大与其他国家在军事上的差距,从而建立一支不受任何挑战、具备攻防兼备能力的军事力量,使美军能够遂行各种作战任务,对付各种各样的战争。联合作战在军事领域占有重要的地位,世界各国也十分关注。美军是目前世界上联合作战程度最强的国家,其中一个主要原因是美国在信息和空间信息支援能力方面占有的优势。

美国2005年公布的《国家军事战略》报告提出要建立制胜的联合部队。2006年出台的《四年防务评估》报告又提出以"联合能力"作为美军未来建设的重点,要求所有部队要"从独立的军种作战观念转变为联合作战的观念",从而形成各作战单位在作战行动上相互依赖,最终实现部队的"无缝联合",进行一体化联合作战。美国认识到,要实现这一目标,就要提高战场感知能力,使美军参战部队能够信息共享,形成战场的单向透明,而这一切的基础是具有强大的空间信息能力。为了实现这种目标,美军在大力发展"全球信息栅格",力求建立一个全球互通互连、终端对终端的信息系统,让政策制定者、作战人员和支援人员根据需求收集、处理、储存、分发和管理信息。

第三节　奥巴马政府的空间政策导向

2010年,美国发布奥巴马就任总统后的国家空间政策,奥巴马扬弃前任小布什"空间军事对抗"的单边主义论调,再祭"和为贵"大旗,寻求加强国际太空合作。从形式上看遵循"和平合作"基调,新版美国国家空间政策列出诸多国际空间合作领域,包括空间探索、地球观测、气候变化研究及环境数据共享、减灾救灾乃至监测太空垃圾等。

继奥巴马政府2010年6月发布《国家空间政策》后,2011年2月4日,美国国防部网站发布了《国家安全空间战略》(NSSS)的公开精简版。NSSS的基础是《国家空间政策》《国家安全战略》《四年防务评估》和《国家情报战略》。NSSS阐述了美国国防部与国家情报机构将如何执行《国家空间政策》,对未来十年美国空间力量的建设与发展方向做出规划。

《国家安全空间战略》表明维持美国空间优势是美国国家安全的中心工作,美国国防部和情报机构将继续依赖空间信息系统进行军事行动、情报搜集和相关的活动。《国家安全空间战略》对当前和未来的空间战略环境的特点进行了分析,认为呈现三大趋势——空间将更加拥挤、更具对抗性、更具竞争性,而随着越来越多的国家发展空间能力和反空间能力,美国正面临新的挑战。由此提出了美国执行《国家空间政策》需实现的三大战略目标:加强空间的和平、稳定和安全;维护并提升空间带给美国的国家战略安全优势;加强空间工业基础的建设。

围绕这3个目标,《国家安全空间战略》提出了5个相互关联的战略方针:

倡导对空间进行负责的、和平的和安全的利用;

不断提升美国的空间能力;

与负责任的国家、国际组织以及公司企业建立伙伴关系;

预防并阻止针对支撑美国国家安全的空间设施的攻击;

做好挫败攻击和在被降级(degraded)的环境下作战的准备。

之后,针对每项方针进一步提出具体的措施。最后,报告综合全篇内容,提出应对空间环境特点的具体行动措施:

应对空间拥挤性——建立规范、增强空间态势感知能力、加大透明度并促进空间信息共享。

应对空间对抗性——支持建立空间国际规范和透明的互信机制;通过与他国合作,提升、保护重要的美国空间能力;提高攻击能力,但不会通过这些攻击能力获利,保留自卫的权利。

应对空间竞争性——增强空间能力;改进采办程序;培养健康的美国空间工业基础;增强协同与合作。

2012年1月初,美国发布未来十年国防战略指南《维持美国的全球领导地位:21世纪国防的优先任务》,明确将"在赛博空间和空间中有效作战"列为美军10项首要任务使命之一,将赛博作战和空间作战合并成一条条文明确提出,随后美国国防部发布的《联合作战介入概念》(JOAC)中首次提出了"跨域协同"的思想,重视空间作战力量与传统的陆、海、空作战力量以及赛博作战力量更加紧密、灵活的综合运用。

2012年10月18日,美国国防部副部长卡特签署了国防部3100.10号航天政策法令。对已制定的国防部航天政策及已赋予的国防部航天相关活动职责进行调整更新,以便与相关文献协调一致。

一、奥巴马政府的空间政策导向

奥巴马政府出台的空间政策与空间安全战略延续了美国长期以来关于空间活动的各项原则,政策导向仍然是全面发展空间力量增强、空间支援、空间控制和空间应用四大任务领域。奥巴马政府的空间政策从形式上看相对温和,但仔细分析,其本质同美国的历任总统相比是一样的。更加体现了美国以寓军于民、寓进攻于防护等更加灵活的策略和途径,积极发展空间对抗装备技术,提升空间态势感知能力与快速响应能力,继续巩固在该领域的领导地位。

(一)控制空间、追求空间霸权仍是美国空间发展战略的主导思想

从顶层设计上看,奥巴马政府出台的一系列国防政策文件、国家安全战略与国家军事战略都将空间安全的战略意义提升到了新的高度。

2009年9月,美国国家情报总监办公室发布《2009年国家情报战略》,该报告将进入空间的计划和行动列为影响美国未来安全环境的问题;2010年2月,美国国防部发布新版《四年防务评估》,报告中明确指出,美军未来需要进一步提高进入空间和使用空间的能力;2010年5月,奥巴马政府发布的首份《国家安全战略》强调美国必须持续鼓励尖端空间技术的发展,要投入研发下一代的空间技术和能力,以维持美国在空间领域的优势;2010年6月,美国《国家空间政策》提出了一系列旨在提升美国空间优势的措施;而2011年2月,《国家安全空间战略》再次强调美国的空间能力仍然是国家安全的基础,需要美国积极发挥在空间领域的领导作用。

从各级政策文件与战略报告中可以看出,奥巴马政府的美国空间战略延续了美国政府一贯坚持的谋求空间控制、追求绝对优势、强化空间霸主地位的主导思想。为全方位地支持各级国防与军事战略,美国军事航天装备与技术作为美国国防力量重要组成部分将获得更多关注与发展。

(二)高调倡导国际合作,注重创造有利环境

2006年布什政府签署的《国际空间政策》,以对抗性的语言表达美国与其他国家航天利益的对峙。奥巴马政府的空间政策与空间战略体现了奥巴马政府务实的政策风格,收敛了布什政府的强硬做法,高调展示了深化国际合作的新姿态。《国家安全空间战略》所提出的5个战略方针中就有两点体现——"倡导对空间负责任的使用、和平的使用和安全的使用"以及"与负责任的国家、国际组织及商业公司结成伙伴关系"。

当然,所谓的国际合作也是强化美国在空间安全体系中的领导地位。从发展策略上看,美国倾向于使用更为经济、更为隐蔽、更易掌握舆论走向的方式追求利益最大化。例如,2010年11月,美国以监视空间碎片为由,着手在澳大利亚建设空间监视系统,形成覆盖全球的空间监视网络,从而进一步提高空间态势感知能力;2011年2月8日,美国与法国签署了关于"空间环境治理合作的原则声明",旨在联合对空间进行监控。

除了对外合作,美国的空间政策也特别重视国内有关空间的工业基础能力的建设。《国家安全空间战略》将巩固空间工业基础,推动其发展作为战略目标之一。在2010年

版《四年防务评估》报告中也提出了加强空间工业基础的措施。可以看到,美国正在致力于创建强大的、有竞争力的空间工业基础,在采购程序、基础设施、技术创新、人员能力素质等方面进行改进,进一步增强美国军事航天装备竞争力。

(三) 将提升空间态势感知能力作为空间对抗的基础

空间态势感知能力(SSA)作为保持空间优势的首要条件与行动基础,是奥巴马政府空间战略发展的重点。2010年《国家空间政策》中,国防部长的职责第一条即是在"国家情报总监的协助下,负责空间态势感知能力的发展、采购、运行、维护及现代化改造"。2011年版《国家安全空间战略》更是称"美国是空间态势感知的领导者,国防部将继续提高它所获取的空间态势感知信息的数量和质量"。天基空间监视系统、空间篱笆等项目作为空间态势感知重点项目获得了发展,追求探测目标更精准、监视范围更广、实时性更好的空间环境侦察、监视和感知能力。

美国空军空间司令部(AFSPC)已经明确了空间态势感知的4大支柱:信息描述、数据综合与利用、威胁预警和攻击报告。为实现这4个支柱,AFSPC为空间态势感知设立了3个主要的实体项目:天基空间监视系统(SBSS)、空间篱笆(Space Fence)和空间监视望远镜(SST)。2010年9月,美国发射了监视空间的专用卫星 SBSS Block 10,提高了对深空和近地目标的监视能力;2011年4月12日美国军方官员透露,美国空军用作导弹预警与导弹防御的天基红外系统(SBIRS)卫星也将具有情报搜集能力。

(四) 发展满足多样能力需求、运用更加灵活的空间能力

早在1998年美国航天司令部公布的《2020年设想》中,美国就提出了发展控制空间的能力;2004年8月,美国空军颁布了《空间对抗作战条令(SFDD22.1)》,首次独立阐述了美国空间对抗作战;2009年1月,美国参谋长联席会议正式发布了新版条令文件《空间作战》(JP3-4)详细地描述了美军空间作战的4个任务领域——空间力量增强、空间支援、空间控制和空间应用,并且相对于旧版条令,对任务领域进行更新与扩展;而美国《国家空间政策》也明确提出确保维护和实施这4项任务的能力。

围绕军事战略与任务特性,美国空间信息系统积极发展相应能力。实际上,由于工程浩大、牵扯面广、政治敏感等原因,美国已经放缓绝大多数天基拦截平台,如天基激光武器、天基动能反卫星武器,但美国并没有放弃空间进攻能力,而是不断进行关键技术验证,发展更加多样灵活的空间军事装备。

例如,通过"寓军于民"的方式,以发展民用航天技术作为掩饰,美国大力发展和验证具有反卫星潜力的高机动微小卫星。此外,最引人关注的是 X-37B 的发展,2010年4月22日与2011年3月5日,美国空军先后发射了第一架和第二架 X-37B 轨道试验飞行器。该飞行器具有快速响应、全球到达、天基侦察、在轨操作等军事应用潜力,其本质是执行多样化空间任务的可重复使用的空间飞行器,标志着美国军事航天技术取得了重大突破。

二、奥巴马政府军事空间政策的特点

《国家安全空间战略》是美国奥巴马政府首份国家安全空间战略,对美国未来10年空间力量的发展方向进行规划,综合考虑了军事、经济与政治利益,体现了清晰、成熟的空间战略思想。

（一）更加重视情报力量

为保持空间信息优势,要加强美国空间情报能力建设和应用。情报界和国防部为主,并连同其他部门和机构一起密切协作来执行该战略,将其应用到空间相关的计划、立项、采购、运作和分析活动之中。该报告首次由国家情报总监参与签署,这表明美国情报机构将在空间力量的建设和应用中发挥越来越重要的作用。

（二）积极空间防御

为了威慑对本国空间资产的攻击活动,该报告提出了多种慑止方式:如启用"集体防御"条款,即针对一国空间资产的攻击将被视为对联盟整体的攻击,并将招致联盟成员国的集体反应;在遭受攻击的情况下依然保持关键的空间行动能力等。此外,报告强调"对空间攻击行为的反击不一定局限在空间",这表明美国在其空间资产遭受攻击的情况下,可能将全面动用军事力量实施反击。

（三）欲建立国际新准则

在该战略中描述,美国未来致力于在国际社会中建立有关空间资产行动和卫星发射的"准则",以规范各国在空间的"行为",即由美国主导建立所谓的"空间国际法"。这意味着美国要开始再一次充当国际规则的制定者。新规则必定以美国及其盟国的空间利益为先,同时限制其他国家发展空间能力。

（四）关注空间装备生存能力

相比其他国家,美国在空间技术领域具有较大的领先优势。一方面美国享受着先进的空间能力所带来的诸多好处,另一方面美国也开始担忧其日益依赖的航天装备的生存能力。尤其是在当前各国普遍重视发展空间力量的大环境下,美国不得不重新审视其在轨空间资产所存在的安全隐患,如遭攻击后难以快速修复和补充,因此报告着力强调"在降效环境下的空间行动能力"。

第四节　美国空军的主要规划

美国空军是对美国空间信息对抗发展起作用最大的兵种,同时是美国空间信息系统操作层面的主要实施者。冷战结束以后,美国空军出台了一系列的规划,贯彻执行美国国家战略、国防部指令。

一、主要规划

（一）《2006—2030 财年战略主计划》

美国空军航天司令部承担组织、训练、装备空间和导弹部队的职责,能为总统在阻止和挫败敌人对美国及其盟友的进攻和任何形式的威胁时,提供相关情报和多种选择,为各级指挥机构的决策者在制定政策、获取能力、创新战略、实施作战行动以及保护美国避免遭受攻击等方面提供所需的情报信息。

2003 年 10 月,美国空军航天司令部公布了《2006—2030 财年战略主计划》。这是空军航天司令部全面负责美国军事空间后,在 2001 年制定的战略主计划基础上,制定的第二个战略主导计划。该计划按照美国军事转型的总体思路,提出了空军航天司令部未来 25 年的战略构想和发展规划,计划内容涵盖了美国空军航天司令部承担的所有任务领域。

美国空军航天司令部原司令兰斯·劳德将军称,"战略主计划描述了将如何实现向空间作战司令部的转型,介绍了如何放弃、维持、现代化改进和转型我们的能力,以便最大程度地提升我们的作战能力。该计划是为了确保美军继续占有空间、空中、陆地和海洋优势而研究制定的一项司令部级的规划。"因此,该计划对于规范空军空间信息对抗的走向具有重要的意义。

(1)战略主计划的目标

战略主计划概述了美国航天司令部的现状,分析了美国未来将要面对的国际安全环境和空间作战环境,认为核威慑力量仍将是未来国家安全的重要保障;航天系统受攻击的可能性日益增大,美国必须具备可靠的防御能力和快速反应的作战能力,以赢得未来全维作战的胜利;在挫败敌人对己方空间信息系统攻击的同时,还必须能阻止敌方利用空间的能力;必须保护进入空间和在空间运行的能力;面对未来多变的安全环境,发展全球快速打击空间能力能为美国阻止或挫败各种威胁提供灵活的选择;为进一步促进民用和商用空间能力的军事应用,需要寻求新的合作关系、出台新的政策,以充分利用民用和商用空间信息。

战略主计划还提出了美国未来军事航天力量的5大任务,包括空间力量增强(SFE)、空间对抗(CS)、空间力量运用(SFA)、空间支持(SS)和任务支持(MS)。战略主计划中提出,空军航天司令部未来25年的发展目标是成为全维空间作战司令部,为国家安全和联合作战提供强有力的空间力量。这意味着美国空军航天司令部不满足于目前主要提供传统的空间力量增强和空间支持能力的现状,未来还将提供空间对抗、空间力量运用和信息作战能力。

空军航天司令部未来在加强空间信息对抗方面,为应对挑战,将着重于人员、能力和效果,利用其专业人才队伍,在正确的时间和地点综合利用其独特的优势能力,取得战胜任何敌人的预期效果。为了迅速夺取并保持空间优势,利用空间、核武器以及常规打击能力,达到预期的作战效果,空军航天司令部除了发挥空间信息系统的力量增强作用以及核武器和常规力量的威慑作用外,还将发展在空间、从空间和通过空间进行常规作战的能力。在对现有的核力量进行现代化改进并研发后续系统的同时,还将积极地发展高度灵活和快速响应的全球威慑力量。

作为美国军事航天的抓总单位,空军航天司令部还肩负有各军兵种空间能力和系统规划计划的职责,满足全军当前和未来的空间对抗需求。这些能力包括全球快速打击、战场态势感知、空间态势感知、防御性空间对抗和进攻性空间对抗等,这些能力还将为导弹防御提供关键的支持。

(2)战略主计划的实施步骤

为了实现向全维空间作战司令部转型的战略目标,美空军航天司令部划分三个阶段推进该计划,即近期(2006—2011财年),中期(2012—2017财年),远期(2018—2030财年)。

① 近期(2006—2011财年)

空军航天司令部近期的计划是继续加强人才培养和专业队伍建设,将空间能力无缝集成到军事作战之中。空军航天司令部将进一步加强与各军兵种和有关国家安全的空间部门的合作,最大限度的利用有限资源,集中力量进行关键技术研发,以加速美军作战能力和空间能力的转型。空军航天司令部近期的目标是:优化组织、训练和装备的人员管理和资源配置,充分发挥效能;对洲际弹道导弹力量进行现代化改进;部署已列入计划的战场威胁预警和指示、保密抗干扰通信、全球导航、战场态势感知能力;建立空间对抗任务的基本能力,包括采购新的空间态势感知、防御性空间对抗和威胁描述与报告能力,并部署一个空间试验场;对指挥和控制能力进行集成和改进,使空间力量与战区作战全面无缝融合,开展进攻性空间对抗、全球快速非核打击以及情报、监视和侦察(ISR)等能力的初期研制工作;注重新技术研发,提高卫星设计和操作的标准化水平,采取螺旋式发展策略,并发展一批能提供革新能力的新技术,涵盖通信、推进、常规和核打击、指挥控制以及操作等领域。

近期战略的首要目标是实现空间力量增强能力转型,为军事作战提供空间支持。同时还将增强空间力量的指挥和控制能力以及常规运载能力,为空间作战提供基本保障。另外还着重发展核威慑/打击、防御性空间对抗和空间态势感知能力,开展进攻性空间对抗和快速响应运载能力的初期研制工作。这一阶段将为中期和远期部署的空间作战能力打下坚实的基础。空军航天司令部将不断地更改和修正需求和计划的优先级以及时间表,以进一步提高空间和导弹力量应对未来不断演变的威胁的能力。

② 中期(2012—2017 财年)

空军航天司令部中期将部署新一代的快速响应运载能力、全球快速打击能力和空间优势能力。其武器指挥官和其他航天专业人员将共同把这些能力运用于联合作战和特遣部队作战之中。在此期间,空军航天司令部仍将着重空间力量增强能力的转型,包括部署转型通信和天基地面移动目标指示器(GMTI)能力。由于快速响应运载能力对全球打击和防御性空间对抗有着重要的支持作用,该能力在该阶段的重要性将进一步提高。通过中期阶段的努力,将进一步提升空间对军事作战的支持能力,提高空间资源的保护以及空间作战的演示和验证能力。

中期的目标是:完成已列入计划的情报、监视和侦察以及通信能力的部署;部署转型通信系统;部署天基地面移动目标指示器和合成孔径雷达能力;改进情报、监视和侦察的天地一体化集成能力;研制并部署全球快速非核打击能力和快速响应发射能力;完成新一代洲际弹道导弹的研制,并开始部署;继续逐步地增强防御性空间对抗能力和空间态势感知能力,并发展进攻性空间对抗能力;提高国防部技术试验卫星的质量和数量,开始向卫星标准化和有效载荷小型化方向发展;空间力量增强能力与地面系统全面集成,实现功能互补,可使部队以最低成本获得最强的态势感知能力。这种天地协同的方式有助于提高效费比,降低研制风险,使美国军事航天能力顺利向远期过渡。

③ 远期(2018—2030 财年)

空军航天司令部远期将进一步部署空间和导弹作战力量,使得一经需要即能在空间、从空间和通过空间与任何敌人作战。在前期工作的基础上,空军航天司令部将集中发展战场空间感知(空间和地面)、防御性空间对抗、进攻性空间对抗能力以及全球快速打击和地基战略威慑(IBSD)能力。其中的许多能力都需要快速响应运载火箭及有效载荷能力的支持。空军航天司令部将面向 2025 年及更远的未来,继续发展先进技术,革新和转型作战能力。其最终目的是成为一个组织有效、训练有素、装备精良的空间作战司令部,能在任何时间、任何地点迅速取得决定性的战果。

(二)美国空军转型计划

2002 年 6 月美国空军制定了第一版《美国空军转型飞行计划》。2003 年 11 月,第二版《美国空军转型飞行计划》颁布,新的转型飞行计划的依据是 2003 年 4 月美国国防部制订的《转型计划指南》。之后的 2009 年、2013 年美国空军颁布更为新版的空军转型计划。

第二版《美国空军转型飞行计划》内容相当丰富,包括转型的背景,美国空军转型的目标、部队编成、作战理论与作战概念、武器装备与技术等诸多方面。引人注目的是,《美国空军转型飞行计划》十分突出地强调发展空间攻防武器,第一次公开、正式地列出了美国空军在研和计划研制的空间攻防武器清单,从中可以比较清晰地看出空军空间对抗武器装备发展的脉络和走向。

(1)转型飞行计划的目标

美国空军转型的总目标是:完成以平台为基础的驻防部队向以能力为基础的远征部队的转变。美军认为,转型的核心就是要最大限度地提高美国军队的联合作战能力。美国空军将努力以未来作战效果及实现这些效果的能力作为转型的推动力。转型后的美国空军将具有全球机动、全球反应、全球打击、国土防御、核反应作战、空间及 C^4ISR 信息保障能力。美国空军正在围绕这些作战概念进行转型,最终把空间信息能力塑造成能切实满足信息对抗要求的能力系统。

美国空军转型飞行计划强调空间信息系统对于美国国家安全的重要性,以及增强空间信息系统生存能力的必要性。计划指出,空间监视、地基激光、空间干扰、微小卫星都越来越实用;未来的对手可能会阻止美军进入空间,对抗美军从空间实施作战的能力。美国空军转型的一个关键目标是,不但要利用空间给美国提供优势,还要避免空间可能给美国带来的弱点。美军必须确保能够控制空间,在发生冲突时拥有在空间行动的自由。为此,美国空军通过创新的作战概念谋求转型的空间能力,加紧发展空间攻防技术和武器装备,确保其控制空间战略的实现。

美国空军转型要实现 6 个方面、16 种具体的能力(其中有 12 种能力与空间信息系统密切相关)。它们是:

① 信息优势。包括空基(有人与无人)系统与天基系统之间无缝隙链接的能力;提供战场空间实时图像的能力;战场态势预测能力;通过信息支援和信息作战确保己方利用信息的能力;通过信息作战阻止敌方 C^4ISR 系统发挥作用的能力。

② 空间信息优势。包括使敌防空信息系统失效,突破敌防空系统,为后续联合作战扫清障碍的能力;恶劣气象条件下在敌防区外持续、有效地进行空天和信息作战的能力。保护关键空间资源的能力;阻止敌人进入和利用空间的能力。摧毁飞行中的导弹,探测弹道导弹和巡航导弹的发射以及摧毁来袭导弹的能力。

③ 精确交战。包括使每架次飞机打击的目标成数量级增长的能力;控制对目标打击程度的能力。

④ 全球攻击定位能力。包括快速、精确、持续地攻击全球任何目标的能力。

⑤ 快速全球机动。包括快速遂行空中作战、空中投送和军事机动,在任何条件下、在世界上任何地点支持作战的能力;应急发射、操控空间飞行器,及时对在轨飞行器添加燃

料、维修与重新定位的能力。

⑥ 灵活的作战支援。包括提供轻便、快捷和适度的作战支援,使部队能在任何条件下进行敏捷、持续、有效作战的能力。

（2）空间攻防是转型飞行计划的核心

自 20 世纪 50 年代末以来,美国就一直在发展空间攻防技术。近年来,美国更是从确立控制空间战略、发展空间攻防武器技术与装备、建设航天部队、进行天战模拟演练等方面,全方位地为天战做准备。

《美国空军转型飞行计划》明确指出,空间攻防武器已被视作美国未来武器库的重要组成部分,而且实现空间攻防武器的各种技术正在研究之中。转型飞行计划还提出,要把所有的空基与天基系统进行无缝隙链接,集成空中、空间和信息能力,发挥三者间的协同作用;要发展高超声速巡航飞行器等新型航空航天武器,使空军由战区作战转变为全球作战,实现全球快速机动、全球反应与全球打击等。

由于美国国家安全、军事作战、经济发展、社会生活等方方面面对空间信息系统的依赖日益增强,而空间信息系统本身又十分脆弱,若发生故障,在目前的情形下甚至还难以断定是自然因素还是人为因素造成的,因此美国十分担心发生"空间珍珠港"事件,把空间信息系统的防护作为近期空间攻防的重点。美军把空间信息系统的防护称作防御性空间对抗,包括阻止敌方攻击空间信息系统,以及在遭受攻击后快速重建和恢复。美国空军将对所有的空间信息系统采取防护措施,包括各种主动与被动方法。但在空间信息系统的空间、链路和地面部分中,防护的重点是空间部分和天地链路部分。美国空军认为,在近期,发展防御性空间对抗能力要比发展进攻性空间对抗能力更重要、更迫切。

《美国空军转型飞行计划》首次正式公布了规划中的攻击性空间武器清单,既有反卫星武器也有天对地攻击武器。从其计划安排看,近期以地基空间武器为主,远期才部署天基空间武器。《美国空军转型飞行计划》还指出,美国应该具备在极短时间内部署、补充、维持、重构空间力量的能力,包括快速反应进入空间的能力和轨道间转移的能力。

2004 年 2 月,美国空军公布了其新制定的《美国空军转型飞行计划》。该计划称,在一些新的、独特的挑战面前,美国目前所拥有的军事优势面临着消失的危险。这些新的挑战包括:新形式的恐怖主义、对空间设施的攻击、对网络的信息攻击、巡航导弹和弹道导弹攻击以及生化、放射、核攻击等。空间设施的安全出现在军种的转型计划之中。第 3 版转型飞行计划的核心内容仍然是把获取空间优势和取得空间支配地位作为美国空间军事行动的目标。第 3 版转型飞行计划与第 2 版转型飞行计划最大的不同是,删节了满足空军转型能力所需武器系统的有关内容。在第 2 版转型飞行计划公布时,披露了美国空军在研的与设想的武器系统(尤其是空间武器系统),这引起了美国国内的政治争论。因此,美国空军刻意在第 3 版转型飞行计划删节了这部分内容。

第 3 版转型飞行计划引人关注的内容有以下几点:

① 提出建立"空中和空间占领"的创新概念,即保持"有效的空中和空间的持续存在",使敌方在自己的疆域内始终处于危险境地。美国空军目前在某些特定的条件下拥有了这种能力,空军正致力于研究在各种条件下都拥有这种能力,在全球空中和空间的任何地方都可以应对各种潜在的威胁。要达到这一点,美军将发展下面 4 种能力:

具有在轨维护修理和更新卫星(航天器)的能力,保持其在轨长期存在;

具有按需快速发射卫星的能力；

具有在 48～113 公里的空中日常运行长期存在能力，提供联合部队指挥员作战的机动性；

把美国本土的作战力量迅速部署到全球任何地方的能力。

② 美国空军需要拥有先进的空间对抗系统，具备拒止敌人利用空间的能力。计划指出，若使敌人不能像美国及其盟友一样利用空间，就需要发展空间对抗系统，以便在必要时拒止敌人使用其空间信息系统和非授权地使用美国盟友空间信息系统。其中包括美国空军将继续研发在空间使用的定向能武器（包括激光和高功率微波），并确定了 6 项定向能科学技术开发计划。

③ 反卫星武器（ASAT）和天基对地攻击武器以及第二版转型飞行计划中提到的武器系统，仍然是美国空军继续研发的重点。计划中虽然没有明确提出发展何种武器，但是强调了美国空军应具备的能力。例如，美国空军提出借助"精确、远程、快速反应、天基打击平台"具备全球打击或全球攻击能力，而且正在进行"远程打击选择性分析"以确定采取何种途径来最有效地获取该能力。

④ 美国空军首次明确提出，采取"暂时和可逆"的手段拒止敌人利用空间是美国的首选，而物理破坏天基系统则被认为是最后手段。

⑤ 展开讨论了如何通过采取被动的而不是主动的手段保护美国的空间资产。

2007 年 1 月 22 日，美国空军又批准了新版《空间作战》文件。美国空军转型的总目标就是完成从以平台为基础的驻防部队向以能力为基础的远征部队的转变。美国空军一向重视开发能够连接所有 ISR 平台和火力平台的信息网络，这反映在该军种的信息优势作战概念上。转型计划将信息优势描述为转型以及基于效果的作战的关键使能因素，重点是将所有有人、无人系统和空间信息系统无缝隙地集成在一起。其他目标还包括获取战场空间实时图像、预测性的战场感知从而确保对信息的有效利用，同时通过有效的信息作战破坏敌方的 C^4ISR。

在飞行转型计划中，最引人注目的是将空间作为了"从冷战时期转型到能够应对当前及未来威胁的现代军队"的一个主要领域，列出了一系列包括反卫星武器和地面卫星攻击武器在内的空间武器项目，主要包括正在使用或研制以及在近期或在不远的将来计划采用的空中和空间技术、武器、传感器等系统，重点强调了有关概念和能力。

尽管转型计划是对未来的设想，并没有包含对需求项目的预算估计，但很清楚，空间武器确实是被作为未来美国武器中的一部分，目前正在研究实现这些武器系统的技术。转型计划披露了空间武器系统希望部署的时间：近期为 2010 年以前，中期为 2010～2015 年，而远期则是 2015 年以后。

虽然以前美国国防部和美国空军的计划中都将空间作为未来一个关键的任务领域，但这些文件中都还没有提及反卫星武器以及空间攻击武器能力。在类似"美国空军空间司令部 06 财年空间主计划"这样的文件中，只提出了对空间能力的各类需求，使用的称谓是"空间控制"和"进攻性与防御性空间对抗"。1996 年，克林顿总统签署发布了《美国国家空间政策》。2002 年布什政府又对该项政策进行了修订，不过主要是针对一些独立的部分，并没有涉及到空间武器化或美国空间安全战略等较大的议题。《美国空军转型飞行计划》的发布证明了美国军方目前正使用不同的观点来诠释美国的空间政策。

　　计划暗示着,在美国国防部的支持下,美国空军将比以往更坚定地推行空间武器化,可能逐步摒弃将空间作为作战支援工具的传统观念。美国空军转型飞行计划预示着美国将在未来部署空中和空间武器以保护其军事卫星与商业卫星免受攻击,并且利用空间武器来攻击地面、空中和空间目标。

　　在美国空军转型飞行计划中,空间信息系统及能力被描述为几乎是空军所有作战概念中不可缺少的,特别是在"空间及 C^4ISR"、"全球攻击"、"持久交战"和"信息优势"等内容中。

　　空间对抗的特点是:为作战部队提供急需的监视与侦察信息,特别是高危地区或机载平台无法进入地区的有关信息。它们能够为美军提供气象信息、全球通信、准确定位、导航,并为地面部队、海上军舰、空中飞机和飞向目标的武器提供定时信息,这无疑将会提高美军攻击的准确性、灵活性和致命性。

　　转型计划还指出:"空间设施是实现信息优势的关键"。因为空间设施是战场空间态势感知的重要来源,它使美国空军综合 C^4ISR 信息并对地面目标实施远距离攻击成为可能。

　　美国空军认为其空间信息系统现在正面临威胁,"因为美国的敌人正在寻求利用空间的相应系统和能力,并且在大力开发利用美空间设施弱点的能力,这将会破坏美国的空间信息系统。况且,美国重要的信息和空间信息系统容易受到攻击,有几个互联网站都公布了 GPS 和通信干扰机的设计方法,这些干扰机也很容易通过互联网购买。"

　　转型飞行计划清楚地说明了空间项目、武器和概念是美国空军实现转型能力与未来空间优势的关键,这些重点项目分三个阶段实施:

　　近期:2010 年前,部署破坏敌空间通信、监视与侦察卫星的系统,对卫星攻击的快速识别、探测与报告系统和天基空间监视系统。天基空间监视系统是光学传感器卫星星座,能够对深空进行扫描,提供完整的空间图像,使美国空军全面了解空间态势。

　　中期:2010～2015 年,部署通用空天飞行器(CAV),这是一种快速反应、高度机动、高超音速的飞行器,它能将各种传感器携载到空间并从空间发射武器来攻击地面的固定目标和移动目标。这个阶段还将部署天基雷达,对轨道目标进行跟踪与监视。

　　远期:2015 年以后,部署空射反卫星导弹,作为进攻性和防御性空间武器系统的地基激光器(即采用高功率射频干扰卫星信号的电子战卫星星座)以及极高速集束式杆状穿透器一种动能打击武器,能摧毁极其坚固的地面目标,包括深埋在地下的目标。

　　美军认为,最重要的是必须确保进入空间的能力,这是实现空间目标和空间作战的必要条件。计划利用空间作战航天飞行器提供这样的接入,并部署空间机动航天飞行器和通用空天飞行器。另外还将部署供在轨补充电源、维修空间信息系统的轨道变换飞行器,执行各种空间控制任务的可重复使用空间机动飞行器以及能够应急发射以运送卫星和其他系统(如通用空天飞行器)进入太空的空间作战飞行器。

第七章　美国空间态势感知

美军界定的空间对抗任务包括:空间态势感知、防御性空间对抗和进攻性空间对抗。空间态势感知能力对美军的空间信息对抗具有重要的支撑作用,美国将空间态势感知能力的发展作为空间安全和空间信息优势的重要基石,置于优先发展的地位。

美国空间态势感知能力主要体现在:能够对各国卫星进行准确的认知;了解敌方军事体系,从而有针对性地确定体系对抗的途径和方式;提供敌方侦察卫星过境预报,以隐蔽美方的军事行动,削弱敌方侦察系统效能;对敌方反卫星武器进行预警与监视,对攻击效果进行评估;对空间碎片编目,为空间活动提供碰撞预报,保障航天器安全;判断航天器故障等。

第一节　美国空间态势感知的相关问题

美国的空间态势感知经过多年的发展,目前已形成了以联合空间作战中心为枢纽、各传感器遍布全球的格局。美国拥有世界上最强大的空间态势感知能力,根据其战略规划,美国正在通过加强统一管理,升级改造现有重要的地基空间监视系统,研制部署新型地基、天基空间监视系统,提高空间目标探测跟踪精度,提升空间目标认知能力,缩小空间监视网覆盖盲区,缩短空间目标观测数据更新周期,提高及时响应能力,构建面向空间对抗作战的空间态势感知体系。

一、空间监视系统和空间态势感知

美国对空间监视的定义为"对空间及发生在空间内的活动的观察"。美军《国防部军事及相关用语词典》将空间态势感知定义为对空间环境和目标活动的觉察、理解和预测。空间监视系统是利用地基或天基探测设备对航天器进入空间、在空间运行及离开空间的过程进行探测和跟踪,对地球轨道上运行的所有目标的位置、特性与功能以及空间环境进行感知,以及对轨道碎片和自然天体的运行情况进行观测,经综合处理,分析目标信息,进行编目,以掌握空间态势,向民用和军用航天活动提供空间目标信息支援的国家战略信息获取系统。

通过空间目标监视,可以有效进行空间态势感知,可以对空间自然环境及其对军事行动的影响进行实时获悉和预测,进而描述空间威胁、空间目标及空间环境,评估空间对抗行动效果,改进空间对抗的指挥、控制效率。

1998 年 3 月,时任北美防空航天司令部司令的艾斯特斯首次提出了"空间态势感知"的概念,此后被一直沿用,并且成为美军事空间的一个重要概念。艾斯特斯称"空间监视是获取空间优势的基础,其所带来的近实时空间态势感知是实现空间控制的关键因素,使我们可以在空间内自由移动。"同年 8 月,美空军发布的 AFDD2 – 2《空间作战条令》,

"空间监视提供的支持对于空间态势感知是十分必要的"。2001年9月,美国国防部在《四年防务评估报告》中指出:"要对陈旧的空间监视基础设施进行现代化(升级改造),加强指挥和控制结构,把一个具有编目和跟踪能力的系统升级成为一个提供空间态势感知的系统"。

从定义可以看出,空间态势感知和空间监视的内涵极为相似,许多学者有时也将二者通用。力克·斯图德望特在《从卫星跟踪到空间态势感知:美国空军和空间监视,1957—2007》中指出,空间态势感知最初是由空间监视衍生而来,"对于提升空间态势感知能力来说,至关重要的是空间监视网"。安全世界基金会的布里安·威登也在《全球空间态势感知传感器》一文中指出,"美军空间监视网是目前世界上唯一最好的空间态势感知源"。

近几年,美军在控制空间的军事发展战略中将空间态势感知能力提升到十分重要的位置。空间监视系统作为空间态势感知系统最重要组成部分,在今后的发展中将被赋予更多的军事应用任务。增强空间态势感知能力,支持空间对抗的进攻与防御,从而夺取空间优势,是美国大力改进现有的空间监视系统和研制部署新型空间监视设施的最主要动机。

随着军事航天技术和空间武器装备的飞速发展,空间威慑能力已成为国家或国家联盟整体威慑力量的重要组成部分。实施空间威慑的手段也日趋多样,空间态势感知就是其中重要的一种。空间态势感知能力强的一方,可以实时跟踪、监视敌方空间目标,精确确定其轨道参数、性能特征、主要用途等信息。一方面可以适当公布获取的这些空间目标信息,通过渲染、造势施压,让敌方明白他们的重要空间目标都在己方监视控制之内,迫使敌方难以保持空间军事行动的秘密,迫其知难而退;另一方面可以与适当的空间攻防作战试验和演习行动相配合,让敌方了解己方不但掌握了他们的空间目标信息,而且又有能力对其实施破坏和摧毁,从而达到威慑敌方的目的。美国就是通过在其国防部和空军的网站上定期公布监测到的各国空间目标信息,来显示其优越的空间态势感知能力,使其他国家迫于这种压力,在实施空间军事活动时畏首畏尾。在近些年,其他国家也采取针锋相对的策略,2007年6月,法国利用新建成的"格拉夫"雷达系统,探测到美国20~30颗未记录在国防部公布的卫星目录中的低轨卫星,并准备与德国合作精确识别这些卫星的位置、大小、轨道和传输频率。法国也将借此威慑美国,向美国政府施加压力,使其停止公布法国侦察和军事通信卫星的位置参数。

二、美国对空间态势感知的认识

(一)美国重视空间态势感知

空间态势感知的本质是对影响空间活动所有因素的认知和分析。目前,空间态势感知已经在美国空间对抗领域中获得了最高的发展优先权,从军方到国会均给予空间态势感知高度重视。军方负责人多次宣称要重点增强美国的空间态势感知能力,国会也对该领域加大投资。2006年美国出台的空间政策中,首次明确将提供空间态势感知能力纳入国防部长和国家情报局长的职责。2007年7月,美国总统布什发布秘密备忘录,其中至少包括9项任务,要求政府各机构提高美国空间态势感知能力。美国空军航天司令部司令凯文·希尔顿在2007年公开表示,空间态势感知能力已经列入他首要优先发展的计划,发展空间监视系统比发展攻击性太空武器更为迫切。希尔顿强调,"要保卫太空活动能力,必须采取的第一个步骤是更多地了解那里的情况……如果某颗卫星突然出了问题,我们起码要能够告诉总统,究竟问题出在哪里,是太阳黑子造成的破坏,还是敌人使用了太空武器……"美国国会在国防拨款法案中,为空间态势感知系统多次增拨款项,用于加快诸如"自预警空间态势感知"、"空间栅格"等项目研发,以全面提高空间态势感知能力。

(二)美国认为现有空间态势感知能力不足

虽然美国空间态势感知能力十分强大,其他国家难以望其项背,但批评式的思维方式也使美国认为其空间态势感知能力存在严重的不足,自身缺陷与现实需求是美国发展空间态势感知的推动力。美军认为其空间态势感知能力远远不能适应现实和未来的形势,因此把发展空间态势感知系统作为空间对抗的首要任务。美国空间态势感知系统的大多数探测器都是为导弹防御而研发部署的,这些探测器的第一任务是导弹防御,第二位任务才是空间态势感知,甚至两项任务的数据处理系统也是捆绑在一起的。导弹预警对空间态势感知的发展一直起着支配性、制约性的作用。2007 年,美国战略司令部专门召开讨论当时空间感知系统缺陷的研讨会,并总结出在太空监视方面有 4 大缺陷:跟踪外国卫星的能力还不能让人满意,空间"天气预报"能力较差,太空碎片增多难以监控,缺乏太空情报分析人员。

负责美国空军空间司令部行动的指挥官也多次声称,美国的空间态势感知能力"不足以对抗未来威胁","有目共睹,敌方在试图反对(美国空间优势),并且明白保护自身空间系统的必要性。如果有机会,敌方会试图利用我们的任何漏洞的"。这种观点在美国空军《空间对抗行动基本条令》中也有所反映。美军前参谋长江柏上将称:"敌方将会瞄准空间能力,竭力否定(我们的)作战优势。当美国利益和生存处于危险之中时,我们也必须做好准备去剥夺敌方的空间能力。"美国空间易损性标准在 2012 年的《四年防务评估报告》中生效,报告中假设通过对美国卫星实施相关的物理和信息攻击,使其一半的系统失效。为避免这种状况的发生,美国空军负责加强其空间监视网,以便能监视美国重要卫星所处的轨道以及所有可能转变为威胁的目标。通过接入位置系统,监视卫星运行状况,然后,输出显示航天器是否有被自然和人为手段影响的迹象,以及这是否构成了一次攻击。出于经济、政治、军事、技术等多方面考虑的结果,美国主要目的是意图继续保持美国在空间的优势地位,拉大与其他国家的差距,实现独享太空优势的图谋。

三、美国空间态势感知的任务

围绕地球的空间目标大致可包括卫星、平台、箭体及空间碎片,主要分布在距地面 2000km 以下的低轨道、20000km 附近的中轨道和 36000km 附近同步轨道,监视系统要对这些轨道上的目标进行探测、跟踪、识别和编目,确定其轨道参数、大小、形状、性质和用途。

(一)目标探测与跟踪

一是跟踪现有目标。每天对在轨运行的人造星体进行观测,并把观测数据传送到空间监视中心,进行数据处理。二是及时发现新目标。一旦发现,立即编目并标出目前位置和计算出轨道参数。

对空间目标的探测与跟踪有天基、地基手段。天基手段主要用于探测 1cm 以下的空间目标,天基探测设备有:天基毫米波雷达、天基望远镜、空间监视卫星星座、卫星搭载的可视传感器等,很多新型设备尚处于研制阶段;地基手段是目前探测 1cm 以上空间目标的主要手段,包括光学设备、雷达和其他设备。目前对于高轨目标的探测与跟踪,主要使用光学手段;对于低轨目标的探测与跟踪,主要使用大型相控阵雷达和精密跟踪雷达。

（二）目标识别

目标识别的任务是熟悉和识别围绕地球运行的各种人造星体,判断其国籍、形状尺寸、用途和运动方式等。并推测判定其军事用途和威胁。

要夺取"制天权",首先要确认空间目标的身份,然后才能对有威胁的空间目标实施有针对性的打击和防护。空间目标识别的任务主要有:判定所探测的空间目标是有效的航天器,还是失效的空间碎片;判定所探测的新空间目标是已有在轨目标,还是实施轨道机动后的在轨目标,还是是新升空的空间目标;判定所探测空间目标的性质和作用,包括大小、形状、姿态、身份、种类、目的意图、威胁程度等。空间目标识别的主要方法步骤是:首先,确定目标是军用航天器,还是民用航天器、空间碎片,民用航天器或空间碎片可根据国际上已公开的轨道参数,如 NASA/DARPA 公布的卫星状态报告,进行判定。然后,将不同探测设备的探测数据,采用不同的目标识别方法进行处理。不同类型的单一设备可得到目标特性的部分、不太精确或不确定的认识。最后,将各种类型设备的测量结果信息进行汇聚,进行数据融合处理,通过对已有信息的数据层融合、特征层融合和决策层融合,可获得空间目标的一致性认识,提高目标识别能力。

（三）目标编目

空间目标编目主要是要收集空间目标详细资料,建立空间目标信息的可动态更新数据库。空间目标编目是实施空间监视最基本的手段。当空间监视设备探测、跟踪到有目标进入外层空间后,立即计算目标的衰变过程,预测落点位置和时间,将有关发射信息输入到编目数据库中;平时,空间监视网可利用编目数据库中的星历数据进行跟踪测量,预测卫星、碎片之间可能发生的碰撞,更新编目数据库;当目标返回大气层时,要利用编目数据库预测落点及相应时间,同时更新编目数据库。编目数据库为战时反卫星提供准确的数据和情报。美国对空间目标进行了 50 年的持续观测。目前被美国空间监视系统编目过的空间目标 30000 多个,可对 10cm 以上目标进行测轨编目,编目能力十分强大。美国通过对这些已编目目标进行监视、跟踪及数据处理,实现军用目标进入太空、轨道机动、返回大气层的预警分析、空间碎片的碰撞预报等。

表 7.1　空间态势感知的任务

阶段	和平时期	空间攻防中	空间攻防后
主要任务	监视空间环境,探测发射及新出现的所有空间目标; 确定所有空间目标的载荷、归属、任务、能力、大小、形状、轨道参数等; 对各种大小卫星进行整个轨道周期内的跟踪; 对他国空间攻防试验进行监视	监测对卫星系统的威胁(包括反卫星武器和弹道导弹),确定威胁特征,并向指挥中心传送威胁信息,支持空间武器系统的主动攻击; 对空间攻击和防御过程进行监视	作战评估,确定是否再次攻击

空间态势感知的基本任务,是为计划、遂行和评估防御性空间对抗和进攻性空间对抗提供战场空间感知,这是对与空间相关的形势、限制、能力和活动充分了解的结果。通过空间态势感知可以了解空间介质、空间系统情报和关联作用能力,并对美军空间系统

提供关键性保护和对敌方空间能力进行有效作战。

四、美空间态势感知的组成

美对空间态势感知要求主要包括:使用情报资源洞察敌方空间条令、战略、战术和战役,监视所有空间物体、活动和地面支持系统,详细侦察特定空间物体,监测和分析空间环境,监测盟军、中立国和敌方的空间资源、能力和运行状况,用于完成这些活动的C^3、处理、分析、分发和归档能力。空间态势感知过程包括:发现、定位、跟踪、瞄准、交战和评估。完成这些任务可确保计划、指挥和操作人员的连贯的战场空间感知。

美军认为,空间态势感知不仅仅是空间监视。空间态势感知是指挥、控制、计算机、情报、监视、侦察(C^4ISR)以及空间作战所需的所有环境数据。美国相关研究已经突出了这样的需求,即空间活动的情报和监视,改进的"态势感知"部队结构以及其他增强对空间作战战场感知的改进措施之间必须协调一致。空间态势感知有以下5个方面:

一是情报。对于空间态势感知,情报提供对敌方和第三方空间能力的特征描述和评估,利用情报源来洞察敌方的空间条令、战略、战术和战役。

二是监视。监视是指"通过视觉、听觉、电子、成像或者其他手段系统地观察空中、空间、地表或者地下区域、地点、人员或者事物的功能"。空间监视是对空间环境中运行的空间系统进行的系统、连续的观察和信息收集。监视有助于轨道安全、空间事件指示和预警、对威胁可能存在位置的初步指示以及战损评估。空间事件包括卫星机动、预期和非预期发射、再入大气层、激光发射、太阳活动以及类似无线电频率干扰的电磁冲突。例如,监视数据可以用来生成卫星编目——提供在轨卫星位置的融合产品。借助预测轨道分析工具,卫星编目信息可用来预报卫星的威胁和收集盟国、敌方及第三方装备的动态。对空间环境中运行的空间系统进行系统的持续观测和信息收集,监视所有的空间目标、活动以及地面系统。

三是侦察。侦察是指"通过视觉观察或者其他探测方法获取敌方或潜在敌人的活动和资源的特定信息;或者是特定区域的气象、水文或地理特征的可靠数据。侦察通常有和任务相关的时间限制"。执行侦察任务的装备也执行监视任务。侦察提供了评估战场所需的详细的特征描述。空间侦察用于卫星异常(如星上故障)的解决、目标确定和打击后的评估。例如,侦察数据可能来自远程有人驾驶飞机,它能提供移动卫星地面站的可见图像,以帮助制定打击该地面站的计划。对特定空间目标的详细侦察,为战场空间评估提供详细的特征描述。空间侦察为解决卫星异常(如星上故障)、确定目标和攻击后的评估提供支持。

四是环境监视。环境监视包括对卫星和链路所处的空间天气(如太阳条件)、重要的地面节点周围的地面天气情况以及外层空间中的自然和人文现象的特征描述和评估。这些环境信息必须是准确的、及时的和预测性的,用来保护空间系统和支援空间对抗计划的制定和实施。对自然环境影响的预测应该和军事指挥官提升军事效能的行动过程同步进行。

环境监视在空间对抗作战中是非常关键的。类似太阳耀斑和闪电的自然现象可能干扰空间系统。操作人员必须能够区分自然现象对空间系统产生的干扰和对空间系统的蓄意攻击,以便做出适当的回应。包括对卫星与链路所处的空间环境、重要地面节点附近的地面天气和外层空间中自然与人为现象(即轨道碎片)的特征描述和评估。

五是指挥与控制。指挥与控制是指"计划、指导、协调和控制部队及作战的战场管理过程。"空间态势感知提供计划、实施和评估循环中所需的认识和情报。对于空间态势感知来说,把多个来源的信息集成为单一综合空间图像是最重要的。类似的,通过提供部队状态或准备就绪的反馈信息,以及对集成后的空间能力如何支援军事行动的洞察,指挥控制过程也增强了空间态势感知能力。在多个层次都会出现空间态势感知信息的融合,但这种融合在指挥控制节点上尤为关键。多个指挥控制节点经常需要空间态势感知信息,这就使得空间态势感知活动的联合,变得非常重要了。

第二节　美国空间态势感知发展

美国于1960年11月开始组建空间探测与跟踪系统,1961年开始正式投入运用。20世纪80年代末建成了由无线电探测器、光学探测器组成的,能够满足基本任务要求的空间监视网。90年代,美国又根据当时的需求分别于1992年和1996年对空间目标监视系统发展进行了两次典型的升级和推动,探索天基空间目标监视技术,试验和发展了天基光电探测系统。到目前美国逐渐形成包括雷达、光学和无线电设备在内的天基和地基遍布全球范围的空间目标监视系统。

一、美国的空间监视力量及其分布

(一)美国空间监视网的构成

美国空间监视网包括两个监视中心:空军空间控制中心(AFSCC)和海军空间控制中心(NSCC)。利用地基监视系统对空间目标进行跟踪与探测,具有技术成熟、投资成本低等优势,至今仍是美国空间监视的主要手段。目前美国空间监视网的地基探测系统主要由3个雷达跟踪站、5个光电观测站、3座大功率雷达发射站和6座接收站组成,可监视8000多个空间目标。美国空间监视网的地基探测系统根据工作方式与工作平台的不同,可分为地基雷达监视系统和地基光电系统。其中,雷达和光学探测器具有很大的互补作用:雷达具有全天候、全天时的优点,且探测精度更高,但由于功耗原因,只局限于探测近地目标;光学探测器由于具有高灵敏度和大视场特性,可用来搜索跟踪中高轨道的目标。

用于空间监视网的雷达探测系统分为两类:机械扫描雷达和相控阵雷达。与机械扫描雷达相比,相控阵雷达波束扫描,快速、灵活、数据率高;一部雷达可同时形成多个相互独立的波束,分别执行搜索、跟踪、识别、制导等多种功能;在天线覆盖的空域内,能同时监视、跟踪的目标多达数百个;对复杂的目标环境的适应能力强,抗干扰性能好。

美国地基光学监视系统主要包括:毛伊岛空间监视系统(MSSS)、地基光电深空监视系统(GEODSS)、毛伊岛光学跟踪与识别设施(MOTIF)、莫隆光电空间监视系统(MOSS)。根据任务的不同,MSSS主要分为两个部分:国防高级研究计划局毛伊岛光学站(AMOS)和毛伊岛地基光电深空空间监视系统。前者的主要任务是支持科学研究和开发,必要时支持空间目标监视,还对军方和民间的各类组织提供各项试验支持,后者则专用于空间目标监视。

美国无源空间监视系统通过采用新一代无源射频技术来定位和跟踪空间人造目标。深空跟踪系统(DSTS)是最主要的无源空间监视系统。美国部署了3个深空跟踪系统,分别位于日本关岛空军基地、英国皇家菲尔特威尔空军基地以及美国纽约格里菲斯空军基地。由于卫星发射的信号不受天气的明显影响，因此该系统可以昼夜工作。同时由于它要依靠卫星发射的信号，因此不能探测或跟踪空间碎片或休眠的卫星。

地基空间目标监视系统目前仍是美国空间监视的主要手段，在执行目标监视任务时也存在一些不足，比如易受光照、气象条件的限制，光学和雷达探测器都难以实现高轨目标的监视。而天基空间目标监视系统具有在轨运行、不受地域与气候条件限制等优势，在技术上代表了空间目标监视系统未来发展方向。1996 年，美国国防部长办公厅、弹道导弹防御局和航天司令部联合资助，向准太阳同步轨道上发射了一颗携载高灵敏度可见光探测器（SBV）的"中段空间试验"卫星（Midcourse Spale Experiment，MSX），开始对天基空间监视技术进行先期概念技术演示。SBV 利用目标反射太阳光可以自动实现对诸如洲际弹道导弹和卫星等空间目标的搜索、探测、跟踪和数据采集，为导弹中段和空间目标监视服务。SBV 能够完成对 17% 深空目标的监视任务，探测范围覆盖整个地球同步带。2008 年 6 月 2 目，施里弗空军基地第 1 空间操作中队终止了 SBV/MSX 卫星的试验任务。美国空间监视网的分布如图 7.1 所示。

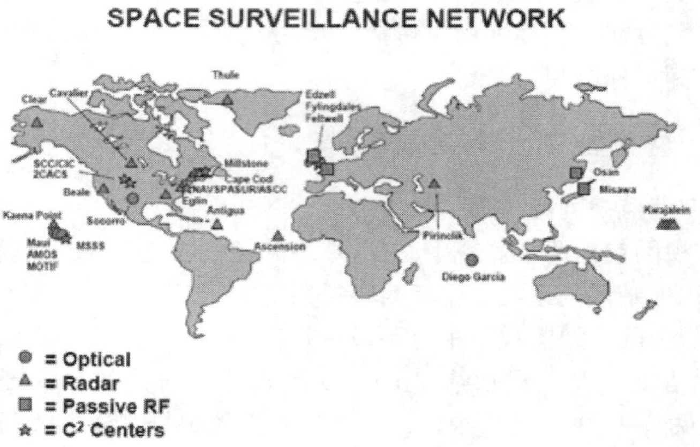

图 7.1　美国的空间监视网分布

（二）美国空间监视网的主要装备

按照美国的分类方法，美国空间目标监视系统由专用空间目标监视设备、兼用空间目标监视设备和可借用（又称"贡献型"）空间目标监视设备三部分组成。

专用空间目标监视设备主要用于对美国和国外空间目标的探测与识别，主要任务是空间目标监视，隶属空军空间司令部。

兼用空间目标监视设备主要用于对国外弹道导弹发射活动的监视，同时也承担对空间目标的监视。其主要任务不是空间目标监视，但仍是空间监视网的重要组成部分，并隶属于空军空间司令部。绝大部分这类传感器最初设计、部署和主要用途都是为了导弹预警。但是随着冷战的结束，很多传感器都在绝大部分时间用于执行空间目标监视任务。

可借用空间目标监视设备指的是那些在美国空间司令部要求按合同或协议提供空间目标监视数据的探测设备。这些设备作为空间监视网的一部分提供数据，但不隶属于空军空间司令部或由其管理运行。通常它们是由私人承包商或美国政府其他分支所拥有,它们根据合同提供一定数量的空间目标监视数据。美国空间目标监视系统类型及分布见表7.2。

表7.2　美国空间目标监视系统类型及其分布

类别	系统名称	基地位置	主要设备
专用设备	地基光电深空监视系统（GEODSS）	新墨西哥州索科罗 夏威夷州毛伊岛 印度洋迪戈加西亚岛 西班牙莫隆	主镜3台 主镜3台 主镜3台 55.9cm孔径望远镜
专用设备	空军空间监视系统（AFSSS）	德克萨斯州基卡普湖	电子篱笆系统主发射站
专用设备	空军空间监视系统（AFSSS）	亚利桑那州基拉河	电子篱笆系统辅发射站
专用设备	空军空间监视系统（AFSSS）	阿拉巴马州约旦湖	电子篱笆系统辅发射站
专用设备	空军空间监视系统（AFSSS）	加利福尼亚州圣地亚哥	电子篱笆系统接收站
专用设备	空军空间监视系统（AFSSS）	新墨西哥州象山	电子篱笆系统接收站
专用设备	空军空间监视系统（AFSSS）	密西西比州银河	电子篱笆系统接收站
专用设备	空军空间监视系统（AFSSS）	阿肯色州红河	电子篱笆系统接收站
专用设备	空军空间监视系统（AFSSS）	佐治亚州塔特纳尔	电子篱笆系统接收站
专用设备	空军空间监视系统（AFSSS）	佐治亚州霍金斯维勒	电子篱笆系统接收站
专用设备	AN/FPS-85大型相控阵雷达	佛罗里达州埃格林	AN/FPS-85大型相控阵雷达
专用设备	"地球仪"-2雷达（Global-2）	挪威的瓦尔多	X波段雷达
专用设备	高灵敏度可见光探测器（SBV）	898KM太阳同步轨道	天基可见光探测器
兼用设备	弹道导弹预警系统（BMEWS）	阿拉斯加州克利尔	AN/FPS-120大型相控阵雷达
兼用设备	弹道导弹预警系统（BMEWS）	丹麦格林兰岛的图勒	AN/FPS-123大型相控阵雷达
兼用设备	弹道导弹预警系统（BMEWS）	英格兰的菲林代尔斯	AN/FPS-126大型相控阵雷达
兼用设备	潜射导弹预警系统	比尔空军基地	AN/FPS-116大型相控阵雷达
兼用设备	潜射导弹预警系统	科德角航空站	AN/FPS-115大型相控阵雷达
兼用设备	环形目标指示雷达攻击特征描述系统	卡瓦勒航空站	AN/FPQ-16大型相控阵雷达
兼用设备	靶场雷达	阿森松岛	AN/FPQ-15、AN/FPQ-18、AN/FPQ-14
兼用设备	靶场雷达	夏威夷州瓦胡岛	AN/FPQ-15、AN/FPQ-18、AN/FPQ-14
可借用设备	丹麦眼镜蛇相控阵雷达（Cobra Dane）	阿拉斯加州谢米亚岛	AN/FPS-108大型相控阵雷达
可借用设备	毛伊空间监视系统	夏威夷州毛伊岛	1.6m望远镜、0.8m波束导向跟踪仪、0.6m激光束导向仪、3.67m望远镜和1.2m望远镜
可借用设备	里根试验场	马绍尔群岛夸贾林环礁	阿尔柯雷达、阿泰尔雷达、曲台克斯雷达和毫米波雷达
可借用设备	林肯空间监视综合站	马萨诸塞州磨石山	磨石山雷达、海斯塔克雷达和海斯塔克辅助雷达

二、美国空间监视系统结构

美国的空间监视系统是由空间监视中心和遍布世界各地的雷达、光学探测器组成的监视网,由美国空间司令部统一组织。空间监视中心设在美国科罗拉多州的夏延山,该中心建立了一个包含能够判别出地球空间轨道上所有物体的数据库,该数据库包括大约10000个物体。空间监视中心向军方各作战司令部、国家航空航天局(NASA)、国家海洋与大气局(NOAA)以及其他组织和科学研究部门提供各种例行的各种报告和专题报告。监视网主要由3部分组成:空军空间跟踪系统(Space Track)、海军空间监视系统(NAVSPASUR)和其他监视系统。

(一)空军空间跟踪系统

空军空间跟踪系统的用途是监视航天目标被送入轨道和在轨配置的过程,它包括6个雷达站和4个光学电子站,对位于地球同步轨道和大椭圆轨道上的航天目标实施观测。来自这些台站的数据用于航天器轨道参数的计算,为空间防御武器提供目标指示以及采取措施保护美国的军用航天系统。空间跟踪系统的目的是在新的航天器通过狭窄的垂直屏障波束时发现它们并预先测定其轨道参数。这个狭窄的垂直屏障波束是由部署在美国领土上的9个雷达站(3个用于发射,6个用于接收)形成的,空军空间跟踪系统能够保证对轨道倾角在30°-150°范围内的航天器进行搜索。一般情况下,航天目标都是在发射后的第1个轨道圈上被发现,而在发现后经过1~3h便能计算出它们的初始轨道参数。

(二)海军空间监视系统

海军空间监视系统由沿着美国南部北纬33°线部署的3个连续波雷达发射站和6个接收站组成,也称为多普勒效应无线电干涉仪。发射站发射垂直的连续波束,形成一道电子警戒线。当空间的一个物体从其中一个发射站的波束通过的时候,分布部署的6个接收站中将有2个或多个接收站会探测到这个物体反射回来的能量,通过相干法推导出的三角关系可以确定出该物体的位置。这种办法实际上与双基雷达使用的办法相同。一旦这个物体的位置和大致方向被确定出来了,海军空间监视系统的操作人员将其通报给空间监视中心,后者再通知跟踪雷达更精确地确定这个物体的特性。海军空间监视系统所形成的这条电子警戒线长5000(英里(1英里=1.6093千米)),能探测到空间15000(英里(1英里=1.6093千米))高度范围内的物体。

(三)其他监视系统

其他监视系统主要指地基光电深空监视系统(GEODSS),它是一种电子增强的望远镜,配有微光电视摄像机和计算机。探测器得到的数据存储在磁盘上,供现场分析使用。如果需要,也可以近实时地把这些数据传送到空间监视中心。地基光电深空空间监视系统的探测器比贝克纳恩摄像机更灵敏,它们能够探测和跟踪更小的和有遮光器的物体,并对它们成像。该系统能够对在空间高度的物体成像。地基光电深空空间监视系统的探测器提供非常精确的数据,从而也就为保持最好的空间物体目录提供了数据。但是,该系统的探测器只能在夜间工作,并受到气象条件和满月期间的限制。每个"地基光电深空空间监视"系统工作站有3个望远镜。此外,美军研制了AN/FPS-85相控阵雷达、塞班空间监视站和深空空间跟踪系统专用无线电/雷达探测器,属于美国国防部。担负空间目标监视任务的探测器主要是弹道导弹预警雷达和部署在世界各地的情报收集雷达,这些可以兼任空间监视任务的雷达探测器主要包括:弹道导弹预警系统所使用的 AN/FPS 类型的大型相控阵雷达、铺路爪雷达、AN/FSI – 108 丹麦眼镜蛇雷达和 AN/FPS – 79 雷达。这些探测器相互配合、相互协助,形成了美军整体的空间态势感知能力。

表 7.3 空间态势感知系统组成

装备名称	功能特点	状态
地基空间监视系统	由雷达和光电探测器组成,可实现对近地及中高轨道目标的搜索和轨道特性的测量,探侧距离超过36000km。可对直径大于10cm 的空间目标进行识别分类,对直径大于30cm 的空间目标进行探测和跟踪	已投入使用。对空间系统出现故障的原因(人为或自然所致)还不能进行断定。将在近几年对现有监视网进行现代化改进,并计划在15 年内演示验证对在轨卫星的成像能力
天基空间监视系统	由4~8 颗用于发现、确定和跟踪空间目标的光学传感器卫星组成,高度1100km,能探测和跟踪卫星和轨道碎片类空间目标,能实时感知深空微小目标,能区分对空间系统造成破坏的人为因素和自然因素	在研。2004 年完成了 SBSS 的综合基线评审,"探路者"卫星 2008 年12月进行了发射。2010 年该系统卫星星座按计划部署后,形成了一个天地一体化的空间态势感知系统
"轨道深空成像"(ODSI)系统	由运行在地球同步轨道的成像卫星组成,比运行在较低轨道的 SBSS 更适合跟踪和监测高轨道中的物体,可提供空间系统的详细特征	2015 年完成

三、美国空间态势感知能力现状

经过几十年的发展,美国建立了部署在美国本土、英国、挪威、日本、韩国、大西洋、印度洋、太平洋多个地点,由 30 多部探测雷达、跟踪雷达、成像雷达、光学望远镜以及无源射频信号探测器组成的地基空间监视网,已验证天基空间目标监视探测器。美国是世界上空间监视实力最强的国家,空间态势感知能力都达到了相当高的水平。

美国空间态势感知系统主要有空间目标监视系统和空间态势分析中心组成,其主要设施包括雷达探测系统、光电监视系统和电子监视系统等。这些探测系统组成了一个以美国本土为主遍布世界各地的空间目标监视网。其中:美国航天司令部的"空间监视网"、空军的"空间跟踪"系统和海军的"海军空间监视"系统是专用于空间监视任务的主要设施;弹道导弹预警系统和"铺路爪"雷达等设施,主要任务不是空间监视,但也担负空间监视任务;一些重要靶场的雷达和毛伊岛的科学研究用光电系统等设施,在不执行其主要任务时,也可用于空间监视。这些系统互相配合、相互协作,形成了美军整体的空间态势感知能力。其探测距离达到了 40000km,可对直径大于 10cm 的 8000 个空间目标进行识别和分类,还可定期对直径大于 30cm 的空间目标进行探测和跟踪,检测并报告外国卫星的过顶飞行,分析空间碎片环境等。美国空间监视网目前编目管理空间目标 18000多个,可探测轨道低于 6400km、直径大于 1cm 的目标,可精确跟踪、定位该高度范围 10cm

以上的目标,一般每天更新一次观测数据,可探测地球同步轨道直径大于 10cm 的目标,可精确跟踪、定位该轨道高度 30cm 以上的目标,一般 4～7 天更新一次观测数据。美国空间监视网目前可为军方提供的空间目标监视能力包括:对绝大多数在轨卫星的认知能力;确定部分对己方航天器的攻击威胁以便进行积极防护的能力;判断攻击空间目标的时机是否成熟的能力;发动攻击之前确定部分目标准确位置的能力。

(一) 对卫星的监测全面、准确

虽然美军的空间监视系统也监控在太空中的各种碎片和垃圾,防止美国的太空飞行器出现碰撞事故,但这套系统的主要功能还是监视他国卫星的活动。对此,美军将领也并不掩饰。美国空军太空司令部负责研发工作的主管约翰·谢里丹准将就指出,准备组网的"天基空间监视系统"就是为了预防他国任何针对美国太空资产可能形成的威胁。

根据美国忧思科学家联盟截至 2009 年 1 月 21 日的统计数据,目前有来自 115 个国家的 905 颗人造卫星在地球轨道上运行,其中美国 443 颗、俄罗斯 91 颗、中国 54 颗,最为拥挤的地球同步轨道上的卫星为 366 颗,近地轨道(高度在 2000km 以下的近圆形轨道)上有 442 颗。这一数据也表明全球的卫星都在美军的监视之下。而美国《空军》网站透露,美军的太空监视网每天要进行 8 万次针对卫星的监视活动,所有数据在收集后将发送到位于科罗拉多州夏延山的空间监视中心处理。除本国的卫星外,俄罗斯、中国、印度和日本等航天大国的卫星动向是重点分析的对象,空间监视中心每天都会针对上述国家的卫星情况做出 2 份报告,他国卫星采取了诸如变轨之类的任何动作都会被美军认真分析,研究其意图。

(二) 空间目标数据库比较完备

美军空间监视网拥有各种高性能的雷达和传感器,如地基光电深太空监视器就由与摄像机连接在一起的 3 套深太空望远镜组成。摄像机每天通过望远镜拍摄太空的景象,然后输入高能计算机进行处理,通过景象对比等手段,来监视太空中的一举一动。这套监视网络的功能十分强大,能够发现在 3 万 km 高空飞行的直径只有 10cm 的物体。

美国空间目标监视系统已完成 10cm 以上目标的测轨编目,编目能力十分强大。迄今为止,美军的太空监视网已经对 245 万个绕地飞行的太空物体进行过跟踪调查并严密监控着 8000 个在轨目标。

(三) 作战保障能力十分突出

美军认为,衡量一个国家的空间作战能力目前主要有 3 大指标:空间监视和预警能力、空间部署能力和空间攻防能力。美国在《2020 航天远景规划》中将空间监视作为到 2020 年控制空间要达到的 5 个目标之一,其主要任务是:对重要空间目标进行精确的探测和跟踪;实时探测可能对美国航天系统构成威胁的航天器的任务、尺寸、形状、轨道参数等重要目标特性;对目标特性数据进行归类和分发。

近年来,美军在控制空间军事发展战略中将空间态势感知能力提升到十分重要的位置。空间监视系统作为空间态势感知系统最重要组成部分,在今后的发展中将被赋予更多的军事应用任务。美国空军公布的《空军转型飞行计划》中,美国空军对空间态势感知给予了高度的重视,并将空间监视系统作为美军优先发展的空间对抗武器装备系统。北京时间 2008 年 2 月 21 日 11 时 26 分,美国从伊利湖号导弹巡洋舰上发射了一枚"标准 - 3"导弹,成功击中了其一颗代号为 NRO1 - 21 的失控间谍卫星。在这一过程中,空间监视系统发挥了极其重要的作用。可以说,空间监视系统就是美军提前针对太空部署的侦察部队。

此外,对于那些在美国上空附近进入大气层的太空物体,太空司令部要依靠空间监视系统做出及时而又谨慎的判断。因为这种太空物体在其他预警雷达那里很可能显示为导弹袭击,太空司令部需要通知有关部门,避免美国导弹防御系统错误地进入警戒状态。

四、美国典型空间态势感知发展计划

美国为发展空间监视系统,提高空间态势感知能力,协调发展了空间监视的地基和空基部分。

（一）空间态势感知地基部分

地基部分主要包括"空间监视望远镜"（SST）计划、"深空观察雷达"（Deep View Radar）计划以及"大型毫米波望远镜"（LMT）等。

（1）"空间监视望远镜"（SST）计划

国防部高级研究计划局（DARPA）的"空间监视望远镜"（SST）计划正在研究一种先进的地基光学搜索跟踪望远镜,用于探测跟踪空间模糊目标和地球静止轨道（GEO）上的目标,以补充地基光电空间监视系统能力上的不足。SST 将使用主光学和弯曲焦平面阵列探测器技术,提供快速的广域搜索覆盖,使地基空间监视系统能探测到如小行星之类的空间目标,并执行其他防御任务。按计划 SST 作为美国空间监视网的一部分,最终将由美国空军接管。

计划研制内容:

① 研制并集成具有弯曲焦平面阵列的广域探测器系统;

② 开发、测试并验证用于自主望远镜操作和数据报告的软件;

③ 在白沙导弹靶场设计并制造望远镜壳体和支持结构;

④ 验证端对端的望远镜性能和空间操作能力。

相关技术完成以后将被转交空军管理。

（2）"深空观察雷达"计划

DARPA 正在进行的"深空观察雷达"的研制计划,主要解决目前在更高轨道上获取高精度目标特征的能力不足问题,并提供对各种轨道上更小目标的成像能力。该计划包括高功率发射机和超大接收天线的研制,该发射机和接收天线能提供深空目标高清晰的图像,监视从 LEO 到 GEO 上空间目标的活动。

该系统的技术来自于一个新设计的大孔径成像雷达,该雷达以非常大的功率工作在 W 波段很宽的频带上。关键技术包括:①能提供所需功率,满足整个频带上的深空成像需求的发射机;②基于超大孔径,保持波形因数的天线设计。该计划所获得的技术和能力可实现对已知目标的运行状况及未知目标特征的确定。

计划研制内容:

① 制造附加的陀螺;

② 进行发射机功率合成器试验;

③ 完成发射机和雷达系统的设计;

④ 进行天线替换;

⑤ 进行信号处理软件的开发和测试;

⑥ 2008 年完成了低功率样机装配,仅提供 LEO 空间监视能力;

⑦ 用装有陀螺的完整装置演示 LEO 至 GEO 成像能力。

"深空观察雷达"的相关技术最终移交美国空军。

（3）"大型毫米波望远镜"（LMT）计划

2005 年 11 月,DARPA 完成位于墨西哥普埃布拉（Puebla）的大型毫米波望远镜（LMT）安装,2008 年开始工作,它是世界上最大、灵敏度最高的单孔径望远镜。目前没有更多的资料透露 DARPA 将如何使用 LMT,但计划研制的高灵敏度接收机技术是深空观察所必需的。无疑,LMT 具备提供强大的 GEO 空间监视能力。

（二）空间态势感知地基部分

由于传统的地基空间目标监视系统易受气象、地理位置和时间的限制,为了克服地基系统的各种缺点,美国开始计划和部署天基空间目标监视系统。天基部分主要是"天基空间监视系统"（SBSS）和"轨道深空成像"（Orbit Deep Space Imager, ODSI）系统。SBSS 在 2010 年部署,而 ODSI 作为中期目标最早在 2015 年部署。值得关注的是,除研制 SBSS 和 ODSI 这样具有全面覆盖空间能力的监视系统外,美国还在寻求对空间小区域范围,对某一特定空间目标,或对本国空间资产周围环境进行监视的能力,为此正积极研制可用于空间监视的微小卫星。

（1）"天基空间监视系统"

天基空间监视系统（SBSS）是美国空军计划部署的空间对抗装备系统,可以提高对空间目标监视、跟踪、识别能力和增强对空间战场态势的实时感知能力,为实施进攻或防御性的空间对抗服务。SBSS 由 4~8 颗卫星组成,高度 1100km,设计寿命 5 年,可提供实时的卫星精确定位信息。SBSS 能搜索整个空间,主要用于深空目标的搜索,也可执行近地目标的搜索任务。由 SBSS 卫星发现的近地目标可由大孔径地基系统继续探测和跟踪。

SBSS 星座将使美国空间目标编目信息的更新周期由现在的 5 天左右缩短到 2 天,大大加强美军对空间态势的反应能力。SBSS 能探测和跟踪诸如卫星和轨道碎片之类的空间目标,及时探测深空中的微小目标,区分对空间系统造成破坏的人为因素和空间环境非人为因素,比不能监视深空小目标的地基空间监视系统具有更大的优越性,SBSS 将使美国对地球静止轨道（GEO）卫星的跟踪能力提高 50%。

SBSS 计划是在 SBV 技术演示取得成功的基础上制定的。SBV 探测器是设计用来验证从天基平台上进行可见光空间监视可行性的演示用探测器,已于 2008 年 6 月 2 日停止工作。SBSS 计划第一个阶段的目标是研制和部署一颗"探路者"卫星,以此来替代在轨的 SBV 探测器,从而提供一种过渡的空间监视能力,监视近地轨道物体。第二个阶段将部署由 4 颗卫星组成的高效的卫星星座,并将应用更为先进的全球空间监视技术。

到 2011 财年,"探路者"计划预算达 4 亿美元。目前,整个 SBSS 卫星项目已经落后于计划表的安排。尽管进度推迟,但总的来说"探路者"卫星的计划正按部就班的进行,引领着一个成熟的、可执行的 SBSS 项目。"探路者"卫星主要任务是验证空间通信、情报、监视和测量技术。卫星还将装备一部非成像探测器,用来跟踪空间的人造目标,同时美国国防部也可利用它执行探测和跟踪轨道碎片的任务。2015 年 SBSS 成功部署后,美国将形成天地一体化的空间监视网。

（2）"轨道深空成像系统"

"轨道深空成像"（ODSI）系统是由运行在地球同步轨道的成像卫星组成的卫星星座，其主要功能是提供地球同步轨道上三轴稳定卫星的图像，确定深空目标的特征和轨道位置，从而支持整个空间战场态势感知。天基深空成像器采用天基成像系统和星上处理系统把图像传送给用户。这些卫星进入轨道后将对几千到几万千米远的地球同步轨道卫星进行高分辨率成像。ODSl 系统比运行在较低轨道的 SBSS 更适合跟踪和监测深空轨道中的物体，可提供空间系统的详细特征。

（3）微卫星空间监视

美国正在研制的微卫星也将成为空间监视的力量之一。由多颗微卫星编队飞行，每颗微卫星可装不同类型的探测器，如可见光、红外、微波探测器等。这些微卫星组成一个观测系统，同时观测监视特定区域或特定目标，这样可以实现全方位、高精度的目标观测、监视和识别。这种用于空间监视的微卫星能有效满足美军未来空间对抗的需求，它与其他具有广域空间监视能力的系统配合使用，相互补充，可极大提升美军空间监视能力，从而更为有效地支持美军空间攻防。

美军未来空间监视中微卫星应用方案如下：

针对突然出现的可能有敌意的空间目标，首先由其他空间监视探测器发现目标，并进行跟踪和识别。当其他天基、地基空间监视探测器无法获取所需的关于目标更为详细的信息时，用于空间监视的微卫星（包括在轨驻留和及时响应发射的微卫星）可靠近目标，对目标进行近距离观测和拍摄，获取更为详细的目标特征数据。

针对需要特别保护的美国空间资产，美军可以在其附近部署微卫星，监视受保护航天器周围环境，对威胁进行预警，判断自然破坏和人为破坏。

目前美国可能用于空间监视的微卫星项目主要有"自主纳卫星护卫者"计划和试验卫星计划。

2005 年 11 月，美国空军研究实验室提出"局部空间评估用自主纳卫星护卫者"（AN-GELS）研制计划，ANGELS 方案是利用质量小于 15kg 的纳卫星对在轨空间资产进行监视，作为其他空间监视手段的有力补充。ANGELS 卫星 2011 初开始部署，附着在主卫星上发射，并被送入 GEO，而后与主卫星分离，并在主卫星附近做逼近飞行，监视主卫星周围的空间环境；主要执行监视空间天气情况、探测反卫星武器和诊断主卫星技术问题等操作。ANGELS 计划中的空间态势感知系统能对 GEO 上卫星附近区域提供连续的监视，并详细探测进入这一区域内的目标及确定该目标的特征，这是其他地基和天基空间监视系统难以做到的，这一能力对有效地保护空间资源至关重要。

卫星系列是一项空军研究项目，该项目将利用多颗小卫星执行"近距离军事行动"，即围绕其他卫星机动，以便执行监视、服务或攻击等任务。美国空军的试验卫星系列微卫星已经进行了一系列的飞行试验，演示对空间目标的监视能力。

第三节　美国空间态势感知能力发展的挑战

空间监视作为一项高技术、高难度的系统工程，面临的情况十分复杂，所需人力、物力、财力的投入十分巨大，美国的空间监视系统也尚未进入成熟期，其空间监视能力还存在不少缺陷。美军认为当前的空间目标监视系统能力远远不能适应未来的形势,面临着诸多挑战,主要表现在空间碎片增多难以监控,小卫星技术的发展和扩散增加了空间目标监视的难度,跟踪外国卫星的能力还不能让人满意以及监测能力增加后编目能力的不足。

一、空间的环境变化

(一)空间目标增多,空间越来越拥挤

1980 年只有 10 个国家运行着卫星,目前有 10 多个国家运行着航天发射场,50 多个国家拥有或部分拥有卫星,39 个国家的公民曾遨游太空。1980 年美国跟踪大约 4700 个空间目标,其中 280 个为工作载荷/卫星,而 2600 个为空间垃圾。2009 年美国跟踪约 19000 个空间目标,其中 1300 个为工作载荷,7500 个为空间垃圾。在 29 年中,空间交通量呈 4 倍增长。

如今的空间环境与早期已形成鲜明的对比,在早期只有少数几个国家需要考虑拥挤问题。目前,约有 60 个国家和政府团体拥有和运营卫星,此外还有众多的商业和科研卫星运营者。航天器的运行使用、结构失效、空间系统事故以及不负责任的试验或产生碎片的破坏性反卫星武器的使用都会导致空间的拥挤,而这种拥挤将使所有空间利益方的空间活动变得复杂。

另一个日益拥挤的领域是无线电频谱领域。为了支持全球卫星服务,无线电频谱需求日益增长,要求其满足卫星服务和应用快速增长的需要。到 2015 年,将有多达 9000 个卫星通信转发器在轨工作。随着带宽需求的增加和更多转发器在轨服务,无线电频谱的干扰概率将增大,旨在减小这种干扰的国际处理压力也会越来越大。

(二)空间碎片不断增长

太空碎片是指存在于各层轨道上的微小物体,以高速度运行,这些碎片对人造太空飞行器具有很强的杀伤效果。近年来,由于人类在太空的活动频繁以及其他来自太空的原因,游荡在地球外层的碎片越来越多。对空间使用的增长导致地球轨道上空间碎片数量激增,大多数碎片就位于卫星运行主要轨道区域。根据碎片所处轨道高度不同,这些碎片能够在轨滞留几十年,甚至是几百年,并会越积越多。目前,美国空间监视网(Space Surveillance Network,SSN)已发现并监测到超过 2.1 万块体积较大的在轨碎片。因此,管理空间交通和控制并移除空间碎片正成为日益重要的议题。

目前已知碰撞情况一半发生在 2005 年以后,在轨直径在 10cm 以上的大碎片数量过去 4 年里增长了 50%,虽然有关于空间碎片的一些条约,但是相关规范没有被完全遵循,因此如何制定具有约束力的空间条约变得更为迫切。

2009 年第一次发生了 2 颗完整卫星相撞事件,一颗是现役"铱"星,另一颗是俄罗斯已失效的"宇宙"卫星,碰撞产生了大量碎片。未来随着更多的国家发射卫星、空间试验等活动的增加,空间碎片会越来越多,卫星和碎片增多也凸显了空间环境的恶化。

太空安全组织(Space Security Organization)发布的《太空安全指数 2013》报告进行的统计:从 1961 年至 1996 年,平均每年新增空间目标编目 240 个;而 21 世纪,特别是近年增长速度大幅提高,比如 2009 年至 2011 年的 3 年间,分别较上一年增加幅度为 15.6%、

5.1%和7.8%。截至2013年12月,宇宙空间内被编目的空间目标数量超过了16000个,可探测的未编目目标达到23000个。除此之外,在太空内至少有300000个直径大于1cm及数百万个更小的碎片,这些空间碎片成为空间碰撞的主要隐患。

美国认为,不断增加的全球空间活动以及破坏性反卫星系统试验增加了空间重要区域的拥挤程度。美国国防部跟踪了大约2.2万个在轨人造天体,其中1100个为在轨运行卫星。可能存在成百上千个其他小空间碎片还无法被目前的传感器跟踪,但这些较小的空间碎片却足以破坏在轨卫星。比如2011年,加拿大2颗"雷达卫星"就遭遇了28次碰撞风险,进行了5次规避机动,美国国家航空航天局卫星进行了9次轨道机动。

表7.4　空间碰撞事故

年份	描述
1991	失效的Cosmos1934卫星被已编目的来自Cosmos296卫星的碎片击中。
1996	法国现役的Cerise被已编目的来自阿里安厚茧的碎片击中。
1997	失效的NOAA7卫星被未编目的碎片击中,碎片太大改变了卫星的轨道,并产生了新碎片。
2002	失效的Cosmos539卫星被未编目碎片击中,碎片太大改变了卫星的轨道,并产生了新碎片。
2005	美国火箭箭体被已编目的来自中国火箭的碎片击中。
2007	现役的Meteosat8卫星被未编目碎片击中,碎片太大改变了卫星的轨道。失效的美国国家航空航天局高层大气研究卫星(UARS)UARS被未编目碎片击中,碎片太大改变了卫星的轨道,并产生了新碎片。
2009	现役的"铱"星被失效的宇宙2251卫星击中。

美国国防部发言人惠特曼2011年声称,目前监测到的太空碎片太多,国防部不可能逐一追踪,保守估计还有5000件直径超过1cm、没有归类的物件正在太空中高速飞行。而美军的监视能力也只能发现和监视直径大约为10cm的碎片,更小的就无能为力了。

大部分空间碎片处于600~1500km的低轨上,目前估计1cm以上的碎片超过30万个,其中5cm以上的有18000个。1~10cm的空间碎片是低轨卫星的主要威胁,因为这些空间碎片最难跟踪且具有足够的质量来完全摧毁工作卫星。目前空间碎片的生成速度超过了消除速度,造成在低轨每年净增约5%的空间碎片。同时,美国也很难准确地预测空间碎片的增长情况。美国预计到2055年空间碰撞将成为空间碎片生成的主要来源。

(三)自然环境的变化

空间环境受到众多影响因素的影响,比如地球重力、各种磁场,还充斥着稀薄大气、等离子体、高能粒子、中性原子、宇宙射线、微流星体等等。在这样复杂的自然环境中,空间卫星系统受到众多的影响。一是会导致陨落。卫星在运动中与大气粒子不断摩擦,形成的空气阻力会消耗航天器动能,受重力影响其轨道将不断衰减直至最终陨落。仅2011年就有39颗卫星陨落,其中美国"高层大气研究卫星"、德国"伦琴卫星"以及2012年初俄罗斯火星探测器的陨落对地面人员、财产、环境安全构成较大的威胁,引发了全球的高度关注和对太空安全机制的深度思考。二是会降能失效。卫星系统受到空间环境因素的影响,效能降低,严重时会使卫星整体失效。"外大气圈卫星-D"、"国际通信卫星-511"、"欧洲海事通信卫星-A"等多颗卫星因为电荷积累或遭高能带电粒子的攻击,导致卫星提前退役。三是影响服务。卫星与地面的导航、通信信号穿越电离层或对流层时,会因吸收损耗、电离层闪烁等原因造成信号延迟、质量下降甚至中断,对人类工作、生活造成较大影响。1989 年 3 月,太阳活动引发的强烈电离层闪烁,致使美军卫星导航服务陷入瘫痪达一周时间。1989~1990 年美国在巴拿马开展活动期间,因严重的电离层闪烁多次发生通信信号中断事件。更为严重的是,当地面人员无法分清卫星所遭受的损害是人为的还是因为自然环境因素引起的,判断失误,将可能引起敌意和争端。

二、技术和能力的因素

一方面空间目标的数量和跟踪难度增大,另一方面美国空间监视网受探测器数量不够、地理分布不合理、探测能力和可用性方面的限制,不能在任何时候对所有空间目标进行准确定位和跟踪。主要根据任务需要,采取通过计算预测空间目标位置与定点监测相结合、优先监视美国感兴趣的和轨道不稳定的目标等方式,在一段时间内对特定目标进行观测。美国空间监视网的探测精度和定位精度仍不能满足其实施空间对抗任务的需要,对深空目标的识别跟踪能力弱,不能明确判断是什么力量在操纵以及为什么在操纵某一颗卫星,不能实时监视高价值目标,观测数据更新最快也要几个小时。总的来说,在技术和能力方面存在明显的不足。

(一) 卫星变得小巧和灵活

美国认为空间技术的全球扩散,特别是小卫星供应商的出现以及小卫星技术的推广,导致了工作卫星的数量和种类不断增多。目前有的小卫星的尺寸甚至小于 10cm,利用现有空间目标监视系统已经很难有效监测。同时卫星具备机动能力也增加了空间目标监视的难度。目前全球有 1000 余颗工作卫星,其中具备机动能力的有约 800 颗。利用现有的设备,美国仍然无法完全监测外国工作卫星的情况,留有一定数目的卫星无法及时更新监测数据。

(二) 探测空间受限

美国的空间信息系统对空间的覆盖上存在空白,不能满足实时需求。由于天气和地理因素的影响,现有空间监视网的能力尚不能实现全面覆盖空间以及实时追踪空间目标。正如凯文·希尔顿将军所说:"美军在空间领域的态势感知能力比不上他们在海上的态势感知能力,无法对空间中的机动目标进行近实时的监视和追踪,所以也就不能了解它们的意图。美军善于对目标进行登记和分类,并可以追踪它们,但有时需要花费几天的时间来测定一个轨道。"

美国的空间监视系统是在冷战时代建立的,目前已显"老态"。当时为了防范苏联的洲际弹道导弹,美国构建了一批导弹预警雷达基地,这些预警雷达对空间监视起到了辅助作用。当前,这些老旧的预警雷达站点正逐步淘汰,虽然美国为构建导弹防御系统已经启动了新的预警雷达,但新雷达的列装速度无法赶上旧雷达的退役速度。更重要的是,所有的雷达站点几乎都在北半球,南半球很少,美国空军高官认为,一些卫星在某些时间可能会游离于美军的监视网络之外。

美、俄卫星相撞事件更是令美军高层绷紧了神经,原先认为美国空间监视系统能及时对潜在相撞发出预警的人如今也发现,监视网的覆盖面和监控能力远远不能满足实际需要。这一事件也在一定程度上证实了一种可能：敌对国家可以在平时将具有轨道机动和接近能力的微小卫星发射至空间，战时则通过遥控令其迅速机动至预定轨道对美国卫星进行撞击摧毁，而美军对此可能难以防范。

（三）识别分辨能力受限

美军的空间监视系统还不具备识别人为攻击与环境干扰，威胁与攻击效果评估能力弱，尤其是缺乏进行空间对抗指挥、控制所需的完整的空间态势感知能力。美国认为，随着各种空间软杀伤武器系统的逐步成熟，敌对国家和恐怖组织都有可能轻易获取这种武器，对己方航天器和空间链路实施电子干扰之类的软攻击，而美国现有的空间态势感知能力不足以对这些攻击进行正确判别，致使空间系统的潜在威胁大大增加。为空军专门负责空间项目的代理部长格雷·佩顿说："动能和定向能武器是通过撞击或烧毁的方式来达到损坏卫星的目的，然而并不是所有威胁都是以动能和定向能武器的形式出现。星载计算机以及空间数据链也有可能遭受电子攻击。美国星载计算机不时会出故障，空军空间监视的检测结果通常无法判断是机械故障还是被称为'空间天气'的电磁干扰。由于在许多情况下卫星本身是看不见攻击物的，所以无法确定卫星是否遭到了攻击。"美军认为美军空间监视系统探测高难度目标的能力有待提高，地基空间监视网对小型的空间碎片进行稳定探测的能力很弱，对高轨道的空间目标进行探测、跟踪和特征化的能力十分有限。

（四）情报分析人员与编目能力的不足

美国估计在未来 10 年，空间目标编目数量将达到 10 万个，是目前编目数量的 5 倍。这主要有赖于空间目标监视设备的性能增强，例如"太空篱笆"和天基空间监视系统的应用。新型装备灵敏度的增加将使美国能够跟踪更小空间碎片，这对美国的空间目标编目能力是一个重大的挑战。同时目前美国的空间情报分析人员匮乏，也加剧了空间目标编目能力的不足。空间监视设备再先进，如果不能对数据进行有效分析，就无法发挥作用。美军认为，冷战时期培养的专门针对苏联进行太空对抗的资深情报人员已经大量流失，而新一代情报分析人员还没有培养出来，这已经严重损害了美国的空间监视能力。

（五）体系配置不合理

美国现有空间监视体系配置不合理，主要表现在：

（1）美国空军、导弹防御局、情报界可用于空间监视的多种探测器各自分立，没有形成整体合力，整体效率不高。

（2）及时响应能力不能满足要求，从任务分派到形成可用信息的周期过长。因此，美国开始构建面向空间对抗作战的空间态势感知体系，在组织上成立空间态势感知集成办公室，统筹空间态势感知体系研发、投资规划、需求分配和系统集成工作；在技术层面集成、综合运用担负火箭发射探测、跟踪、航天器监视、卫星跟踪、空间环境监测等任务的探测器。建设面向空间对抗作战的、全谱的、近实时的情报、监视、侦察、环境空间态势感知能力，在这样的背景下，美国空间监视系统将向支持战术应用方向扩展。

三、规划提升的能力

根据美国目前的规划，美国空间监视系统将陆续完成更新换代，覆盖盲区逐步缩小。

美国现有地基空间监视网中的重要空间监视系统将在 2015 年前陆续完成升级和现代化改造。升级改造后的"空间篱笆"除部署在美国南部的 4 个站点外,还将部署在哥斯达黎加可可岛、澳大利亚 2 个站点,"空间篱笆"警戒线大幅拉长;新研制的专用 X 波段相控阵雷达将部署在夏威夷州毛伊岛和澳大利亚。从美国目前的规划来看,建成天地一体化的空间监视网,随着其在南半球部署光学、雷达监视系统,其空间监视网的覆盖盲区将逐步缩小,未来的空间目标监视能力将成为空间优势的基础。

(一)实时分类判定能力

实时分类判定能力,就是要求美国的空间态势感知系统能够对可能会对美国及盟国构成威胁的高关注度目标(HIO)进行实时分类判定(如侦察卫星或反卫星武器)。需要探测器提供高质量图像和电子情报来确认任务、大小、形状和方向,再结合轨道参数,这种能力就能确定威胁的级别。实时分类判定是非常关键的,因为有效载荷在两个轨道周期之内就可以开始收集己方部队的信息,而反卫星武器也可以在发射后 1 个至 2 个轨道周期内部署到位。

(二)精确探测和跟踪

为保证航天器可以自由机动,避免轨道冲突或进行武器投放。这种能力需要地基和天基多任务系统获得精确的观测数据。而为了支持编目和监控,跟踪数据必须比现今的地面设备所提供的数据更精确更充分。

根据美国航天司令部长期规划《2020 设想》,美国空间目标监视系统的探测跟踪精度与实时感知空间目标的能力将逐步提升。到 2020 年前后:美国空间监视网可准确定位、跟踪低地轨道上 1cm 大小、地球同步轨道上 10cm 大小的空间目标;低地轨道空间目标的定位精度有望优于 10m,地球同步轨道空间目标的定位精度有望优于 100m;空间监视系统的应急响应能力将进一步提升,将能近实时监视感兴趣目标。

(三)对高关注度目标的及时监视

对高关注度目标需要进行及时监视,例如机动变轨、外国侦察卫星以及天基武器,美国认为,解决方法很可能也将是采用天基方式。一旦某颗卫星被定性为潜在威胁,那么及时的监视就会变得非常关键。

增强对深空轨道目标的空间监视能力,是美军未来空间监视系统的发展方向之一。SBSS 计划、ODSI 计划、"自主纳卫星护卫者"计划、"空间监视望远镜"计划、"深空观察雷达"计划以及"大型毫米波望远镜"等天基、地基监视系统计划,都将增强 GEO 目标的探测、跟踪和识别能力并以此作为主要目标。由此可以看出针对 GEO 进行空间态势感知不断增长的重要性。

由对特定空间目标的监视活动向对广域作战空间监视活动转变。美军在建立了强大的地基空间监视系统后,加紧建设天基空间监视系统,天基空间监视系统不需全球布站,非常适合对空间战场态势进行监视。美军的动向反映了其对空间认识的变化,已经开始有步骤地建设其空间攻防能力。

(四)空间编目

第四种能力从数据收集转为对数据的编目和分发。空间编目应当与所有拥有并运营空间系统的国家和组织进行共享。必须有更精确的技术来精确地预测轨道间的飞越偏差以保障载人飞行任务,如国际空间站、航天飞机和空间作战飞行器。

（五）扩大目标的监视范围

针对特定空间目标或特定小范围区域进行目标特性识别和环境监视也是美军正在积极寻求的一种空间战场态势感知能力，微卫星作为提供相关能力的平台将有效增强美军空间监视系统获取详细目标特征的能力以及对威胁特征的判断能力，从而有力支持美军遂行进攻性和防御性空间对抗。

美国现有空间监视网以空间目标监视、编目管理为主要任务，主要用以满足国家战略层面的信息需求。随着美国控制空间战略的不断推进，其空间监视系统的任务将由战略层面向战术层面扩展。

四、实施手段

为了解决部署地基空间监视系统不能持续地监视微小目标，对高轨目标的发现、跟踪和探测能力不足，以及存在覆盖间隙的问题。美国空军空间司令部提出将对现有的地基空间监视系统进行现代化升级与改进，并研制新的地基空间监视系统扩充现有的空间监视网，以增强系统能力。主要包括：一是对原有空间监视网进行改进，二是研制和部署新的天基和地基空间监视系统。

（一）改进和升级空间监视网

对原有空间监视网的改进内容包括延长现有地基空间监视系统的服役寿命，保持其能力，并对主要雷达系统和地基光电深空监视系统进行升级。

改进雷达探测系统为提升空间监视雷达系统综合能力和雷达设备的共用性，美国正在利用"雷达开放系统结构"（ROSA）对空间监视系统中的雷达进行现代化改造，目前美国已有多部空间监视雷达完成了 ROSA 的现代化改造工作。此外，美国还计划用 X 波段雷达替换现有的 C 波段雷达。X 波段雷达比 C 波段雷达探测精度高，能探测到直径只有 1cm 的物体，这对 C 波段雷达来讲是很难实现的。美国还开展了利用激光雷达对在轨目标进行高精度位置和速度跟踪，并提供空间飞行器的尺寸、形状和方位信息的相关研究计划。激光雷达系统庞大复杂、造价昂贵，难于单独应用，将来的主要应用方向是与被动光学观测系统结合，进行空间监视。

改进可见光探测跟踪技术，未来美国用于空间监视的可见光探测器将更多使用基于斑点成像技术的 CCD 传感器，这种 CCD 传感器可获得目标的高分辨率信息。在图像处理技术方面采用新的合成孔径信号处理技术，该技术可以综合多种孔径的成像，从而获得相当于几十米孔径望远镜所获得的成像效果。主动光学成像将得到越来越广泛的应用。主动光学传感器系统能对夜间不反射太阳光的卫星，或者那些白天不太明显的目标进行成像。相关技术还能用于目标距离的直接测量以及卫星结构的特征分析。

（二）研制和部署新系统

对现有地基空间监视网进行改进和升级只能在一定程度上提升现有雷达和光电探测器的探测、跟踪和识别能力，不能实现整体空间监视能力上质的飞跃，这种有限的能力提升还不能满足需求。为此，近几年加紧研制和部署新型的地基和天基空间监视探测器，以有效弥补现有空间监视网在能力上的缺陷。

天基空间监视技术主要是利用卫星平台上的有效载荷对卫星、空间站、航天飞机、飞船、火箭等航天器和空间碎片的空间进入、运行及离开过程进行探测和分析处理，获知目标的尺寸、轨迹、功能等信息,为航天活动或空间攻防提供空间态势感知。由于利用天基探测器不需要在国外布站、不受天气影响、可在整个空间执行任务。因此,天基空间监视系统与地基雷达、光学监视系统相比,具有天然的技术优势。

卫星数量的增加、空间碎片累积以及卫星重要性增强,导致了风险增加。首先,空间拥挤增加了碰撞的风险。在轨道上高速运动的碎片,即使只有一个玻璃球大小,也能破坏或摧毁一颗卫星。在过去,已有 3 颗在轨运行卫星被空间碎片击中。据估计,在当前环境下,每两三年,就会发生一起在轨运行卫星与体积大于玻璃球的空间碎片相撞事件。

如果不采取有效措施进行协调,或者开展诸如"空间交通管理"措施应对空间拥挤状况,卫星之间发生误干扰(不仅限于卫星间的物理碰撞,还包括电磁干扰)的可能性将增加。虽然地球静止轨道卫星的位置和频率由国际电信联盟(ITU)负责管理,但是其他较低轨道仍无相应协调措施,尽管在低轨碰撞的速度会更高、风险会更大。

其次卫星受到的威胁会增加其他负面风险。例如,会产生或增大地面危机。某个国家发展反卫星能力会使其他国家疑虑和紧张,并刺激其发展反卫星武器。因为卫星和空间发射技术都是军民两用的,发展空间系统会使误解的可能性大为增加,特别是在国家之间缺乏明确政策声明和有效沟通时。

如果研发和试验反卫星武器,在政治紧张时期一旦重要卫星损失,就会被理解为受到军事攻击。由于进行卫星受损原因的快速判断比较困难而且也不太可能,因此信息的不完整及非盟国之间沟通渠道的缺乏,会使危机恶化,并可能导致危机扩大。

第四节　美国空间态势感知发展的趋势

为适应未来空间军事对抗的需求并维持在空间态势感知领域的领先地位,美国制定了一系列空间监视网改进计划,并研制和部署新的地基与天基空间监视系统。

一、2020 年美国空间监视网设备

2015 年,美国已完成地基空间监视系统的改进和升级,并部署新的地基空间监视系统,同时开始按计划部署"天基空间监视系统";预计到 2020 年,美国将完成"轨道深空成像"(ODSI)系统的部署。天地一体化空间监视系统的发展,将实现由对特定空间目标的监视向对广域作战空间监视拓展,同时增强针对特定空间目标或特定小范围区域进行目标特性识别和环境监视的能力。至 2020 年,美国在空间部署的主要监视设备如表 7.5。

表 7.5　2020 年美国空间监视网设备

类别	系统名称	基地位置	主要设备
专用设备	地基光电深空监视系统区域增强望远镜(GReAT)	新墨西哥州索科罗	GReAT
		夏威夷州毛伊岛	GReAT
		印度洋迪戈加西亚岛	GReAT
		西班牙莫隆空军基地	GReAT
		澳大利亚西澳大利亚州	GReAT

（续）

类别	系统名称	基地位置	主要设备
专用设备	空间监视望远镜	新墨西哥州索科罗	空间监视望远镜
		夏威夷州毛伊岛	空间监视望远镜
		印度洋迪戈加西亚岛	空间监视望远镜
		西班牙莫隆	空间监视望远镜
		澳大利亚西澳大利亚州	空间监视望远镜
	X 波段雷达	夏威夷州毛伊岛	X 波段雷达
		澳大利亚西澳大利亚州	X 波段雷达
	太空篱笆	得克萨斯州基卡普湖	电子篱笆系统收发站
		澳大利亚昆士兰州	电子篱笆系统收发站
		澳大利亚科科斯群岛	电子篱笆系统收发站
	AN/FPS-85 雷达	佛罗里达州埃格林	AN/FPS-85 雷达
	"地球仪-2"雷达	挪威的瓦尔多	X 波段雷达
	天基空间监视系统	轨道高度 1100km	4 星星座
兼用设备	弹道导弹预警系统（BMEWS）	阿拉斯加州克利尔	AN/FPS-120 大型相控阵雷达
		丹麦格林兰岛的图勒	AN/FPS-123 大型相控阵雷达
		英格兰的菲林代尔斯	AN/FPS-126 大型相控阵雷达
	潜射导弹预警系统	比尔空军基地	AN/FPS-123 大型相控阵雷达
		科德角航空站	AN/FPS-123 大型相控阵雷达
	环形目标指示雷达攻击特征描述系统	卡瓦勒航空站	AN/FPQ-16 大型相控阵雷达
	靶场雷达	阿森松岛	AN/FPQ-15 雷达
		夏威夷州瓦胡岛	AN/FPQ-14 雷达
可借用设备	丹麦眼镜蛇相控阵雷达 Cobra Dane	阿拉斯加州谢米亚岛	AN/FPS-108 大型相控阵雷达
	毛伊空间监视系统	夏威夷州毛伊岛	1.6m 望远镜、0.8m 波束导向跟踪仪、0.6m 激光束导向仪、3.67m 望远镜和 1.2m 望远镜
	里根实验场	马绍尔群岛夸贾林环礁	阿尔柯雷达、阿泰尔雷达、曲台克斯雷达和毫米波雷达
	林肯空间监视综合站	马萨诸塞州磨石山	磨石山雷达、海斯塔克雷达和海斯塔克辅助雷达

二、技术发展走向

美军认为，技术研究不必承担政治舆论的压力，是各项计划的基础。而且在技术层面上，空间技术与民用商用技术没有根本性的差异，可以将如卫星载荷技术、光电侦察技术等隐匿于民用技术之中，不但寓军于民，而且可以促进民用商用技术的发展，带动经济、技术前进，因此，应当首先确定发展空间态势感知关键技术，以及这些技术水平需要提高多少才能使空间武器有效，主要通过召集具有相关技术能力和经验的国防部及其他政府实验室，对空间态势感知技术研发项目进行评估，确定其是否适应于空间态势感知发展的需求，并确保这些适用的项目能得到更高的效用等级划分和资金支持，重点集中于关注空间态势感知装备中的有效载荷，保证能够把空间和武器装备技术工作集中在这些概念上，从而减少了资金方面的需求。

（一）重点发展天基空间监视技术

现有的地基空间目标监视网络中，地基雷达系统基本上可以满足对于低地球轨道目标的监视要求。而对于高地球轨道和地球同步轨道目标，目前主要依靠光学探测器对其进行观测，但由于光学探测器需要晴朗黑暗的天空以及目标被太阳照射，因此观测机会受到限制。而且，由于需要全球布站，地基监视网的覆盖范围也受到限制。为了从根本上解决地基监视网的这些固有缺陷，天基空间监视技术的发展和应用受到重视。天基空间监视的技术可行性、系统性能和使用效能已得到全面检验。未来，天基空间监视技术将大量投入使用，为空间监视系统发展提供新的技术生长点。

（二）综合运用多种探测技术成为未来空间目标监视的主要方式

美国的空间目标监视系统，一般采用地基光电探测器或者天基可见光探测器实现对深空目标的探测，这两类系统在执行任务的过程中都存在一些不足。例如，地基光电探测器探测灵敏度不高、视场小，只能在夜间工作，云层和当地的气候条件也会影响系统效能的发挥。而天基可见光探测器存在成本高、可靠性差、寿命短，无法进行升级改造，反应慢、响应时间长，需要地面系统支持等缺点。

为了有效解决上述问题，美国DARPA正在开发两项配合使用的技术，即天基监视望远镜（SST）和深空观测雷达。其中，天基监视望远镜将建立在白沙导弹靶场，是一种孔径为3.5m的光学望远镜，应用了曲面焦平面阵列技术，能够快速搜索大区域范围内目标，并跟踪深空中昏暗的目标。但是，天基监视望远镜在对深空目标进行精确定位的同时，却无法识别这些目标。深空观测雷达正好弥补了这一缺点，它是一种地基测量雷达，是在对空军原有的Haystack雷达进行改造后而得。当SST探测到空间目标之后，该雷达将对其进行高精度成像，以确认目标及其工作状态。

美空军的"轨道深空成像"（ODSI）系统，也将显著提高对深空目标的监视能力。该系统是一种天基光学望远镜系统，运行在地球同步轨道上，系统最终将建成由3颗或者更多颗卫星组成的星座。轨道深空成像系统通过不断穿越地球同步轨道，对感兴趣目标提供近实时、高精度的成像；这种探测器能够与多种空间监视探测器配合使用。例如，当"天基空间监视系统"（SBSS）跟踪到空间目标后，同步轨道上的ODSI将提供目标的详细图像，并表征其活动特性。

无论是地基光学望远镜与地基雷达的配合使用，还是天基空间监视系统与天基深空成像仪的合作监视，对于深空目标的监视已经从以往单一形式的监视系统发展成为多种探测方式配合使用的形式。对同一目标使用多种探测器进行探测，不仅可以充分发挥各种探测器的优势，更重要的是各个探测器之间可以取长补短，最终获得更准确的目标数据，这种工作方式也是实现空间监视系统之间无缝连接的必然要求。

（三）综合集成技术将全面提高空间态势感知能力

近年来,美国不断加大对空间态势感知领域的投资,甚至已经把空间态势感知摆在了最优先发展的位置。空间目标监视能力是构成空间态势感知能力的重要组成部分,它与空间环境监视能力、对特定空间资产的详查、搜集和处理有关空间系统的情报数据等构成了整个空间态势感知的任务领域。为了提高空间态势感知的整体水平,不仅需要充分发展空间目标监视、空间环境监测等各项能力要素,而且更重要的是将这些能力进行整合。

首先,空间目标监视与空间环境监测的整合。空间环境监测主要完成对军事航天器、战场侦察与监视系统、导弹威胁预警、卫星导航定位等武器装备运行的空间环境进行监测、描述、预报、影响、评估、规避与减缓。在航天活动的早期,美军的空间监视和空间环境监测独立工作。随着对空间活动安全保障工作的深入,美军已经把空间监视和空间环境监测逐步整合到一个更大的技术领域,即空间态势感知。美军不但利用环境信息来提高对空间目标的探测认知能力,提高对空间活动的安全保障能力,而且开展了"航天器受攻击/异常快速探测分析和报告系统"研究。其次,空间目标监视与情报、侦察系统的整合技术的研发。情报、监视与侦察是传统信息收集所采用的主要手段。信息收集的未来发展趋势是不同空间、不同时间、不同模式的多个平台和传感器同步工作,空间目标监视系统与侦察卫星系统的整合也属于其范畴。美国空军计划开展一项"自我意识空间态势感知"项目,它将充分利用各种情报、监视和侦察装备收集各种有用信息,利用各种信息装备之间的互补性,保护重要的空间资产免遭环境或人为的威胁。

综合运用多种探测技术成为未来空间目标监视的主要方式,空间目标监视系统除采用地基光电探测器或者天基可见光探测器实现对深空目标的探测外,还可以使用微小卫星携带各种探测器对空间目标进行逼近检查,这些探测技术相结合将成为未来空间目标监视的主要方式。

三、关键技术方向

根据美军的技术发展规划,目前及未来一个阶段美军的主要攻研方向包括:

（一）雷达跟踪监视及识别技术

试验利用激光雷达对在轨目标进行高精度位置和速度跟踪,并提供空间飞行器的尺寸、形状和方位信息。由于激光雷达系统庞大复杂、造价昂贵、难于单独应用,将来的主要应用方向是与被动光学观测系统结合,进行空间监视。

实施空间目标无源探测技术研究计划,目的是利用电视信号探测和跟踪 3000km 以下的低轨地球卫星,弥补现有空间监视网络的空隙。美国通过"耀星"计划,对空间目标的无源雷达技术进行了系统研究。

此外,为提高空间目标成像水平,美国开展了以 HAX 雷达为核心,综合几部宽带测量雷达,利用数据融合对目标进行更高分辨率成像观测的试验,获得了"前所未有的高清晰卫星图像"。为提高雷达探测精度,计划用 X 波段雷达替换现有的 C 波段雷达。为提高"空间篱笆"系统对微小目标的探测能力,将其工作频率由 216MHz 提升到 S 波段(2000MHz)。

（二）可见光跟踪探测技术

主要研究方向包括非线性光学效应、自适应光学技术以及相关的图像信号处理技术。美国的地基光电深空监视系统升级后,用更灵敏的 CCD 传感器更换了传统的成像方式及相应的控制系统,引入了用于克服地球大气湍流作用斑点成像技术,可以获得目标的高分辨率信息。在图像处理技术方面采用新的孔径合成信号处理技术,该技术可以综合多种孔径的成像,从而获得相当于几十米孔径的望远镜所获得成像效果。

另外,主动光学成像正在获得越来越广泛的应用。通过利用相干激光辐射照射目标,主动光学传感器系统能够对夜间不反射太阳光的卫星,或者那些在白天不太明显的目标进行成像。主动式成像还能用于目标距离的直接测量以及卫星结构的特性分析。

(三)天基跟踪探测技术

美国的天基跟踪技术遥遥领先,也是未来的发展方向。比如国外空间目标监视系统中唯一的天基探测器就是美国的高灵敏度可见光(SBV)探测器。SBV 探测器能跟踪各种轨道的目标,可以测定目标的在轨位置信息,同时产生目标亮度信息。它能探测移动的目标,产生目标报告,甚至在特定情况下能确定被观测目标在焦平面坐标系中未来的位置。此外,美国在建的天基空间目标监视系统主要有位于低轨区域的天基空间监视系统(SBSS)和位于地球同步轨道的轨道深空成像(ODSI)系统。

(四)编目技术

美国的编目数据库数十年来采用的是基于一般摄动(GP)原理的分析法。所谓的一般摄动原理提供了关于卫星运动方程的一般分析方法,其轨道根数及其偏导数都按微分方程的初始条件,以级数展开的形式来表示。为增强长期预报性能,将其中某些周期特性消除了。为此,美国逐步在其空间编目数据库中引入特殊摄动(SP)数值分析方法。特殊摄动数值分析方法是通过卫星运动方程的直接数值积分得到的,尽管特殊摄动分析方法所需计算量远大于一般摄动分析方法,但是其推导简单,易于修改,预测精度高,而且现代计算机的计算能力越来越强大,特殊摄动编目技术正在变得越来越可行。因此该分析方法主要用于维护用于特定用途的高精度轨道数据库,即"特殊摄动"编目数据库,特殊摄动编目数据库主要应用于支持轨道精度要求越来越高的民用航天任务,如载人航天任务以及国际空间站的轨道规避。

第五节　美国提高空间态势感知能力的主要做法

美国的空间态势感知技术、理念最为先进,是世界上空间态势感知能力强大的国家,在发展空间情报信息系统过程中积累了丰富经验,特点非常显著。主要有:战略明确方向,顶层高度重视,持续不断建设,逐渐增加投入;监视系统发展先于武器系统发展;全球分布,多种监测手段并举,特别重视对空间目标的成像测量;监视功能全面,被监测目标包括所有级别的导弹,低、中、高轨的卫星,空间碎片,空间粒子等;分工明确,天基、地基相互配合;重视理论研究,科研体系完整,科研与任务并重。

一、美国提高空间态势感知能力的主要做法

(一)分散建设,集中管理

美国的空间监视网不是先总体设计好然后建设,而是分散建设后组网。网内的设备有专门设计和研制用于空间目标监视的设备系统,如地基光电深空监视系统、空军空间

监视系统、AN/FPS-85 大型相控阵雷达等；主要用于其他任务而组合到空间监视网中的设备系统,如弹道导弹预警系统(BMEWS)、铺路抓雷达系统和靶场雷达系统等,还有按照按合同或协议提供空间目标监视数据的探测设备。因此,美军的空间监视设备有专用空间目标监视设备、兼用空间目标监视设备和可借用空间目标监视设备三部分组成。这些系统所有权分属陆、海、空和有关的军工、科研单位,日常操作维护也由所属单位负责。但这些系统的空间监视能力却以空间监视网的形式组织在一起,通过空间司令部的空间控制中心统一下达任务并汇总和处理搜集到的数据。这种管理体制综合利用即有利于发挥设备的整体能力和管理资源,避免了重复建设和管理资源的浪费,无疑是十分科学的。

(二) 全球布局

美国空间监视网的规模庞大:从布局看,除了美国本土外,在东半球的太平洋岛屿阿拉斯加有监视站,在西半球的格陵兰、挪威、英国、印度洋的迪戈加西亚岛、西班牙等均有监视站;从监视站和设备数量看,有相控阵雷达站,固定光学观测站,各种不同的光学望远镜,空军电子篱笆及其他跟踪和成像雷达等。

(三) 合理利用,优势互补

组成美国空间监视网的各种设备,由于各自性能不同,在空间监视中的作用自然就有所不同。美国人在设计和使用这些设备时,有针对性针对设备的不同优势,各有侧重地赋予不同目标的监视任务。对近地空间目标(6000km 以下),监视设备的主力是陆基相控阵雷达。对深空和地球同步轨道目标,主要依靠光电设备。由于采取合理利用、优势互补的组建原则,最大限度发挥了设备的性能,提高了监视效益。

(四) 注重技术研发和装备预研

美国空间监视设备技术先进,在空间态势感知方面注重技术研发和装备预研,同时非常注重装备的技术升级。其主要的观测手段地基光电深空监视系统(GEODSS)在20世纪 80 年代初就投入使用,到 20 世纪 90 年代自适应光学望远镜就已经达到实用化水平。第一台专用于空间监视的相控阵雷达 AN/FPS-85 在 1962 年开始建造,1969 年投入使用。空军的电子篱笆建成于 1961 年,自此以来一直稳定运作。在空间监视中担负很大任务的是弹道导弹早期预警系统,20 世纪 60 年代最初建成的是机械驱动的雷达,20世纪 80 年代末到 90 年代初都改造升级为固态相控阵雷达。这些多年前部署的装备通过不断的技术升级以后,仍然持续发挥着作用,部署在东西靶场和磨石山天文台的诸多雷达在对空间目标的精密跟踪和成像方面也都有独到的性能。

二、主要经验

(一) 发展本国自主的空间监视系统,严格控制技术出口,形成领域垄断地位

自主的空间监视能力对于国家安全至关重要,是保障主权国家在军事空间领域不受制于人的重要基础。目前世界上只有美国和俄罗斯拥有可操作的空间监视能力,以及可日常更新的空间目标编目数据表。其他国家要想获得有关空间在轨目标的信息,必须依赖这些国家。以欧洲为例,就整体而言,欧洲现有的地基观测系统还只限于对低地球轨道的大型物体进行监视,而对地球同步轨道以及进行机动的航天器几乎起不到监视作用。在法国的 GRAVES 空间监视系统没有正式投入应用之前,尽管德国的 FGAN 雷达和法国的 ARMOR 雷达能够测量到一些关于非合作目标的数据,但是它们仍然依赖于美国航天局提供的关于目标的原始数据。一直以来,欧洲国家在实现对重要空间目标的探测与跟踪,确定可能对航天系统构成威胁的航天器的尺寸、形状、轨道参数等重要目标特性,对目标特性数据进行归类和分发等方面都强烈地依赖美国的空间监视网络。这种依赖性导致欧洲在进行军事空间活动的过程中受到诸多限制。由于美国只向其提供了70%的卫星编目数据,而且这些数据中几乎没有轨道高度在 1500km 以上的卫星,使得欧洲无法获得一些保密轨道的相关信息。这种由于技术依赖导致该领域的能力和发展受限,使欧洲的空间监视网络与美国相比差距较远。欧洲局和欧洲一些主要国家的航天局主要依靠美国空间司令部的数据。以前,德国应用科学研究所(FGAN)的跟踪成像雷达和法国的 ARMOR 雷达能够提供关于非合作目标的轨道信息。法国部署 GRAVES 之后情况得到一定的改观,GRAVES 能够探测并判定经过其可视范围、尺寸不足 1m 的目标和初始轨道,是欧洲首个能够真正对低轨目标实现监视的系统。

美国严格控制空间态势感知领域技术出口,迫使形成领域垄断地位,也是美国空间信息对抗能力一支独大的原因。

(二)空间目标监视技术的发展随国家整体规划的调整而变化

美国把空间作为其在信息时代称霸世界的战略"制高点",把"控制空间"作为重要的战略威慑手段,加紧进行空间攻防对抗的准备。美军认为,空间攻防对抗依赖于强大的空间态势感知能力,明确将提供空间态势感知能力纳入国防部长和国家情报局长的职责,以满足政府相关部门对空间态势感知的需求。

为了掌握未来可能发生的空间对抗中的主动权,美军正在大力提高对空间事件的反应能力。在空间监视方面,力求能够实时对空间目标进行监视、跟踪和识别,掌握和实时提供空间目标态势,必要时对危险空间目标做出反应。相应地,美军空间监视系统的任务也从对目标的监视,向对作战态势监视的方向发展;空间监视的对象,从空间目标向空间目标和战场区域扩展。对空间目标的监视机理,从认为目标会按轨道动力学稳定运行向监视有动力变轨飞行目标转变;对空间目标的监视目的,从知晓目标的存在向监视目标的近实时动态转变。

为此,美军在建设了强大的地基空间监视系统之后,又加紧投资建设天基空间监视系统。正在抓紧部署下一代的天基空间监视系统,目的是实时、准确地跟踪空间物体,并提供空间目标活动的连续图像;积极研制"轨道深空成像仪",以便接近并拍摄地球同步轨道区域内空间目标的高分辨率图像,加强美军对地球同步轨道空间目标的认知能力;甚至设想在需要特别保护的美国空间资产附近部署微卫星,监视受保护航天器周围环境,对威胁进行预警,判断自然破坏和人为破坏。

(三)空间监视系统的组织管理经历了从分散到集中统管的过程

50 多年来,美国的空间监视系统从过去的从属于导弹预警的次要地位,逐渐成为空间态势感知的基础装备,在未来制天权的获得以及空间对抗作战中发挥重要作用。

由于历史的原因,美国的空间监视系统曾经采取相对分散的组织结构,空间监视系统中的各个监视设备分别隶属于不同的部门,如美国空军、海军以及一些民间研究机构。由于空间监视系统建设缺乏一种从整个国家的角度出发,进行统一规划、统一建设、统一部署的机制,各部门都从自己的需要出发,研制部署相应的设备,部门之间缺乏有效的协调和管理。虽然美国现有的空间监视系统能够基本满足军方的需求,但是其系统建设以及相关技术的发展相对滞后。

随着越来越多的商业卫星以及航天飞机、国际空间站等重大价值飞行器进入空间,民用部门(如 NASA)对空间碎片环境以及空间安全方面的需求也越来越迫切。为了使空间监视系统在未来空间对抗作战中更好地发挥作用,国防部开始采取措施。2004 年 10 月,根据美国国防部长的指示,海军正式向空军第 21 空间联队移交了海军空间监视系统的操控权。这预示着,未来美国空间监视系统将可能完全由空军掌控。这既符合空军在军事空间力量中所占据的主导地位,也有利于有序地规划空间监视系统未来的发展。

(四) 高度重视关键技术突破中的演示验证

天基空间监视系统是空间监视系统发展的重要方向,但发展天基空间监视系统技术复杂、要求高、难度大。早在 1968 年,美国的不少研究人员就建议空间监视应当从天基平台进行,但是由于经费以及技术方面的限制,直到 90 年代后期才开始建设试验性质的天基空间监视系统。而且,天基空间监视系统具有自身技术特点,只有通过充分的试验才能掌握。天基空间监视系统投入大,开展试验限制条件多,不可能随意开展,必须利用有限的试验卫星在短暂的寿命期内获取尽可能多的结果。美军有着丰富的天基观测经验、空间监视经验以及相关的研发资金,在设计 MSX 卫星的试验项目时,就成立了 8 个科学小组分工策划,对一个只有几千克的空间监视载荷进行了长达 18 个月的试验,验证了众多关键技术,并通过逐步修正提高了系统的观测能力。由此可以看出,如果开展天基观测试验,一定要做好试验项目策划工作。

第八章　美国空间信息系统的进攻性对抗

美军的军事优势很大程度上来源于该国由各类侦察卫星、导航定位卫星、通信卫星等构成的天基信息系统所带来的巨大信息优势。正是空间信息优势给美国带来了丰厚的收益，所以美国企图通过发展空间信息攻击手段，达到遏止别国发展空间信息系统的目的，从而保持一国独大的地位。为了达到这一目标，美国不断调整其空间发展战略，在国家整体战略导向下，目前美军正大力推进空间控制战略，加紧研制空间信息攻击的武器装备，在增强空间态势感知能力的基础上，积极提高对空间信息系统进攻性对抗能力。空间信息系统的进攻性对抗是指运用多种空间攻击装备与技术对敌国空间信息系统进行主动攻击，最大限度地降低其监视与情报信息获取效能，甚至直接摧毁。

第一节　美国空间信息系统攻击对抗的战略

从目前美国发布的国家关于空间信息系统发展战略看，当前美国的空间政策不再强调太空的支配权，而是更强调太空知情权和防御性。但是，美国绝不会放弃发展空间信息攻击能力，目前的绝大多数进攻性空间武器项目，例如天基激光武器、动能反卫星武器等，虽然已被取消或者处于停滞状态，但探寻和开发各种关键的空间进攻技术的活动绝不会停止，而是更加隐蔽，或者更换了原来的发展模式。比如，美军当前在发展反卫星武器上采取了寓军于民，寓反卫于反导，通过演示验证试验探索、累积相关技术，绝不轻易部署的发展策略。在继续发展地基动能反卫星武器和激光反卫星武器的同时，关注以微小卫星为代表的天基反卫星武器，重视致盲、电子干扰等软杀伤对抗手段。之所以这样，是因为发展反卫星武器在政治和军事上都十分敏感，采取的行动不可避免地会引发国际社会的关注，从而可能造成外交压力，形成政治影响，对美国的形象也会产生负面影响。

一、美国空间信息系统的进攻性对抗战略

美国依靠技术优势、人才优势以及资金优势，构建了强大的空间信息系统体系，在空间信息对抗的战略发展方面，美国有长期的发展战略和眼界，基本上是先发制人，抢敌而先，虽然有时候美国将该思想隐藏于其他的表现形式。

冷战时期，争霸世界的政治动机刺激美国、苏联两国在包括太空在内的各个重要领域展开激烈竞赛。冷战结束后，美国虽然失去了最大的竞争对手，但由于冷战思维的延续，以及美军在几次局部战争中依靠空间力量取得的巨大成功，加之国内激进派耸人听闻的炒作，使得美国军方在太空对抗问题上采取了主动出击的策略。这种发展态势在2003年至2004年发展到了顶点，其中最典型的代表是在战略上出台了《美国空军转型飞行计划》（2003版）和《空间对抗作战条令》。2003版转型计划列出了大量空间对抗武器系统，而《空间对抗作战条令》正式确定了空间对抗的三种形式。美军形成了鲜明的空间

信息攻击战略,战略指导思想基础就是"先发制人",空间政策有明显的进取性。美军空间信息攻击准备也在此指导下迅速推进,在武器装备发展上,美军发展了地基动能和地基激光反卫星武器,研制了大量用于空间对抗的微小卫星,具备了主动攻击的武器基础。2005年美国战略司令部和空军航天司令部正式明确指出,美军航天战略将以"先发制人"思想为基本指导。其后几年来,美军通过伊拉克战争,有效检验了其空间信息系统情报支援能力。颁布了《新航天政策》《美国空军转型飞行计划》《空间对抗作战条令》、《2006财年及远期战略主导计划》《太空科学与技术新战略》等一系列空间建设指导性政策;整合改组了联合航天司令部、海军航天司令部等空间作战指挥机构,美军空间控制能力全面加速推进,空间对抗能力得到大幅提升。

2005年"施里弗"-3太空军事演习结束后,美军于2005年4月7日召开了由空军航天司令部和战略司令部参加的联席会议,对美军空间能力未来建设的重点问题进行探讨和研究。会上美军明确指出,为配合布什政府的地面军事政策,美军未来的航天战略将调整为"先发制人",即在发生危机时可以对敌方卫星首先发起攻击,确保美方卫星安全。美军认为,对空间系统进行进攻性攻击远比对美国空间资源进行防守具有优越性,因此要想抑制敌方获得空间能力,保护美国和友好国家的空间能力,就需要美军采取"先发制人"的方式,运用物理毁伤与信息攻击相结合的软硬杀伤手段,对敌方军用、民用卫星以及第三方所拥有的空间系统实施空间作战。攻势原则成为美军的基本空间对抗原则之一,美军认为强调攻势原则,既可加强其战略战役行动的威慑性和战役战术行动的突然性,也可有效发挥其作战效能。美国空军认为,进攻性空间对抗是目前美军在空间对抗领域应具有的应急能力,在战场进攻性的空间对抗中,主要由政治企图控制作战行动,而不受任何法律约束。美军曾扬言打击"伽利略"卫星导航系统,可以说是美军在攻势原则指导之下提出的具体行动方案。美军的"先发制人"理论已由战略指导层面深入至空间作战战役、战术的应用与实施层面,具有了较强的威慑性和实战性。

为给其"先发制人"的空间对抗行动创造必要的条件,美军不断夸大宣扬其他国家对其所形成的空间威胁。事实上,美国一直在发展空间对抗装备和技术,力图实现"独霸太空"的图谋。

二、战略的调整

出于经济、政治、军事、技术等多方面考虑的结果,奥巴马的空间政策就要比他的前任温和得多,更多强调了空间合作。虽然美国仍在继续发展进攻性空间对抗能力,但却在空间对抗的战略上做出了调整,似乎正在向世界传递一种信息——美国人要回避发展空间进攻能力。给其先前咄咄逼人"先发制人"的战略蒙上了温和的面纱,美国战略的调整有深刻的原因。

(一)发展空间武器将引发军备竞赛,影响核军控与核裁军

部署太空武器可以带来绝对的军事优势甚至统治太空的优势,但也必须承担由此带来的严重后果。如果美国决心发展太空武器的话,其他国家就必须为在战争中抵消美国的军事优势,发展可以有效反制美国太空力量的军事能力,比如部署地对天武器,发展自己的导弹防御系统,获取、加强核力量以及开发新概念武器技术等。而已诞生了60年,并且研发和制造门槛越来越低的核武器技术则更容易获得青睐,其他国家可以寄希望于

用很多可以打到美国本土或美军关键目标的导弹,耗尽美国导弹防御系统的库存,并使至少一枚核导弹突破美国反导系统的层层拦截。基于这种思维,无核国家会寻求变成有核国家,有核国家将明中或暗中大幅增加核武器库存数量,有过"星球大战"经验教训的俄罗斯甚至还会发展更多的反制措施。一旦形成这样的局面,核军控和核裁军的所有努力都将付诸东流,破坏国际核不扩散体系,进而破坏全球范围内的和平与稳定,对于美国的整体战略也有较大的影响。

（二）发展空间武器将使美国面临更大的空间威胁,丧失空间威慑能力

如果各方依然保持现状,太空武器化的进程被冻结,那么美国人将依然享受他们在太空领域的绝对优势,保持对地面部队的强大支持能力和全球协同能力。但是一旦太空武器化这个"潘朵拉魔盒"被打开,美军将不得不耗费巨资建设一个效果难以预料的空间防御系统,而其他国家只需要保留对卫星系统的破坏能力就可以保持足够的威慑,赢得太空制衡能力。这就像一场非对称性战争,强大的一方将从方方面面建立屏障和堡垒,但是弱小的一方总能够实现出其不意的打击,这正是美军最忌惮的。这种竞争的结果是,美军现有的太空设施受到威胁和打击的可能性越来越大,越来越难以避免,反而丧失其目前拥有的压倒性的太空威慑能力。

（三）发展空间武器可能导致空间环境恶化,危害各国利益

还有另外一个可以预见的结果,即当太空成为战场,空间环境将不断恶化。现在太空污染物主要是完成任务的火箭箭体和卫星本体、火箭的喷射物、在执行航天任务过程中的抛弃物、空间物体之间的碰撞产生的碎片等等,现在已有的太空垃圾已为航天活动造成了一些麻烦。比如有些卫星遭到撞击而影响功能甚至报废,航天器遭到撞击留下一些裂痕等。倘若太空变为战场,人类50年航天活动制造的太空垃圾,恐怕还不如几分钟甚至几秒钟空间武器交战制造得多。在外层空间对各种尺寸的太空垃圾清理难度极大,因此"太空环境保护"成为政治家、科学家、环保人士等关心的问题。有学者指出:"阻止太空污染应提上议事日程否则该问题今后将变得更加严重。"

基于以上原因,美国在发展进攻性空间能力时,重在探索和开发各种关键技术能力而不轻易部署实战武器,采取这样的发展战略是一种两全其美的方式:既避免了政治和外交压力,又切实地增强了美国的空间对抗能力。

三、美国空间信息系统的攻击能力的发展历程

空间信息对抗技术在国家发展中占有越来越重要的地位,哪个国家占领了技术制高点,就掌握了战略主动权。美国在继续开展进攻性空间武器技术的研究,其主要目的在于抢占技术制高点,在技术上拉开与其他国家一代以上的差距。这些技术的发展可带动一批基础研究和应用研究,不断提升控制空间和利用空间的能力,对于增强美国现有战略威慑力量也具有重要意义。对于空间信息系统的攻击,美军历经了由简单到繁杂、从低级到高级的发展过程。早期美国主要是基于反卫星的对抗,美国陆、海、空三军先后研制和试验了多种类型的反卫星武器,其发展历程大体上可以分为4个阶段。

第一阶段:20世纪50年代至70年代中期的论证和探索阶段,此阶段的特点是"以核反星",即利用核弹头爆炸后产生的核辐射与电磁脉冲,对卫星进行破坏,这一时期美国主要利用已有的反导系统进行反卫星技术途径的探索,并做了一些反卫星技术试验。

第二阶段:20 世纪 70 年代中期至 80 年代末的研究和试验阶段。此阶段的特点是开始研究、试验非核动能反卫星武器,1985 年 9 月,美国空射反卫星导弹在第 3 次发射中成功地进行了实际打靶,击毁了一颗废弃的卫星。

第三阶段:20 世纪 80 年代末 ~2003 年的调整阶段。此阶段的特点是着手研制地基动能反卫星武器和激光反卫星武器。这一时期美国开始朝着多种反卫星武器并存、海陆空三军同时参与的方向发展。美国从 20 世纪 90 年代后期起加紧了对高能微波武器和粒子束武器的研制。2000 年底,美国空军进行了空基激光武器模拟试验。

第四阶段:2004 年至今的转型发展阶段。此阶段的特点是:一方面在继续研制地基动能反卫星武器的同时,重点发展以小卫星为主的天基反卫星武器和激光反卫星武器;另一方面重视电子对抗等软杀伤手段在反卫星武器上的应用。

目前,美国致力于空间对抗武器装备的研制,加紧发展各种反卫星武器,以保持美国在空间的绝对优势。包括陆基动能反卫星武器、微小卫星反卫星武器、电子干扰反卫星武器、激光反卫星武器、高能微波反卫星武器、卫星捕获武器、航天飞机反卫星(太空作战快速反应能力建设)等。随着信息技术的发展,美国更加注重空间信息对抗的"软杀"能力。与大多数其他反卫星技术不同,对空间信息系统进行电子干扰和欺骗等软攻击所产生的效果是暂时和可逆的。这种不从物理上损坏或摧毁该卫星而只是暂时使卫星失去功能,不易导致冲突升级。因此发展软攻击成为美军空间信息对抗的重要发展内容。而且,从目前的技术发展来看,美军对卫星进行电磁杀伤的软攻击技术手段相对于硬打击而言,技术更为成熟,成本也更低。美军已掌握针对卫星电子载荷、通信链路和地面信息系统的软打击技术手段,可在必要时部署成实战反卫星武器系统。目前,空间信息对抗的软杀伤手段主要是利用激光、微波和其他无线电技术等,对通信导航、侦察预警卫星等空间信息系统及其相应通信链路、地面测控系统进行信息干扰、压制和破坏。

第二节 美国对空间信息系统攻击的主要样式

空间信息攻击主要包括对空间信息链路的攻击、对天基信息获取系统的攻击、对地面支持和应用系统的攻击。对于空间信息系统的攻击,从不同的角度可以对攻击方式进行分类。

一、依照进攻方向区分

空间信息进攻性对抗主要有天对天,地对天、天对地 3 种样式。

(一)天对天信息系统攻击

天对天信息系统攻击,是指在太空战场运用各种天基进攻力量及其武器系统,对敌方运行于太空中的信息系统实施干扰、打击、摧毁和捕获等的破坏行动。天对天信息攻击的"硬杀伤"途径主要有轨道封锁和空间拦截及摧毁等。其中,轨道封锁指通过布设空间微粒武器系统,使敌方航天器在特定的时空内不能使用,或造成在该时空运行的航天器本身或某些易损部分(如能源系统、姿控系统、热控系统、推进系统和天线系统等)受损,从而使其效能下降或失效。空间拦截及摧毁指利用反卫星卫星、载人空间站、空间炸弹、空间核爆炸等武器和手段,摧毁敌空间信息系统中的关键单元或节点。

天对天信息攻击的"软杀伤"途径主要有有源干扰和无源干扰。其中:有源干扰指利用各种功率、各种样式的干扰手段,对空间信息系统中的电子侦察设备进行压制和欺骗,从而使电子侦察接收系统阻塞或接收到虚假信息;无源干扰是指通过"伴星"技术释放"空中箔条"、"空间烟雾"、"空间污染"等手段遮蔽或污染信息获取系统中的传感器,使其不能正常发挥作用。

(二)地对天信息攻击

地对天信息攻击,主要是指利用地基平台部署的干扰机,以及发射的动能武器、定向能武器和导弹等,对敌方的天基目标实施攻击,将其摧毁或使其失去正常工作能力的行动。如动能武器主要依靠高速运动物体产生的动量破坏目标,它是利用火箭推进或电磁力驱动的方式把弹头加速到很高的速度,并使它与目标航天器直接碰撞将其击毁,也可以通过弹头携带的高能炸药爆破装置在目标附近爆炸产生密集的金属碎片或散弹击毁目标。动能杀伤较适用于常规条件下的空间对抗,目前美国正在大力研发这种技术。

(三)天对地信息对抗

天对地信息对抗,即使用天基干扰系统、天基激光发射器等武器系统,对空间信息系统的地面系统中心、通信节点、卫星地球站实施干扰和攻击行动。从太空攻击地面目标,主要采用电磁辐射对抗和激光对抗的方式。电磁辐射对抗利用轻型大面积天线技术,使航天器所载电磁武器具有非常高效的辐射力,空间飞行器投射一束波,就足以覆盖一个战区,其波束的能量密度大,照射时间长,被攻击的传感器、接收机或无保护措施的电子设备将失灵或者被烧毁。天基激光武器具有精确制导、速度快等性能,并能穿透地面100多米摧毁坚固的地下掩体。据报道,美国科学家经过计算,使用拦截卫星所搭载的激光武器可在5min内击毁400颗卫星,在15min内全部击毁敌国同时发射的1000枚导弹。另外,俄罗斯的轨道轰炸器,平时可发射到空间轨道,处于待命状态,与其他卫星一起运行,令敌方难以识别。当它接收到作战指令后,可迅速进行机动变轨,对敌方目标实施攻击。

二、以攻击方式进行分类

空间信息对抗的攻击方式从作用形式分主要有:电磁能、定向能、动能、信息攻击方式等。从杀伤效应分有非杀伤、软杀伤和硬杀伤或致命杀伤、非致命杀伤之分。空间信息对抗的攻击方式如图8.1。

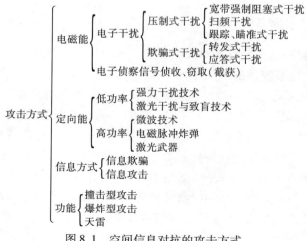

图8.1 空间信息对抗的攻击方式

（一）电磁能攻击

电磁能攻击是指利用电磁能干扰敌方的各种传感器及各种通信系统、电子设备、信息链路,使敌方丧失信息探测和信息传输能力,以削弱或丧失敌方作战能力的军事攻击行动,是属于电子战攻击的范畴。

空间信息系统的电磁能攻击手段主要包括压制式干扰和欺骗式干扰。

（1）压制式干扰。

利用强大的干扰功率实施对目标信号的完全压制。包括宽带强制阻塞干扰、扫频干扰、跟踪瞄准式干扰等手段。

（2）欺骗式干扰。

在敌方使用的通信信道上,截获、识别、利用敌方的通信方式、语言,并进而注入发送伪造的欺骗信息,以造成敌接收方的信息差错和判断失误。包括转发式干扰和应答式干扰等手段。

（二）定向能攻击

随着电子战技术的发展以及军事作战思想的不断进步,空间对抗的手段也更加丰富。例如定向能武器也把利用强大的电磁能量作为毁坏敌方电子设备,杀伤敌方战斗人员,高功率微波武器可以摧毁敌方的雷达,卫星电子战、天基电子武器的研究引起了人们的重视。

定向能攻击方式是指利用沿一定方向发射与传播的高能电磁波射束(高能激光束、微波束、粒子束),通过直接照射来破坏目标的一种新机理攻击方式。从较广义的概念而言,它也是信息战中的重要的攻击武器,而且是一种对信息系统具有更强硬杀伤或致命杀伤威力的武器。采用定向能攻击方式的武器称为定向能武器,又称射束式武器或聚能武器,包括高功率微波武器、高能激光武器、电磁脉冲炸弹等。

（三）信息方式攻击

由于空间系统主要是一个信息系统,对空间系统的信息攻击就成为必然。目前信息方式攻击已成为各国研究的重点,特别是信息战、网络中心战、计算机战、指挥控制战概念的出现和融合,大大丰富了空间信息对抗的内涵。

空间信息对抗的信息方式攻击可以是利用各种信息武器窃获、干扰、阻塞、欺骗直至阻止、破坏、瘫痪敌方空间信息系统的各种攻击方式。

目前研究的天基信息方式攻击武器主要集中在计算机病毒武器的研究上。而其中的关键是如何将带计算机病毒的电磁辐射信息向敌方的信息系统中的未加防护或防护薄弱环节进行辐射,从而注入病毒,造成敌信息系统的瘫痪,目前的研究热点是射频病毒注入技术。在信息方式攻击中,要利用计算机病毒实施攻击,仅靠掌握计算机病毒是绝对不够的,更重要的是要寻求某种手段或途径将计算机病毒注入到被攻击目标的计算机里使其无法正常工作,这样才能达到攻击的目的。目前,计算机病毒的投放方法很多,常用的主要有预先设伏、无线注入、有线插入、网络入侵、邮件传播、节点攻击等多种方式。

在空间信息对抗中,无线注入是一种重要手段。无线注入是将计算机病毒转换成病毒代码数据流(即无线电信号),将其调制到电子设备发射的电磁波中,通过无线电发射机辐射到敌无线电接收机中,使病毒代码从电子系统的薄弱环节进入敌方系统。目前,美国已经进行了这种利用电磁波将病毒投入到敌方的信息系统之中的有关试验。试验表明,只要事先掌握了敌方计算机系统之间的通信规划,就可以通过发射很高能量的电磁信号。利用敌方系统的各种接口、端口或缝隙,将计算机病毒程序注入其中。此外计算机病毒可以冒充敌方计算机间的通信内容(数据或程序),使接收方将其当作正确的内容接收下来,进入到 C⁴I 系统内部,一旦计算机系统对其执行操作,就能以最快的速度自行传播出去。

实施计算机病毒无线注入的方式有多种。一是通过大功率计算机病毒微波发射枪(炮)或相应装置,经过精确控制其电磁脉冲峰值,向敌方计算机系统的特定部位注入计算机病毒,感染其计算机系统。二是利用大功率微波与计算机病毒的双调制技术直接耦合,以连续发射调制有计算机病毒的大功率微波,将计算机病毒注入正处于接收信息状态的计算机从而进入敌方计算机系统。三是将计算机病毒转化为与数据通信网络可传输数据相一致的代码,以无线电方式传播,利用敌信息侦察与截获信息情报的机会,让经特殊设计的计算机病毒被接收,继而使计算机病毒感染信息侦察系统及与之相连接的指挥控制信息系统。

卫星、飞船、航天飞机等空间军事设施在高技术战争的作战、指挥、通信侦察、定位、战场管理等方面发挥着越来越重要的作用。而这些空间军事设施的发射、定位以及工作,都要众多计算机的参与和配合才能完成。现代化有效的空间信息系统,本身就是许多复杂网络系统的集成,因此理所当然就成为计算机病毒战攻击的主要目标。在利用计算机病毒对空间军事设施实施攻击时,常用的方法主要有两种:一种是将计算机病毒通过各种途径事先隐蔽在空间军事设施的计算机之中,在关键时刻"发病";另一种是利用电磁辐射的方法将"病毒"注入空间军事设施,使其"致病",导致卫星、飞船、航天飞机的中枢神经系统计算机网络出现故障、失灵或误判,以至无法正常工作,甚至失控自毁。电磁辐射的"病毒"只有能量达到一定程度才能使空间军事设施上的计算机"致病"。

美国空军大学的《2025 设想》将信息攻击列为潜在的空间武器。美国现正开展用无线电方式、卫星辐射式注入方式、网络方式把病毒植入敌方计算机或各类传感器,以伺机破坏敌方的武器系统、指挥控制系统、通信系统等高敏感的网络系统。目前对信息武器的研究在各国一直处于非常机密的状态。具体的研究内容主要涉及到计算机病毒战、计算机网络战、"黑客"战等方面。

(四)动能攻击

动能攻击方式是一种硬杀伤技术,可造成卫星的物理破坏。在美国,把动能攻击方式涵盖、归入空间信息对抗攻击武器的基本范畴,如美国动能武器亦称动能反卫星拦截器,利用自动寻的末制导技术,利用与目标直接碰撞的巨大动能,达到摧毁目标的目的。

有 3 种类型的动能反卫星武器:爆炸碎片弹头、撞击卫星的制导非爆炸弹头和天雷。

美国航天司令部《军事航天长期规划 – 2020 设想》中则将天基干扰器、激光武器、高功率微波武器、小型射频杀伤器(电子炸弹)和动能反卫星武器列入其发展规划,选择作为用于攻击敌方卫星或降低其性能的武器系统,这些武器既可以使卫星暂时性失灵,也可以是永久性摧毁。

美国未来可能部署的空间信息对抗天基攻击武器装备类别及用途如表 8.1 所列。

表 8.1　反卫星武器类别及功能

装备名称	功能特点	状态
机载动能反卫星拦截弹	具反卫星硬杀伤能力	目前无明确拦截试验计划,已经具备了对付低轨道卫星的能力
地基动能反卫星拦截弹	具反卫星硬杀伤能力	暂不进行拦截试验,能力接近实战水平。可以随时进行动能反卫星拦截弹的拦截试验,可迅速完成研制定型和采购,形成战斗力
地基激光反卫星武器	可重复使用、速度快、攻击空域广。具反导反卫硬杀伤能力	隶属于美国陆军,已经进行了一系列包括卫星跟踪和大气校正的试验,基本具备实战能力。在 2008 年开始部署地基激光器。预计 2015 年后,能够穿过大气层向低地轨道卫星投射激光束,提供强大的攻防兼备的空间控制能力
机载激光反卫星武器	装载平台由波音 747 - 400F 飞机改装而成,主要用于拦截处于助推段飞行的弹道导弹。具反导反卫硬杀伤能力	试飞阶段。2012 年进行机载激光的打靶试验,到 2014 年有 7 部机载激光器投入使用
反卫星通信系统(CSS)	具反卫星软杀伤能力,是美国第一个公开承认的用于限制敌人实施空间作战能力的武器,是地基移动和便携式系统	2004 年投入实战部署,2006 年美国国防部拨款 1430 万美元用于采购 CSS,2009 年部署第二代反卫星通信系统 CSS Block 20 型
反监视侦察系统(CSRS)	具反卫星软杀伤能力	2010 年进入初始作战部署

三、针对不同子系统的攻击

(一) 对信息链路的攻击

对空间信息系统赖以生存和发挥作用的共性环节信息链路进行的攻击包括:对空间信息系统的星地链路(测控和数传系统等)进行电子干扰,利用欺骗和压制等手段使其不能进行卫星测控和信息传输;对空间信息系统的星间链路(数据中继卫星及组网等)进行电子干扰,利用欺骗和压制等手段使其不能进行信息传输等。

1. 对上行/下行链路的干扰

对上行链路的干扰,可将转发器功放的工作点推至饱和而使其无法转发有用信号,也可使星上解调性能恶化,使星上处理转发器无法正常工作;对下行链路的干扰,在对卫星通信下行信道的干扰环境中,使用与通信卫星功率相近的干扰机,将有效压制在几十到几百 km 范围内的地面卫星通信接收机。

美国空军研制并已投入使用的"反通信系统"(counter intelligence communications system,CCS)用于阻止敌方利用卫星进行通信,CCS"使用可恢复的、非摧毁性手段,阻断被认为对美军及其盟军有敌意的、基于卫星的通信链路",即能够用射频干扰敌方卫星的上行/下行链路,阻断敌方的卫星通信。2004 年年底,隶属于美国空军第 21 空间联队的第 76 空间控制中队已将 3 套 CCS 投入使用,具备了初始攻击能力,这种类似于移动卫星通信终端的系统将为战区指挥官提供一种通过射频干扰暂时阻塞敌人卫星通信的方法。

美国空军还研制了"第二代反通信系统"（CCS Block 20），将提高频率范围以及实施更多同步干扰的能力，并在 2009 年进行了部署。

2. 对测控链路的攻击

主要是采用大功率的干扰设备对敌方卫星的测控信号进行干扰，破坏敌方卫星的测控信息。对截获的敌方卫星的测控信号进行分析，有针对性地注入假信息后发出，以实现信息迷惑或伪装，将其与空间环境所引起的故障混淆起来，或者破解敌方卫星遥控信号的编码方式及密码，用己方的指令和注入计算机程序（包括病毒）进行参数替换等方式，使对方卫星下的计算机按己方意愿工作，以达到接管的目的。

3. 对星间链路的干扰

星间链路通信通常在外层空间进行，大气衰减可以忽略，为此一般采用窄波束的微波、毫米波通信。地面的干扰机几乎无法干扰其通信。位于卫星轨道上的干扰机，虽然干扰有一定的难度，但只要位于星间通信的收发路径上，对其干扰还是可以实现的。

（二）对天基信息获取系统的攻击

直接攻击天基信息系统本身，使其不能完成信息获取功能，这主要包括对卫星平台本身及有效载荷的攻击。对天基信息获取系统攻击的"硬杀伤"途径主要有空间拦截及摧毁等，"软杀伤"途径主要包括有源干扰和无源干扰。

1. 杀伤

利用动能武器、定向能武器及高空核爆等手段，摧毁敌空间信息系统中的关键单元或节点。美国陆军自 20 世纪 80 年代以来一直致力于发展动能反卫星的武器系统，携带动能杀伤拦截器的 3 级固体助推火箭从发射井发射。目前该系统已接近实战水平；美国空军的"电磁轨道系统"天基动能武器研究，用于拦截洲际弹道导弹和中低轨道卫星；导弹防御局的"近场红外试验"卫星除进行导弹跟踪外，也兼具动能反卫星的能力。美军的地基激光反卫星系统"中红外先进化学激光器"进行了反卫星试验，表明了美军已具备利用激光器摧毁敌方卫星的能力。

2. 干扰

美军目前正在研制高功率微波和超宽带武器等天基射频干扰武器、通过照射目标卫星对其实施干扰。在无源干扰方面，美国陆军曾提出一种"软杀伤"反卫星方案，即利用动能反卫星武器接近目标卫星时不"撞击"目标卫星，而是向目标卫星的光学器件或太阳能电池板喷涂一种对紫外线敏感的材料，使其暂时失去工作能力。一段时间后，这种材料可在阳光下分解，被攻击卫星仍能恢复工作。

（三）对地面相关支持和应用系统的攻击

主要是对支持空间信息系统的各种测量、通信、控制、处理设备及和各种应用设备的干扰、摧毁等使其不能完成保障和应用功能。

技术手段主要包括：在其天基信息系统支援下，实施远程精确打击，摧毁对手空间信息系统的地面重要设施使之失去效能；通过空间信息网络进行攻击，由于计算机在卫星、测控站及地面终端中的广泛应用，通过入侵地面测控站主机或终端主机，不仅可以使这些机器无法正常运行，而且可以通过上行链路进入卫星转发器。在地面网络中发展迅猛的计算机病毒武器必将困扰卫星系统，卫星的星上处理也可能为病毒发作提供机会。

第三节　美国空间信息系统攻击能力现状

美军经过多年的发展,对空间信息系统的攻击能力已经达到很高的水平。

一、空间信息系统硬打击技术能力

虽然对空间系统实施硬打击存在政治上的敏感性以及技术和费用上的发展限制,但美国仍非常关注该领域的技术发展。在硬打击方面,目前主要包括地基和天基激光武器、动能武器、高功率微波武器等,以及侵蚀沾染武器、强光致盲致眩武器、强电磁武器等新概念攻击武器。另一方面美国也在通过自主空间接近、交会、撞击来发展天基武器使能技术。

(一)地基、空基反卫星武器技术发展迅速,已初步具备实战能力

动能反卫星技术发展时间长,技术相对成熟。美国从 20 世纪 70 年代初就开始发展动能反卫星武器。美国先后研制了两种动能反卫星武器:一种是空军研制的机载动能反卫星武器,另一种是陆军研制的地基动能反卫星拦截弹。此外,美国还部署了具有动能反卫星技术能力的地基中段、海基中段防御系统。2008 年 2 月 21 日,美国海军使用"伊利湖"号宙斯盾巡洋舰在太平洋夏威夷北部海域发射一枚"标准"-3 导弹,击毁了位于 247km 高度轨道上美国失控的"USA-193"军事侦察卫星。美国此次导弹防御系统击落卫星的行动,表明美国海基中段弹道导弹防御系统具有反卫星能力,且已具备实战能力。

地基激光反卫星技术虽起步较早,但目前还不具备实战能力。美国的地基激光反卫星技术相对成熟,20 世纪 90 年代末美国陆军进行了地基激光器攻击在轨卫星的演示试验,演示验证了低功率激光器使卫星传感器致盲的能力和激光器跟踪卫星的技术。此外,美军从新墨西哥星火光学靶场向一颗低轨卫星发射激光,并将卫星致盲,此次试验作为"先进武器技术"试验与发展计划的组成部分,表明美国激光武器进入实战系统。美国公开进行的激光器攻击在轨卫星的试验表明,美国已拥有发展高能激光反卫星武器的技术能力。

美国的机载激光器系统具有潜在的反卫星能力。机载激光器的载机飞行高度为 12km 以上,杀伤装置目前由 6 个高能氧碘化学激光器(功率达到兆瓦级)模块组成,用于摧毁处于助推段的弹道导弹,预定射程为 300km 到 580km。在实验室试验中,机载激光器满负荷持续工作超过 10s,达到了在弹道导弹飞行助推段将其摧毁的时间水平。机载激光器在 2007 年和 2008 年进行激光器的装机综合工作,2010 年 2 月进行了首次机载激光器拦截助推段飞行的弹道导弹的试验,具有反卫星的技术潜力。

(二)天基反卫星武器技术发展仍处于探索阶段,近期难以实现有效能力

2006 年 3 月,美国空军成功实施了激光中继镜技术的地面和低空演示试验,验证了"空天中继镜原型机(ARMS)"全部载荷的性能。所谓激光中继镜技术,是通过双镜面、双焦点的激光反射镜,接收来自地基、机载或天基系统发出的激光束,通过"操纵"镜面重新调焦,再将改变方向的激光束引导到地面、空中或空间目标并毁伤目标的武器技术。激光中继镜可安装在高空或天基平台上,降低大气对激光束的影响,提高激光武器系统的性能,并将其射程扩展到视线之外,用于毁伤卫星、弹道导弹等空间目标。

天基高功率微波武器是一种利用其辐射的强微波波束,干扰或烧毁敌方电子设备以及杀伤作战人员的一种新概念天基定向能武器。美国在《空军2005》报告中构想的天基高能微波武器是一种杀伤地面、空中和太空目标的武器,由低轨道的卫星星群构成,它可把超宽带微波能导向地面、空中和空间目标。美国发展高功率微波武器的近期目标是发展新的高功率微波源概念,中期目标是发展高功率天线,远期目标涉及用混沌理论的研究结果来改进高功率微波武器的控制。美国已在新墨西哥州的菲力普实验室建立了高能研究和技术设备,以研究发展高功率微波武器技术。

(三)作战响应空间正朝着空间信息系统攻防方向发展

作战响应空间是美军当前极力倡导和发展的空间计划,从其所倡导的空间进入与空间控制的基本要求出发,该计划正向着空间武器化、反卫星和空间力量运用方向发展。尤其是微小卫星具有隐蔽性好、机动性强、攻击突发性强、攻防范围广等突出特点,因此以微小卫星为平台,作战响应空间计划正大力发展空间资产的主动防御能力,进而可转变为对空信息系统的攻击能力。

近年来,美国空军、国防高级研究计划局和NASA正在通过多项计划发展针对非合作目标的自主空间交会技术。2005年,美国空军与NASA相继发射XSS-11卫星和"自主交会技术验证"(DART)卫星,分别进行了自主空间交会技术的演示试验。2005年7月4日NASA的"深度撞击"探测器对距地球1亿3200万km的"坦普尔"-1彗星的撞击,显示了美国在非合作目标空间交会、拦截技术方面的发展水平。2006年3月,在以往XSS-10、XSS-11低地轨道小卫星试验的基础上,美国空军研究实验室开始实施地球静止轨道小卫星的计划-"局部空间评估用自主纳卫星护卫者"(ANGELS)计划。该计划研制的卫星在GEO逼近、环绕一颗主卫星,并监测主卫星周围的空间环境。虽然美国已对微小卫星空间操作技术进行了多项演示验证,但由于微卫星的应用还需众多技术支撑,因此要真正在空间对抗中发挥微卫星的作用,还需进一步进行大量的研究。

二、空间信息系统软杀伤技术的发展现状

目前,对空间信息攻击的软杀伤手段主要利用激光、微波和其他无线电技术等,可对通信、导航、侦察、预警等空间信息系统及相应通信链路、地面测控系统进行信息干扰、压制和破坏。美国针对卫星电子载荷、通信链路和地面信息系统的软打击技术手段已日益成熟,在必要时已可部署成实战反卫星武器。

(一)对卫星通信系统的信息链路、地面测控系统进行攻击是目前空间信息对抗软杀伤的主要途径

目前,对空间信息链路的攻击手段以地基系统和机载系统为主,采用与通信卫星功率相近的干扰机,有效压制在几十到几百km范围内的地面卫星通信接收机。这些系统主要是利用无线电频率干扰敌方卫星的上行/下行链路,可有效阻止对手利用卫星进行通信以及使用成像卫星获取打击目标、毁伤评估等情报信息,它们在技术上已具备反低地球轨道卫星的能力。目前,美国拥有针对信息链路攻击的地基干扰机,特别是对于下行链路进行攻击的手段更为丰富。如,美国的反卫星通信系统。美军的反卫星通信系统虽然在很大程度上基于商用组件开发研制,但是其具体技术细节仍属高度机密。根据有限的资料分析,美军的反卫星通信系统可能采用的仍是微波体制,其攻击对象是卫星通

信链路和地面通信接收系统。在干扰卫星通信的上行链路时,系统将通过把转发器功放推到饱和,使星上解调器性能恶化,影响卫星信号质量;在干扰下行链路时,则基本上采用抵消通信信号的处理增益,或者使用与卫星功率相近的干扰机压制地面卫星接收机等措施。

遥测和遥控系统是卫星系统中不可缺少的组成部分。若遥测信号受到敌方干扰,就无法获取各种数据,或错误判断卫星状态。如果遥控指令信号受到干扰,卫星将可能失控,如果受到假指令欺骗,将可能错误地操作卫星,甚至使卫星下降或进入大气层烧毁。对卫星测控系统的攻击主要包括:一是对测控信息进行干扰,采用较大功率的干扰设备对敌方卫星的测控信号进行干扰,破坏敌方对卫星的有效管理;二是信息迷惑或伪装,对获得的敌方卫星的测控信号进行分析,并有针对性地发出注入的假信息,以实现对敌方卫星信息迷惑或伪装,并将其与空间环境或内部因素所引起的故障混淆起来;三是干扰控制星上计算机,对截获的敌方卫星的遥控信号进行分析,破解其编码方式及密码,将指令(包括计算机病毒)注入敌方计算机程序或进行参数替换,干扰甚至控制敌方卫星上的计算机,以达到接管的目的;四是干扰攻击或摧毁地面测控系统。

（二）对导航卫星系统接收端进行压制和干扰是空间信息对抗软杀伤中发展最为成熟的手段

导航卫星存在信号载频和功率固定、功率低等弱点,及其在信息化战争中的重要地位作用,致使其更易成为空间信息对抗的攻击目标。对导航卫星系统的电子干扰,既可针对导航卫星本身,也可针对用户终端实施。对导航卫星系统实施电子干扰攻击的主要技术有三种:

（1）瞬时高功率摧毁干扰技术

GPS 接收机抗瞬时高功率信号的能力较差,当 GPS 接收机的输入峰值达到 10W 时,限幅管将被烧坏,并将使输入电路永久性损坏,从而使接收机瘫痪。

（2）压制式干扰技术

干扰信号进入接收机后的强度高于 GPS 信号经解扩后的强度,从而使得接收机无法正确截获、跟踪接收信号。

（3）欺骗式干扰技术

它采用与 GPS 相似的信号作为干扰信号,具有很大的隐蔽性。

目前有两种基于码相关的欺骗方法:直接转发和调制假电文转发。直接转发,即将干扰机接收到的 GPS 信号,经过一定的延时放大后,直接发送出经过的调制假电文,即根据侦察得到的军码结构,产生和其相关性最大的伪随机码,然后在伪码上调制和导航电文格式完全相同的虚假导航电文,它可使用户不仅得到错误的伪距,也得到错误的导航电文,使导航误差更大。

美国国防科学委员会曾指出,GPS 系统受到中距离干扰器一定强度的干扰后,将会丧失跟踪能力。美国国防御研究局也通过试验证实:"使用干扰功率为 1W 的干扰机实施调频噪声干扰,能够使 GPS 接收机在 22km 的范围内无法正常工作。干扰发射机功率每增加 6dB,有效干扰距离就会增加 1 倍。"正是基于导航卫星的这些弱点和独特功用,美国提出了导航战的概念,并多次进行了导航卫星抗阻塞试验。目前,针对导航卫星的攻击以地面或者空中平台的导航系统接收机为主,手段包括实体摧毁、压制干扰和欺骗干扰。

（三）对电子侦察卫星的干扰技术正处于快速发展阶段

美国对侦察卫星的侦测干扰非常重视,投入了大量的资金和技术资源,并已在实际中运用多种新的侦察与反侦察措施。

对合成孔径雷达(SAR)侦察卫星的电子干扰攻击技术主要包括:对星载电子设备和数字通道进行干扰。星载合成孔径雷达是有源微波遥感器,需要消耗较多的电源功率,其数据处理和信息传输量大。此外,由于它必须辐射电磁信号,因此它的运行轨道和工作时机都是暴露式的,较易遭受电子干扰的损害。雷达卫星需要检测目标反射信号,其信号传输路径衰减与距离 4 次方成正比,而干扰信号的传输路径衰减与距离 2 次方成正比,因此电子干扰容易获得所需的功率优势。干扰方式可以采用压制式干扰、欺骗式干扰、组合式干扰等方式。对数据通道进行干扰,可采用卫星干扰平台,战时采用低轨道卫星干扰平台,或"准伴星"的方式,在敌方 SAR 卫星向中继卫星或地面站传输图像数据时进行干扰。对 SAR 的干扰可由地基干扰设备生成,也可由卫星平台利用伴星工作模式生成,除有源电磁干扰之外,用假目标或目标伪装方式,也可有效对抗 SAR 侦察卫星。将噪声干扰、假目标和伪装干扰同时使用的"复合干扰"方式效果更好。天基干扰机针对 SAR 雷达获得距离信息和方位信息的原理和过程,可采用不同的干扰方式来破坏 SAR 的目标成像能力:

（1）当不知道雷达采用频率捷变或频率分集时,可以用阻塞性干扰,但干扰机的有效辐射功率分散在整个频段上,干扰密度很难上去;

（2）当知道 SAR 雷达采用固定频率时,则可用瞄准式干扰;

（3）脉冲干扰机只能提高 SAR 雷达的噪声电平,效果不佳;

（4）也可以实施欺骗干扰对抗 SAR 雷达,这就要求采用数字射频存储技术,通过采样或计算机仿真建立假目标数据库,施放干扰时,把假目标样本调制到精确复制的 SAR 载频信号上转发出去。

对电子侦察卫星的电子干扰攻击技术:

（1）干扰电子侦察卫星的测频接收机,干扰电子侦察卫星的定位系统,降低其定位精度,或使其定位处理混乱。对卫星干扰平台,干扰机安放在卫星上,战时以"准伴星"的方式,当敌方电子侦察卫星到达特定区域时,"准伴星"对其实施干扰。

（2）对数据通道进行干扰。战时采用低轨道卫星干扰平台,或"准伴星"的方式,在敌方电子侦察卫星向中继卫星或地面站传输数据时,干扰或阻塞其传输信道。另外,情报侦察卫星通常用宽频带接收机侦收目标电磁信号,并进行识别、定位。因此,原理上可应用大功率定向能微波武器照射其接收敏感器件,使其低效或失效。若是采用地基武器,对抗已采用抗烧毁限幅器的高轨情报侦察卫星,将十分困难,用伴星或同轨卫星实施压制或欺骗干扰,效果更好,并可降低对干扰功率的要求。为了在空间环境下实施干扰,星载干扰机需要有新的系统设计方案,包括覆盖电磁频谱的新的对抗技术,新的装配与致冷方案。装有星载干扰机的干扰卫星可缩短干扰机与被干扰卫星距离,降低对干扰有效辐射功率的要求,但干扰机天线主波束需始终对准被干扰的卫星,即干扰机必须增加开环或闭环天线捕获跟踪系统,使干扰机有能力抓住并对准被干扰卫星或数据链路,否则将用功率补偿对方采用定向天线带来的干扰的困难。其关键技术包括大功率干扰发射机技术和目标捕获等新技术,此外可采用的干扰技术,如宽带强制阻塞、饱和及电磁屏蔽致盲、定向相干干扰技术等都是需要进一步研究的关键技术。

（四）采取综合软杀伤措施,是对预警卫星实施干扰的主要途径

天基预警系统是导弹预警系统的重要组成部分,主要用于及时探测敌方弹道导弹的发射,提供快速的预警和敌方弹道导弹发射点和落点等有关信息。天基预警系统的组成复杂,通常由高轨卫星、低轨卫星和地面部分构成,其信息获取、处理、转发链路较多,因此对抗手段也较多,往往只要有一种手段真正起到作用,就能达到阻止其有效工作的目的,若多种手段综合运用,则能大大提高对抗效果和成功率。

对于天基预警系统的低轨卫星部分,美国主要使用地基定向能武器对其卫星探测器实施干扰。如使用地基大功率激光器在特定时间干扰低轨预警卫星的红外探测器,使其在导弹发射后一段时间内,不能发现和跟踪飞行中的导弹。对低轨预警卫星实施通信联络的干扰,通过地面多部大功率干扰机,在一定区域内干扰低轨预警卫星通信链路,切断其与别的系统的联系,使其不能正常收发数据。对高轨预警卫星运行轨道较高时,使用地基干扰设备干扰其星载探测器难度较大,往往转为干扰其与低轨预警卫星、地面接收站、中继及通信卫星等之间的通信链路,从而达到使整个预警系统不能正常工作的目的。此外,以空间自主交会、小卫星编队飞行、微卫星绕飞等新近发展的空间技术为平台,对高轨卫星实施电子干扰、探测器致盲、释放无源干扰物等措施,也是美国对抗高轨预警卫星的未来发展趋势。

第四节　美国新概念反卫星武器的发展

卫星是空间信息系统的重要平台和核心中枢,针对卫星的攻击是攻击空间信息系统的重要形式。不同时期的反卫星武器类型不尽相同,冷战时期发展的反卫星武器主要是核武器以及常规破片杀伤武器。冷战结束后,直接碰撞杀伤技术、强激光技术和高功率微波技术的发展,为反卫星武器提供了新的选择。当前,新概念反卫星武器主要指动能和定向能反卫星武器,其中定向能反卫星武器又包括激光反卫星武器和微波反卫星武器。这些新的反卫星武器针对卫星的特性,尤其是薄弱环节,以独特的方式对卫星实施有效打击。例如:动能拦截弹或电磁轨道炮通过高速碰撞杀伤和摧毁卫星;激光武器主要针对带有光学成像设备的卫星,通过饱和甚至烧毁其光学传感器,使卫星失效;微波武器通过破坏卫星上的电子设备使其无法正常工作。

一、美国新概念激光武器现状

美国在其新版《国家空间政策》中,虽然没有明确提出要发展空间武器,但它强调,美国将反对制定任何旨在禁止或限制美国进入空间或利用空间的(国际)条约。实际上,美国一直借各种机会开展空间武器系统的研发。目前,美国正在研制的反卫星新概念武器主要包括:动能反卫星武器;激光反卫星武器;高功率微波、电磁轨道炮等反卫星武器。此外,美国正在部署和开发之中的助推段和中段导弹防御系统也具有摧毁在几百千米高度上卫星的能力。新概念反卫星武器是一个发展的概念,是指具有前瞻性、战略性和探索性的一类反卫星武器。美国新概念反卫星武器的发展具有以下状况:

（一）激光反卫星武器技术发展势头良好

美军激光反卫星武器未来几年内部分系统有望投入实际应用。激光反卫星武器通过高能激光与目标作用，将能量高度集中在很小的面积上，产生高热、电离、冲击和辐射等综合效应，使卫星暂时或永久性失效。激光反卫星武器具有攻击速度快、抗干扰能力强、效费比高、杀伤效率高、无后座力和不产生空间垃圾等优势。其攻击对象主要是卫星上的特定目标(可见光、红外和微波等传感器及太阳电池板等)。激光反卫星武器分为地基、空基和天基三类。其中：地基激光武器的作战效能受气候和大气的影响较大，可对处在1500km高度以下的中低轨道卫星造成一定程度的损伤。空基激光武器又称机载激光武器，其载机飞行高度一般为几十千米，射程可达300～500km。天基激光武器是将符合要求的激光器及跟踪瞄准系统安装于空间平台上而构成的一种定向能武器，其作用距离可以达到4000～5000km，根据部署轨道不同，可以实现对各种轨道卫星的打击。

苏联在20世纪70年代初期就在哈萨克斯坦萨雷沙甘试验场建造了一个实验性激光系统。它包括一台高能红宝石激光器和一台高能二氧化碳激光器。1984年，该系统进行了首次作战使用，对美国"挑战者"号航天飞机进行了低功率跟踪照射，致使美国航天飞机发生故障，操作人员感到不适，最终引起了对方的正式外交对抗，也加快了美国发展该类武器的步伐。地基激光武器已开展了一定的演示试验，初步验证了地基激光武器的反卫星能力。美国早在20世纪80年代中期，就在陆军白沙导弹靶场建成了一套高能激光武器试验设施。该设施由兆瓦级可变功率、最长持续发光时间70s的中红外先进化学激光器以及直径1.8m的"海石"光束定向器组成。1997年，美国利用该设施进行了反卫星试验并取得部分成功，证明了激光对卫星的软杀伤作用。这是世界上唯一有过正式报道的美国的反卫星武器试验。

美军地基激光武器发展大致有两种模式，一种是对原有系统进行技术改进，另一种是研究开发新的武器系统。美国陆军和空军都有各自的地基激光反卫星武器计划。陆军的方案是对现有高能激光武器试验设施进行技术改进，2008年系统具备反卫星能力。美国空军建立一套独立于陆军系统的地基激光反卫武器系统，正在"星火"靶场发展的激光武器系统可能由导引星体和变形反射镜与大功率激光器连接构成。在布什政府时期高度重视该系统的发展，这套系统在光束补偿方面已经有了很好的技术基础，但是还需要发展相应的高功率激光器。

空基激光武器正在加紧关键技术攻关和系统集成，为演示验证做好准备。美国正在开展的"机载激光武器计划"采用氧碘化学激光器为主要激光光源，功率可达23MW，机头装有1.5m直径的跟瞄发射系统，能够在12km高空躲避云层的遮蔽、减少大气对激光束的干扰，预定射程300～500km。美军加快关键部件和子系统的研制和系统集成，2009年初进行了拦截导弹的演示验证试验。首次导弹拦截试验获得成功，该系统经过改造和升级，可能被用于破坏低轨卫星，使侦察卫星暂时致盲，也可以从物理上摧毁低轨卫星。

天基激光武器的发展较为缓慢，尚处于技术发展阶段。天基激光武器是把激光器与跟踪瞄准系统集成到一个卫星平台上而构成的一种部署在空间的武器。美国20世纪80年代末和90年代初开始发展天基激光武器，1997年完成了高功率激光器与大型反射镜的地基综合试验，演示了天基激光系统的可行性，标志着天基激光系统的软件设计、硬件制造、系统集成等方面取得了一定进展，并为后续天基激光演示器的发展提供了宝贵的设计数据。但是,由于技术难度大、耗资高,美国的天基激光武器研究计划已从一项大型试验演示计划收缩成为一项小规模的技术发展计划,目前主要是发展天基激光武器的关键技术。

（二）动能拦截武器已初步具备反卫星实战能力

美军的电磁轨道炮技术显示出一定潜力。动能反卫星武器是指那些依靠高速飞行的非爆炸弹头所具有的巨大动能,通过直接碰撞的方式拦截并摧毁卫星的高技术武器。按照发射装置的不同,动能武器可以分为两类:

一类是用助推火箭发射的动能武器,实际上是一种导弹,称为"动能拦截弹";另一类是用"电磁炮"发射的动能武器,称为"电磁炮"。根据部署方式的不同,又分为天基、空基、地基和海基动能武器。其中,美国的地基动能反卫星武器系统已具备了反低轨道卫星的能力,天基动能武器也正在加紧研制之中,为形成高达 36000km 的全轨道高度反卫星能力提供了可能。

机载反卫星动能武器是美国最早发展的动能反卫星武器。美国的动能拦截反卫星技术的发展,经历了从空基到地基的发展历程。早在 20 世纪 80 年代初,美国就开始发展机载反卫星动能武器(又称为"空射型反卫星导弹"),这是美国最早发展的动能反卫星武器。该拦截器由 F-15 战斗机携带到高空发射,在助推器推动下,弹头相对速度达到约 13km/s,自动跟踪目标并与其相撞,可攻击低轨道卫星。该拦截器 1985 年进行了首次太空打靶试验,实际攻击空间卫星并获成功,后来又进行了多次太空打靶试验,表明美国的机载动能拦截弹已具备作战能力。原计划 1989 年投产,90 年代初具备作战能力,但是由于多种原因,美国国防部于 1988 年 3 月宣布终止这项历时 10 年的机载动能拦截弹计划。

地基动能拦截武器技术发展较为成熟,已具备一定的反卫星实战能力。在"空射型反卫星导弹"计划停止后,美国开始了一项新的反卫星武器发展计划——"战术反卫星技术计划"。美国陆军的地基反卫星动能拦截弹(KE-ASAT)是该计划的项目之一。KE-ASAT 由导弹和武器控制分系统组成,导弹又由助推器、杀伤飞行器、外罩和发射支持系统等组成。其组成结构充分吸收借鉴了此前机载反卫星动能武器的经验。自 1989 年该计划实施以来,美国投资约 3.5 亿美元用于开发系统的硬件和软件,并最终研制出 3 台样机。尽管该计划没有最终完成,但它取得的研究成果极大促进了动能拦截技术的发展。

目前美国正在大力发展的地基中段导弹防御系统,充分吸取了机载反卫星动能武器和 KE-ASAT 的经验。美国"关注公益科学家联盟"全球安全项目物理学家劳拉格雷戈和戴维怀特,在《美国导弹防御系统的反卫星能力》一文中指出:"布什政府正在谋划的三种导弹防御系统均有反卫星能力。"这三种系统分别是机载激光器、地基中段导弹防御系统和海基中段导弹防御系统。美国已在阿拉斯加州格里利堡基地和加利福尼亚州范登堡空军基地部署了十多枚地基中段拦截导弹,并在阿拉斯加州阿留申群岛上部署了一部先进的高精度、多功能 X 波段雷达,其探测距离达 4000km。地基中段导弹拦截器可拦截部分中低轨道卫星,包括从拦截弹发射场上方通过的卫星。2006 年地基中段防御试验共进行了 4 次飞行试验,包括分系统的性能测试以及最后真正意义上的拦截试验,表明动能拦截武器技术已具备接近实战的反卫星能力。

海基中段防御系统的"标准"-3 动能拦截弹中,外大气层轻型射弹(LEAP)可拦截

400～500km 的卫星。该系统具有可移动部署的特点,对多数低轨卫星具有全球覆盖的拦截潜力。目前,海基中段防御部分正在组建庞大的防御网。美国海军宙斯盾级"伊利湖"号巡洋舰作为试验场的专用装备,已经在 3 艘宙斯盾级"夏洛"巡洋舰上装备了 5 枚"标准"–3 拦截弹,可在危急情况下用于作战。此外,美国太平洋舰队目前已有 10 艘驱逐舰拥有可以跟踪洲际弹道导弹的技术能力,其中一些正在日本海巡逻以防御可能从朝鲜发射的导弹。同时,美军可探测数千 km 的海基 X 波段雷达正在前往终点站——阿拉斯加州的阿留申群岛,一旦部署到位,能够监视亚洲发射的所有导弹,为反导系统赢得更多反应时间。在部署这些雷达系统以及拦截导弹的同时,海军也在加紧进行拦截试验。

天基动能反卫星武器可行性有待深入研究。美国主要的天基动能反卫星武器是其在"战略防御倡议"计划中发展的"智能卵石"拦截弹。该拦截弹从航天器上发射,依靠火箭发动机推进,以高速动能直接碰撞杀伤目标。"智能卵石"拦截弹具有体积小、质量小的特点,可以大量部署在太空(多达 1000 枚)。美国劳伦斯·利弗莫尔国家实验室于1988 年 8 月开始研制,1990 年首次进行亚轨道(80km 高度)拦截空间飞行目标试验,只取得部分成功。1991 年 5 月,该计划被取消。美国总审计署曾有报告指出:"战略防御倡议"对"智能卵石"有效性的估计,是以很多尚未得到证实的假设为根据的。不过最近美国国防部已决定恢复终止的"天基动能拦截弹"(SBI)研究,美国导弹防御局从 2008 财年开始研制天基拦截器试验,2013 年进行首次"天基动能拦截弹"(SBI)的拦截试验,以演示天基动能武器系统方案的可行性。

电磁轨道炮尚处于试验之中,具有拦截中低轨道卫星的潜力。电磁炮是利用洛伦兹力发射炮弹的一种动能武器,由电源、开关和加速器组成。电磁炮有多种,其中电磁轨道炮是目前发展较为迅速的一种,可用作天基拦截器,因其速度高,还适于作航天器的自卫武器。电磁轨道炮技术自 20 世纪 80 年代以来取得重大进展。在美国提出"战略防御倡议"计划以后,更加重视该技术的研究。20 世纪 80 年代中后期,美国进行了连发电磁轨道炮的试验,要求发射速率为 60 发/s,弹丸质量 80g,发射速度 2.3km/s。近年来,电磁炮技术受到美国国防部的格外关注。美国海军在 2006 年制定了发展电磁轨道炮的 5 年计划。美国空军正在演示验证口径为 90mm 的电磁轨道炮,试验已能做到把质量 6kg 的射弹以 2km/s 的初速发射出去。此外,美国国防部和空军正在联合主持一项天基动能武器研究计划——"电磁轨道系统",安装在模拟空间环境的真空室里的电磁炮发射的小型弹头的速度已达 8.6km/s。实验中的第一代电磁炮,能将质量 1～2kg 的炮弹,以 5～25km/s 的速度射向 2000km 远的目标,可用于拦截中低轨道卫星。

(三)高功率微波反卫星技术还处于研究之中,作为武器使用为时尚早

高功率微波武器是指通过发射强大的微波射束能量,直接杀伤目标或使目标丧失作战效能的武器。美军的高功率微波武器根据作战使用方式不同可分为两种类型:高功率微波定向发射系统和高功率微波炸弹。高功率微波炸弹的显著特征是利用炸药爆炸来产生电能,只能工作一次。而高功率微波定向发射系统可以连续发射多次,以一定的频率重复使用,一般配置在固定的地点,也可根据作战需要搭载在飞机、舰艇、航天器等多种平台上。高功率微波武器一般工作在 1GHz～300GHz 范围内,输出功率在千百级以上。高功率微波武器具有全天候作战能力,与高能激光武器优势互补;对瞄准精度要求不高,只要瞄准目标即能命中,命中率高;能同时杀伤多个高速目标,速度快,可实现光速

攻击。据有关研究,10GW 的高功率微波武器:当作用距离为 500km 时,可以产生 0.02W/cm² 的功率密度,使电子系统受到强烈干扰而不能正常工作;当作用距离为 200km 时,可以使卫星上的电子器件失效;当作用距离为 1~2km 时,就可以摧毁卫星。

高功率微波武器通过向敌方导弹或卫星发射高能微波信号,摧毁其重要的电子零部件,导致卫星失灵。目前,美国的高功率微波武器正在进行部件级研究,近期目标主要是发展新的高功率微波源,然后发展高功率天线等,同时也开展效应研究,但是它作为反卫星武器使用还需要取得许多技术突破。

二、美国新概念反卫星武器研制和使用特点

新概念反卫星武器相对于传统反卫星武器而言,具有很强的前瞻性、战略性和探索性,需要采用适合其自身发展特点的管理模式,才能规避风险,使资源合理分配,并降低研发成本。在考虑研制管理方式的同时,需要认真规划空间作战部队建设,它是保障武器效用得以发挥的重要因素,美国一直非常重视这两个方面的建设。

(一)为规避风险和降低成本,强调演示验证策略

在新概念反卫星武器研制过程中强调对样机的演示验证,主要有两方面的原因。一方面,由于新概念反卫星武器采用的都是最新的技术,在研制的同时会有很多新技术需要引入到现有设备中,使用现有设施替代武器系统中的某一个组成部分,可以大大降低成本。另一方面,新概念反卫星武器要承担战略任务,不需要大量部署,而现有试验靶场在成功完成演示验证后初步具备了应急作战能力,可以用于作战。例如,美国地基激光反卫星武器计划利用现有靶场进行新概念反卫星武器的研制和演示验证,通过样机试验,分析比较技术途径,验证设计方案,消除或减少了研制项目的不定因素及风险。在样机试验过程中,通过不断改进设计及制造工艺,可以提高武器装备性能,降低成本。一旦需要,可随时投入批量生产,装备部队。2002 年 6 月,美国国防部长指出,美国在发展机载助推段激光武器、地基和海基中段防御动能拦截弹技术等方面将不确定部署日期,重视样机试验和有限部署,不急于定型。同时,对机载激光器项目还采取了“基于知识的采办”管理方式。这种管理方式与传统采办相比,强调对关键知识点的审查和决策,避免了在生产中解决技术问题,从而大大降低了风险。

(二)为优化资源配置,实行统分结合、分级实施的管理体制

美国强化国防部对导弹防御计划的集中统管,对作为重大新概念武器研制计划的导弹防御计划一直实行国防部统一管理,并不断强化对三军导弹防御计划的归口管理。过去美军一些导弹防御的分系统计划主要由三军组织实施,军种受部门局限,难以从战略高度和全局角度统筹考虑研制中的技术和装备问题,导致各自为政和重复浪费等问题。从 2001 年 10 月起,美国国防部导弹防御局接管了机载激光器、天基激光器、低轨道天基红外系统等三军导弹防御计划,标志着这些战略性武器计划由空军管理纳入国防部管理体系,实现了资源的统筹利用和优化配置。与此同时,美国还通过专职机构对重大新概念武器发展计划实行专项管理。例如,通过“先期系统与概念副部长帮办办公室”,统一领导国防部和军兵种的“先期概念技术演示计划”(ACTD)、“先期技术演示计划”(ATD)等重大新概念武器研制项目,像美国的地基激光武器以及“星火”靶场的 3.5m 望远镜等项目都属于这种类型的发展计划。

（三）为实现空间力量集成，美国逐渐形成空军主导的空间作战部队体制

美国国防部报告提出的军事转型目标之一是，利用信息优势把美军作战力量集成为一个强有力的整体，这其中也包括诸如反卫星作战等空间战斗力量的集成。空间监视系统在反卫星作战体系中具有非常重要的地位，将所有监视网络集成有利于美国更好地实施控制空间的战略。美国海军将"海军空间监视网"的管理权正式移交给空军，标志着空军将成为美国空间监视网络系统的管理部门，这为今后空军向空天军转型提供了有利的条件。目前，美国空间对抗作战的指挥控制是由美国战略司令部（它是9个直接对国防部长负责的联合司令部之一）统管，陆、海、空三军的相应职能部门负责具体实施（如图8.2）。其中，美国空军航天司令部是美国战略司令部的空军组成部分，也是美国战略司令部下属分部中最大的一个司令部，它提供了完成美国战略司令部任务所需的几乎所有资金和人员，是负责组织、训练和装备空军空间力量的主要司令部。未来，随着空军航天司令部的业务范围在不断扩大，美国很有可能形成以空军为主导的空间作战部队。

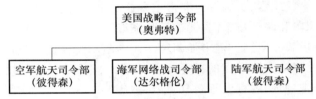

图 8.2　美军战略司令部组织结构

空军航天司令部的第14航空队承担了与空间对抗任务紧密相关的活动，它由1个指挥部和4个航天联队组成。其中：第21航天联队承担空间目标监视任务；第30、45航天联队承担航天发射任务；承担航天测控任务的是第50航天联队。空间作战中心，后更名为空间创新与发展中心，主要从事天基作战试验和一些开拓性计划。此外，美国的其他军种也发展了有限的反卫星作战力量。例如，陆军空间与导弹防御司令部下属的高能激光系统试验设施，负责操作和维持地基激光器系统，并曾经组织过地基反卫星试验。

三、美国发展新概念反卫星武器的策略

试验和部署反卫星武器，在政治和法律上都极其敏感，不可避免地会引发国际社会的较大关注，从而造成外交压力，对一个国家的和平形象也会产生一定的不利影响。从20世纪80年代中期以后，出于技术和经济问题，特别是反卫星试验可能引发的空间碎片问题，美国在动能反卫星问题上采取了较为克制的态度，美国国会曾两度通过法案禁止在外层空间进行动能反卫星试验。鉴于这种情况，美国在发展反卫星武器，采取了更为相对隐蔽和策略的手段，比如以民用科研和空间探索的名义进行掩护其军事意图、以反导试验的形式掩护其反卫星的真正动机、以软杀伤形式试验动能反卫星武器等，以此来最大限度地减少反卫星试验带来的负面影响。

（一）利用导弹防御系统的研发和试验带动反卫星能力的提高

美国正在大力发展的多层弹道导弹防御系统，不仅可以满足美国新的安全环境需要，而且随着这种防御系统的日趋完善，其反卫星能力也在不断提高。弹道导弹防御系统，尤其是助推段和中段导弹防御系统以洲际弹道导弹为主要拦截目标，由于目标导弹

的弹道高度一般可选几百千米,这些系统在反卫星方面同样具备相当的能力。

以地基中段导弹防御(GMD)系统为例,该系统共进行 10 多次飞行试验和实际打靶试验,目前已经初步具备实战能力。GMD 系统中的地基拦截弹,由三级助推火箭和一个外大气层杀伤拦截器构成。如果是垂直发射,可以达到 6000km 的高度;如果直接对准卫星发射,则需要损失一部分垂直高度来增加水平距离,但高度仍可达到数千千米。低轨卫星一般处于 1500km 以下轨道高度,因此地基拦截弹可以有效拦截这些低轨卫星。此外,这种拦截器在火箭发动机关闭时速度可达 7~8km/s,而一般低轨卫星的在轨运行速度为 7.3~7.8km/s,与洲际弹道导弹的最大速度相近。因此,美国的导弹防御系统虽然名为导弹防御,实际上是一种兼具反导和反卫星能力的多功能系统,现有系统经过改造后可用于反卫星。

美国正式退出《反弹道导弹条约》,为其不受约束地研究、发展和试验各种类型的导弹防御技术,部署各种类型的导弹防御系统,扩大与盟国的合作和扩散弹道导弹防御技术敞开了方便之门。在这种环境下,美国通过发展导弹防御系统,既避免了直接发展反卫星武器可能招致的法律、外交方面的风险,又带动了其反卫星能力的提高。这种隐性化的发展策略是美国进行高风险的技术开发时通常采取的方法。

(二)借助空间科学试验发展反卫星能力

"深度撞击"是人类历史上史无前例的"炮轰"彗星的空间科学实验,它解答了长久以来人类对于彗星本身、太阳系的形成,甚至生命起源的诸多疑问,具有很大的科学意义和价值。同时,这次试验也具有重要的军事意义,通过这次试验,美国的太空导航技术、远程通信和控制技术、精确拦截技术得到了发展,其反卫星能力也得到了提高。

"深度撞击"号飞行系统长 3.3m,宽 1.7m,高 2.3m,包括交会探测飞船和撞击器两个航天器,其中撞击器质量为 370kg,直径 1m,高 0.8m。2005 年 1 月 12 日,美国宇航局将"深度撞击"彗星探测器从美国佛罗里达州卡纳维拉尔角空军基地成功发射升空。经过 6 个月的飞行,"深度撞击"号宇宙探测器于 7 月 4 日发出撞击舱,以 10.2km/s 的相对速度撞击"坦普尔"1 号彗星。"深度撞击"在距地球 1 亿多千米外,以 3 万多千米的时速准确命中直径不到 6km 的"坦普尔"1 号彗星内核。这次试验任务涉及到的关键技术包括深空目标探测、打击及精确拦截等,这与当前空间攻防反卫星技术和空间拦截技术非常类似。"深度撞击"的成功显示了美国的远程精确打击能力,体现美国太空导航技术、远程通信和控制技术,以及多种技术相互协调上的强大实力。

(三)发展微小卫星技术为反卫星提供新的手段

与其他卫星类型相比,小卫星具有重量轻、体积小、成本低、研制周期短、快速灵活、机动性好、生存能力强等特点。这些特点和优势对军事应用来说非常重要。例如,在空间攻防等领域,小卫星技术的发展将为反卫星作战等提供新思路、新手段。

国际上对小卫星的研究已经有 30 年的历史,在此期间,小卫星技术有了很大提高,尤其是自主接近和交会小卫星技术,近年来取得了很大的进步。自主交会是指航天器在不依靠宇航员操作和地面站帮助下完成的在轨自动交会对接。进入 21 世纪后,美国发展了多个与之相关的计划,例如"自主交会演示验证"和"试验卫星系列"等。其中,"试验卫星系列"首次实现了微小卫星在轨自主与半自主交会和接近飞行演示,为微小卫星在反卫星中的应用奠定了技术基础。美国已经发射 2 颗试验卫星,分别是 XSS - 10 和

XSS-11卫星,二者最大的区别在于XSS-10按照预编程序自动操作,而XSS-11是自主操作。XSS-11卫星于2005年4月13日成功发射,卫星质量145kg,携带燃料15kg,最长能在轨道上工作1年。它是真正意义上的全自主控制小卫星,它具有在轨检查、交会对接以及围绕轨道物体近距离机动能力。

具有轨道机动和接近能力的微小卫星,既可以作为武器平台,也可以直接作为武器用于反卫星目的。例如:把具有轨道机动和接近能力的微小卫星装上炸药,制作成空间雷;或者将具有轨道机动和接近能力的微小卫星作为轨道位置推移器使用,通过改变敌方卫星的轨道位置和姿态,保卫在敏感地区和敏感时间的安全;或者把微小卫星发展成寄生卫星,将寄生卫星神不知鬼不觉地附着在目标星上面,可以随时随地对目标星进行攻击。

(四)发展可逆的非物理摧毁性质的反卫星手段

在发展进攻性空间对抗武器的过程中,一类以暂时的、可逆的或非摧毁性手段,实现阻止敌方利用空间的武器系统,与动能反卫星武器和定向能反卫星武器相比,不仅可以达到相同的目的,而且在国际上产生的负面影响相对较小,因此,这类武器成为美国等国家大力发展的反卫星手段。这类手段包括激光致盲,微波干扰,推离轨道,喷洒化学药剂等。美国空军的飞行转型计划列举了采取空间行动的种种形态,包括欺骗、干扰、拒止、削弱和摧毁五种,摧毁列在最后,反映了一种梯度性使用武力的考虑。根据美国军方一些重要官员的言论,将有限考虑部署可逆的杀伤手段,而产生碎片的摧毁性硬杀伤将是最后的选择。比如美国已经部署了3套"反卫星通信系统"(CSS),并且正在研制第二代CSS。作为美军首次公开承认用于限制对手利用空间的武器系统,CSS是一种类似于移动卫星通信终端的地基移动式系统,它通过射频干扰敌方卫星通信为战区指挥官提供暂时和可逆的破坏手段。美国的空间安全专家认为,该系统不会产生碎片而威胁全世界对太空的使用,也不会破坏卫星,只是暂时干扰它们。

第五节　美国发展空间信息攻击的主要做法

美国发展空间信息系统攻击性武器的主要做法是指用以攻击、破坏、干扰敌方空间信息系统的正常工作所实施的手段。美国在空间信息系统攻击经过多年的积淀,形成了成熟的经验。

一、加强研究,把握机遇,注重未来

(一)加强对国外卫星系统薄弱环节与防护措施的研究

美国在凭借技术优势不断发展研制新概念攻击武器的同时,也加紧对国外空间信息系统能力现状的研究。有针对性了解国外卫星系统的薄弱环节和防护措施,作为发展反卫星武器、实施反卫星作战的前提和基础,同时提高自身卫星防护能力,为应对国外可能的空间打击形成参考和借鉴。美国不仅在发展反卫星武器、进行反卫星试验等方面走在世界前列,在对对手卫星的研究方面,形成了庞大的数据库。在卫星的防护方面,也采取了多样的手段,提高卫星的抗打击能力。随着美国新的空间政策出台,为空间武器化埋下了伏笔。比如,根据对他国的研究:一方面,美国以各种借口,渲染威胁的存在,进而为不断增强的空间能力提供理由,并且不断分析他国卫星存在的薄弱环节,加强对卫星的针对性的攻击措施;另一方面,也掌握足以应对他国反卫星攻击的空间对抗技术和能力,为夺取空间优势,进而夺取信息优势奠定基础。

(二) 把握发展反卫星武器的战略机遇,不断调整发展策略

世界上,美国的空间对抗技术和对抗措施及武器装备发展历史最悠久,技术基础最雄厚。美国的这种优势,来源于美国根据形势不断调整的国家空间战略。2006 年、2011 年美国公布的《国家空间政策》,对国际上反卫星武器的发展犹如加入了一剂催化剂。可以预见,未来数年内,越来越多的国家将会为争夺制空权而增强发展反卫星武器的力度。但是,目前还没有一个国家宣称对外层空间或天体拥有主权,也还没有任何国际法律框架限制反卫星武器的发展。在这种国际环境下,谁先拥有了强威慑的反卫星武器,谁就能在未来的空间军事对抗中拥有主动权。美国所发展的机载反卫星动能武器、地基反卫星动能武器,乃至后来的地基导弹防御系统,在技术上都具有延续性,后者都是在充分吸收前者的经验和教训基础上发展起来的,都是基于国际形势发展的状况,不断发展策略的产物。

(三) 着眼未来的军事需求,有重点、分阶段地发展反卫星武器

美国在发展空间信息对抗手段方面,侧重点是不平衡的。比如激光干扰、致盲等"软杀伤"反卫星方式的技术门槛较低,对于其他国家相对而言较容易掌握,美国主要侧重研究其防御技术。而"硬杀伤"反卫星武器虽然技术难度较大,但应用前景广阔,相对而言具有更强的军事需求,因此,美国投入也较大。

美国早已考虑到卫星未来可能受到的威胁,在发展反卫星武器的同时也在大力研究卫星防护技术。例如,美国在第六代成像侦察卫星("锁眼"-11 和"长曲棍球")以及第三代国防支援计划导弹预警卫星上,采取防核效应加固和防激光保护手段。这些措施实施后,"软杀伤"反卫星武器的作战效能被大大降低。但是,"硬杀伤"方式却在几个方面具有优势。首先,硬杀伤反卫星武器的作战效能不会因为作战对象的不同而降级。其次,硬杀伤反卫星武器的作战范围更广,威慑性更强。因此,未来的技术攻关将集中在动能反卫星武器、能够实现硬杀伤的定向能武器等方面。

二、战略牵引,统筹兼顾

(一) 以谋取空间信息优势的战略意图为牵引

美国大力发展空间信息系统攻击技术,其谋求空间信息优势的战略意图十分明显,具体表现在:一是为了确保自己在空间利用领域的既得利益和优势地位,进一步拉大与其他国家的技术差距,制定了一系列耗资巨大的空间信息系统研制发展计划,如"未来成像体系卫星"计划、"天基雷达"计划、第三代"军事星"计划和第三代 GPS 计划等,并以此为核心建立全球防御信息网;二是以强大的天基信息系统为基础,不断更新"国防支援计划"导弹预警卫星,积极发展"天基红外系统",并竭力将日本、韩国等国家和地区纳入其导弹防御体系;三是在加速发展和试验高能激光、高功率微波、动能武器、空间作战飞行器等空间攻防武器的同时,积极发展软杀伤武器,显著提升空间系统信息对抗能力。

(二) 天基武器的发展仍持谨慎态度

美国战略与预算评估中心于 2007 年 10 月公布《天基武器潜在成本及效费比初步评估》报告,通过对发展与部属天基武器进行成本换算与效能分析后指出,未来 20 年内发

展天基武器的效费比不会比发展具备反卫星能力的陆海空基武器更高,采办天基武器显得不是特别紧迫。第一,由于美国军方已经拥有或正在获取本身具备显著反卫星武器能力的陆海空基武器,因此出于综合成本和有效性等方面的考虑,目前美军对部署专门的天基反卫星武器能力的需求显然不紧迫。第二,考虑到进攻者会使用相对更加简单的对抗措施,动用耗资巨大的天基武器进行打击,当然无法占据成本优势。第三,天基武器在面对敌手的突防力量时似乎很容易失效。虽然国外航天军事大国都已经开展过天基武器的研究工作,甚至已经进行空间试验,但是由于上述问题的客观存在,以及空间武器化的政治敏感性,都还对于发展天基武器保持谨慎的态度。

(三)注重发展可转化为硬攻击的空间技术

虽然天基武器的发展仍不明朗,但是美军谋求空间武器化的进程并没停止。相比直接发展天基硬打击武器所带来的技术、成本与政治影响上的问题,可转化为硬攻击武器的使能技术则是美军格外重视的领域。美国在反对制定限制空间武器发展的法律或条款的同时,仍在秘密或公开发展激光反卫星武器等进攻性空间武器,或通过自主空间接近、交会、撞击来发展天基武器的使能技术。

微小卫星具有可靠性高、发射灵活、生存能力强、研制周期短等优点,在空间攻击方面蕴含巨大的潜力,是未来空间攻防领域的关键技术之一。目前,美国在研制微小卫星取得了突出进展,研制了动能撞击器、空间雷、天基微波干扰器、伴随大卫星的微型"杀手"等多种空间攻防武器。美国已经拥有自己的微小卫星平台或星座,围绕成像监视微小卫星和灵巧攻击微小卫星等应用,展开了大量技术研发和试验测试,促进了空间目标发现、捕获和跟瞄技术,非合作目标相对卫星测量技术,控制制导技术,快速轨道机动和推进器控制技术,轻型/微型小卫星平台技术等方面快速发展和成熟。

三、典型计划的反卫星应用潜力

为加强对空间信息系统的攻击能力,美军有针对性制定了众多计划,典型的有:

(一)"轨道快车空间作战体系结构"计划

此计划旨在验证机械人在轨自主为卫星加注燃料和重新配置卫星的技术可行性,以广泛支持美国未来国家安全和商业空间计划。为卫星加注燃料能够使卫星频繁地机动以扩大覆盖,改变到达时间以对抗拒止和欺骗,提高生存能力,以及延长卫星寿命等。

应用潜力:此计划具有潜在的进攻性反卫星能力。

(二)"力量运用与从本土发射"计划

此计划旨在研制和验证能够用于执行全球到达任务的高超声速技术。此技术是研制可重复使用"高超声速巡航飞行器"(HCV)所必需的技术,HCV 可在 2h 之内将12000Lb 左右载荷从美国本土投送到 16200km 远的地方。

应用潜力:此计划可能形成天基打击能力。

(三)"微卫星验证科学技术试验"计划

此计划旨在验证用于高性能轻型微卫星的一系列先进技术。这些技术包括:轻型光学监视/态势感知传感器,轻型能源,化学与电推进系统,先进轻型结构,先进小型射频技术,高效大推力太阳能热推进系统,等。通过此计划还将探索超稳定的有效载荷绝缘和指向系统,以及微卫星/模块组网的可能性。

应用潜力:欲验证的这些机动能力可为反卫星武器提供动力,微型卫星反卫星将更加难以探测和跟踪。

(四)"F6 系统"计划

此计划旨在研制、设计和试验全新的空间系统体系结构和分解航天器基本功能模块所需的技术,并验证全新的空间系统。F6 系统的实质是将一个航天器的功能和故障风险分解到多个分离式模块中。新的空间系统体系结构包括超安全的系统内无线光学和射频阵列,分布式航天器计算系统,以及可靠稳健的、能够迅速重新定位的地面系统。

应用潜力:可形成两用的反卫星能力。

(五)"空间自主交会对接技术"计划

此计划旨在研制、验证和试飞自动机械人技术。通过立体摄影技术与多自由度机械人的有机结合,实现自动抓捕没有通用接口的空间物体,用于实施航天器抢救、维修、救援、重新定位、脱轨和退役等。

应用潜力:这类机动能力与抓捕能力相结合或与非合作卫星对接能力相结合,就能形成高效的反卫星能力。

(六)"快速进入航天器试验台"计划

此计划将验证一系列在地球同步轨道完成快速轨道重新定位的关键技术,最终目标是验证高效高功率(50 ~ 80kW)快速转移漫游卫星的能力,使之能够按需进入地球同步轨道的任何地点。

应用潜力:这种轨道快速重新定位能力能够用于地球同步轨道上的杀伤卫星。

(七)"纳米级有效载荷投送"计划

此计划将验证从陆地、海上或空中平台快速响应投送超轻质量(1 ~ 10kg)航天器的可行性。此计划还将研制和试验大小类似 AIM – 7 或 AIM – 120 导弹的轻型火箭平台。

应用潜力:这类纳米卫星可用于反卫星,用于探测和跟踪。

(八)"高德尔它 – V 试验"计划

此计划将设计、研制和验证低质量、小容积和"高德尔它 – V"太阳能热推进发动机。这种发动机将适用于约 15kg 的纳卫星。

应用潜力:将纳卫星送入轨道并快速机动的能力,将能在近期形成不可能被探测的在轨反卫星武器。

(九)"空间微型电推进"计划

此计划将验证灵活、轻型、高效、大小可改变的微型推进系统,以使快速、长寿、高灵活性、高机动能力的新一代航天器成为可能。

应用潜力:以这种推进系统为基础的可机动型卫星能够用于反卫星,既可通过直接碰撞瞄准另一颗卫星,也可机动接近目标卫星并使用定向能有效载荷将其损毁。

(十)"快眼"计划

此计划旨在研制高空长航时无人机。这种无人机可用火箭从美国本土在 1 ~ 2h 内向世界各地部署,以执行情报、监视、侦察(ISR)和通信任务。在应急情况下,"快眼"将为决策者提供快速反应的 ISR 能力和持续通信能力。

应用潜力:此计划可转变为发展能携带有效载荷的武器,类似于"全球快速打击"系统。

第九章　美国空间信息系统的防御性对抗

卫星在现代战争中的极端重要性使其必然成为被攻击的对象。所以也通常认为攻击卫星系统是最有效、最经济、最便捷的对抗手段。由于受到轨道位置、轨道配置、有效载荷等因素的影响,卫星系统不可避免地存在脆弱性,为各种反卫星武器攻击卫星系统提供了可能。为了提高卫星的生存能力,有关国家纷纷采取各种防护措施。尤其是空间资产庞大、体系发展完备、对卫星系统高度依赖的美国,更加重视卫星系统的安全防护。

美军把空间信息系统的防护称作防御性空间对抗。空间信息系统主要是由天基部分、空间信息链路(包括天地信息链路和星间链路)及地面设施(包括测控系统、发射系统和应用系统等)组成,是空间信息系统中的物质基础设施。无论是平时或战时,针对空间信息系统的对抗从来就没有间断过,空间信息系统的防御贯穿于空间信息系统的发展过程当中,空间信息系统的防护包括了空间系统各个部分的防护。

第一节　空间信息系统的防护措施

随着空间信息优势能力的凸显和空间武器化步伐的加快,空间信息系统防御性对抗正逐步成为现代战争中的突出问题。空间系统防护就是在各种威胁,尤其是敌对势力不断提高潜在威胁手段的前提下,为防止敌方削弱或破坏己方空间信息系统效能或防止敌方利用己方空间信息系统,而采取的一系列抵制威胁、降低敌方攻击效果的措施,包括抗干扰、抗截获、抗摧毁及防失密、防盗用、防入侵等。

空间信息系统防护是空间信息对抗的重要组成部分,是确保空间制信息权的基石。在空间信息系统发展的过程中,各个国家在强化信息系统信息获取能力的同时,不断强化空间信息系统的安全意识,研究空间安全威胁和潜在威胁,探讨空间信息防御的方法和样式,探索空间信息系统的防护措施和防护过程,以期取得空间信息优势。

美军称其空间信息系统存在巨大的安全隐患,正积极设法加强卫星对攻击和干扰的防御。正是因此,即使面临着国际社会的强烈反对,美国依然态度强硬地宣布"美国有权自卫,有权保护国家太空利益,并能够阻止对手拥有使用太空的能力"。美国对民用和军事卫星的严重依赖也是其一个致命的弱点。尽管美国在太空领域保持着压倒性的优势,但是存在着巨大的隐忧,几乎所有的卫星和空间飞行器都不具备防御能力,这些昂贵而精致的设备经不起任何打击,即便是空间破片都可能使其陷于困境;尽管少数飞行器具备机动能力,但其主动躲闪能力也十分有限。因此,空间信息系统的防御对于美国来说仍然任重道远。

一、空间信息系统防护的分类

根据空间信息系统面临的威胁,可以按照不同的标准对空间信息系统的防护进行分

类。如图 9.1

```
              ┌ 被动防御 ┌ 伪装,隐蔽与欺骗:主要针对地面节点
              │         ┤ 系统加固:对空间链路和节点进行加固
              │         └ 空间系统分散:在不同高度和轨道部署卫星
              │         ┌ 检测:迅速而准确区别敌对事件、无意事件或自然事件
空间信息系统防护┤ 攻击检测与识别 ┤ 识别:识别攻击属性和实施攻击的系统类型
              │         │ 影响评估:对可能造成的影响进行评估
              │         └ 定位:对目标进行定位
              │         ┌ 机动/移位:根据情况做出机动或移位
              └ 主动性防御 ┤ 系统配置变化:改变信号幅度,频率跳变、数据加密等
                        └ 压制敌人空间对抗能力,通过欺骗、抑制、干扰及摧毁手段压制对方信息对抗系统
```

图 9.1　空间信息系统防御结构图

（一）按攻击的方式分类

从空间信息对抗的攻击角度来看,空间信息系统的防护分为 3 类:一是防非杀伤性威胁;二是防软杀伤威胁;三是防硬杀伤威胁。

防非杀伤性威胁是指防止敌方通过侦察监视,侦听电磁辐射,截获军事情报等方式造成非法利用己方信息的行动。由于空间的无国界性和通信波束的宽覆盖性,未经授权者常常会应用高分辨率侦察、监视卫星(或地基雷达)获取己方地面、空间的装备信息和态势,或采用截获通信链路信号、入侵计算机网络等方式获取情报信息,从而造成对己方的非杀伤性威胁。

防软杀伤威胁是指防止敌方利用电磁、红外、激光等干扰武器对己方航天器、地面支持系统等装备进行干扰和压制,进而破坏信息的获取、传输和处理,使己方有效载荷暂时或长久失效,造成空间信息系统丧失作战效能的行动。主要的措施是防止电子干扰、光学攻击、低功率定向能武器破坏等。

防硬杀伤威胁是指防止敌方运用各种武器系统,从物理上直接破坏或摧毁己方航天器和地面支持系统的行动。其手段主要包括防核能、动能弹、空间动能武器、高功率定向能(激光、粒子束、微波)等,其中高功率定向能武器可直接用于烧毁航天器电子设备。

（二）按防护对象和任务分类

按照防护对象和任务的不同,空间信息系统防护可分为航天器系统级防护、平台防护和有效载荷防护等三部分,各部分相辅相成、自成体系又互相关联。

1. 系统级防护

系统级防护是针对天基系统自身缺陷,从系统层面进行防护。

2. 平台防护

平台防护侧重热器件和外露器件的碎片防护和辐射防护,电子系统抗干扰、防侵入防护,光电敏感器防护等。

3. 有效载荷防护

有效载荷防护重点是通信载荷抗干扰、光学载荷抗干扰、雷达载荷抗干扰等。

二、空间信息软杀伤的防护

空间信息系统的防护主要是针对不同的主动攻击方式,采取的被动应对策略。针对

空间信息软杀伤的攻击方式,空间信息系统防护方式可分为防截获、抗干扰、信息加密和网络保护等方式。

(一) 防截获

防截获是空间信息防护的基本方式之一,是对空间信息传输手段和过程保密的技术途径,是己方空间通信设备为了减少敌方对抗措施对自己的危害而采取的措施,其目的是阻止对抗方获得军事情报,防止己方空间通信系统受到敌方干扰。防护的主要手段,主要表现为无线电静默、保密、扩频技术和低截获率体制等。为了降低敌方的截获概率,空间信息系统必须采取各种有效措施隐蔽自己。卫星反侦察、防截获的技术措施应主要考虑两个方面:即被动的反侦察、防截获和主动的全方位电磁欺骗。具体方式有:①信道防护,主要是应用低截获概率技术,包括采用扩频直接序列(DS)扩频、跳频(FH)、跳时(TH)(或它们的混合应用)、猝发等技术体制,降低信号的功率谱密度、增加载频和射频信号发射时间的随机性、减少信号驻留时间,从而降低信号的截获概率;②空分多址、点波束,发射波束以适当的波束宽度只进入指定区域,可以防止指定区域外的侦测设备截收;③毫米波和激光通信,利用毫米波或激光通信波束窄、跟踪困难等特点,降低截获概率;④星间链路,可通过星间链路防止敌方对特定卫星的上行和下行链路的截获和干扰。

(二) 抗干扰

抗干扰是为对抗干扰方利用电磁能和定向能控制攻击微波电磁频谱,以提高空间信息系统的生存能力所采取的防护措施。其目的是尽最大的努力抑制敌方对己方空间系统信息获取、传输、处理和分配等能力的干扰,以有效的措施保障空间信息系统的安全。实现空间信息系统抗干扰的主要技术途径有:①星上抗干扰处理技术;②星上抗干扰天线技术;③星上跳、扩频技术;④星间链路技术;⑤数据传输差错控制技术;⑥数据存储转发技术;等等。

(三) 信息加密

空间信息防护中的信息加密从实现加密的手段来看,目前有硬件加密和软件加密两大类。对信息进行加密涉及许多基本运算,如置换、代替、异或等,这些运算不便用计算机或处理器中现有的通用指令来完成,若用软件实现,需要很长时间,因而加密速度都比较慢。可为特定的算法设计专门的硬件电路来完成整个运算,因此速度快。此外硬件加密设备上需采用控制电磁辐射等技术,以防止加密硬件内的重要信息被敌方用电磁手段获取从而确保加密信息的安全性。

(四) 空间信息网络保护

空间信息网络保护是指为防止针对空间信息网络攻击而实施的防护措施。空间信息网络保护方式主要是指空间信息网中对等实体之间的鉴别、访问控制、完整性校验、计算机安全检测、防火墙和卫星计算机及其附属电子设备的防电磁泄漏等方式。具体技术包括:

(1) 鉴别技术

鉴别技术是利用源鉴别、身份鉴别和数字签名等技术,证实信息交换的有效性与合法性,防止非法用户闯入卫星信息系统,防止接收来自不明身份的通信信息以及防止通信双方发生抵赖。

（2）访问控制技术

访问控制技术是用来判断来访者的合法性，对用户存取时间、地点、属性方面加以限制，以防越权访问。是防止非法用户进入卫星计算机通信网络系统，维护系统安全运行和保护系统资源的重要安全机制。

（3）完整性校验技术

完整性校验技术是用来对传输过程中的信息进行保护，防止别人非法产生、删除和修改信息。主要手段包括采用密码校验、数字签名以及各种完整性检验算法等。其可以保护的信息除了通信系统之间传递和由其处理的信息以外，还包括计算机系统中的存储信息等。具体可以用专用芯片之类的硬件方法来实现，也可以用软件来完成。在军事卫星通信系统中，完整性校验技术可以有效地防止攻击者对信息进行移花接木、乱做手脚的破坏行为。

（4）计算机安全检测技术

计算机安全检测是指对系统中某些薄弱环节进行检测分析，找出非法修改文件、文件中出现可疑内容和非法执行程序等可能威胁系统安全的异常现象，以防特洛伊木马、冒充和非法入侵等攻击。

（5）防火墙技术

防火墙是为防止外部非授权者非法入侵网络而设置在外部网络和内部网络（或计算机）之间，具有封锁、过滤、检测等功能的装置。用以防止外部非授权用户进入内部网络，同时保护授权用户互通，可分为网络防火墙和计算机防火墙。

（6）防电磁泄漏技术

在空间信息系统的天基和地面设备中，计算机或其他电子设备在工作时产生的电磁波，经地线、电源线、通信线路或谐波等向外辐射泄漏的电磁信号带有大量的原始信息，很容易被敌方隐蔽地提取。防电磁泄漏的措施主要有两种：一是抑制和屏蔽电磁泄漏，二是采用干扰性防护措施。

三、空间信息系统基础设施的防护

空间信息系统的基础设施是构成空间信息系统的"硬件"部分，是空间信息系统的物质基础。空间信息系统的基础设施的防护主要包括对空间卫星的防护、对地面测控及用户系统的防护。

（一）对空间卫星的防护

针对可能的威胁，卫星系统通常需要采用各种防护技术，以提高生存能力。其中比较常用的有激光防护、轨道机动、威胁告警等被动和主动防护技术手段。

（1）提高卫星的抗干扰能力

提高卫星的抗干扰能力是应对卫星软杀伤威胁的有效措施。目前，可以采取的技术措施主要包括：调零天线技术、扩频通信技术、强干扰限幅和自适应干扰抵消技术等。

调零天线技术是使天线波束零点指向干扰源，利用自适应调零多波束天线可在干扰源方向上产生深度调零，使干扰信号的电平减小。

扩频通信技术具有较强的抗干扰能力，因为扩频通信技术需要有扩频码的扩频、解扩处理，因而可将干扰信号抑制掉。

强干扰限幅和自适应干扰抵消技术是先对接收的强干扰信号和有用信号一起进行限幅处理,然后用干扰对消技术抑制干扰。

（2）提高卫星的机动变轨能力

卫星运行的轨道相对固定,易于被敌方空间目标监视系统捕获、定位和跟踪。利用轨道机动技术不定期地改变运行轨道,可以有效降低被敌方空间目标监视系统捕获、跟踪和定位的机率,保障卫星的正常工作。此外,采用轨道机动技术,也可以很好地躲避敌方动能武器的攻击。美国的"锁眼"－12光学侦察卫星就具有极强的轨道机动能力,燃料用完后可由航天飞机进行在轨加注,随时调整卫星轨道。"国防支援计划"预警卫星和GPS导航卫星也具有一定的轨道机动能力。卫星的机动变轨是应对反卫星武器硬杀伤的有效措施,美国的多项空间试验计划均涉及航天器的快速机动能力研究,对于加强卫星的安全防护具有重要意义。

（3）激光防护技术

采用激光防护技术是提高卫星生存能力的重要手段。激光防护技术主要有抗激光材料加固、涂敷侸护层和激光后处理技术等。

抗激光材料加固是采用新材料加固卫星上易受攻击的部位,如各类传感器的光学窗口等,通过局部应用,从整体上提高目标的损毁阈值,加大激光武器攻击难度。目前研制的抗激光加固材料主要有金刚石薄膜、氧化铝陶瓷和二氧化硅陶瓷等。

涂敷保护层是采用一种耐热烧蚀的、汽化潜热相当大并且激光反射率高的材料,在不改变装备性能的前提下,以合理的工艺附着在被保护对象的表面。研究表明,采用涂敷保护层的方法可以将抗激光破坏能力提高10倍以上。

激光后处理技术是把光学材料经低于激光损伤阈值的激光照射,以此将激光损伤阈值提高2~3倍。其激光照射方式有两种:一是用同一强度的激光多次照射;二是用光强随时间逐渐上升的激光多次照射。美国还设计出一种"眼睑"装置,可每秒开关4000次。"眼睑"由一片薄玻璃制成,上面覆盖两个由氧化铟和锡制造的透明电极,电极间有一个像铰链的不透明电极,通过在两个电极间加上电压,在静电引力作用下,不透明电极下拉,使"眼睑"关闭,加上相反电压,使"眼睑"打开,以此来防止激光对卫星的致盲,对连续激光辐照防护非常有效。据称,美国的"锁眼"－12就采用了这种"眼睑"防护技术。采用激光防护的还有"国防支援计划"预警卫星。

（4）微小卫星技术

发展微小卫星甚至纳米卫星技术可以充分发挥它们研制周期短、成本低、可快速机动、可搭载发射、抗毁能力强、星上仪器设备更新快、不易被敌方跟踪探测、附加损失小等优点,既可使其完成一定的监视、侦察、通信等任务,又可以将其作为关键航天器的伴飞防护卫星,在关键航天器受到敌方攻击时,如动能攻击,防护卫星采用直接碰撞方式在较低轨道对敌方动能武器实施拦截,起到保护关键航天器的作用。

（5）空间威胁预警技术

天基威胁预警系统主要用于探测、识别对航天器的射频和激光干扰、高功率微波和激光攻击、动能武器攻击等,描述威胁特征和攻击类型,评估航天器受影响程度,为及时采取防御措施提供辅助决策。

威胁告警技术是在卫星上携带光学或雷达探测器,用于对敌方反卫星手段和反卫星武器进行识别、探测和报告,对己方卫星系统受到的威胁进行预警,并进一步评估和定位,确认威胁的类型及危险程度,然后再决定采用哪些措施进行防御。这是对卫星进行主动防护的前提。美国从1986年就开始研究卫星系统的主动防护技术,研制了一种"星载攻击报告系统"。弹道导弹防御局也于1991年开始进行"卫星攻击告警与评估飞行试验",用于测试传感器对预定环境中模拟威胁的告警能力。1999年,美国空军空间司令部倡导实施"卫星威胁预警与攻击告警"计划,其目标是探测、识别有威胁的射频和激光干扰及高功率微波和激光攻击,描述威胁特征和攻击类型,评估威胁系统受影响程度,警示卫星及地面站注意并做出反应。而2003年《美国空军转型飞行计划》中则把"快速攻击识别、探测与报告系统"作为近期防御性空间对抗领域的重点研制项目。

空间威胁预警技术是对来自反卫星导弹的威胁及时发出预警信息的技术。美国的"快速攻击识别、探测与报告系统"是美国国防部公开的用于对抗直接上升式反卫星攻击的项目,其可对反卫星导弹进行发现和跟踪,并及时发出预警信息。

(二)对地面测控及用户系统的防护

对地面测控及用户系统的防护措施包括提高其反侦察、抗干扰能力及采取反硬摧毁的措施等。

提高反侦察能力主要包括:一是采用低旁瓣天线技术,切断敌方侦察从旁瓣捕获测控信号的通道;二是采用伪装、隐身技术,减小地面测控及用户站的雷达截面积,使敌方监视系统难以发现。

提高抗干扰能力可以采用扩频统一测控技术,即在传统统一载波测控的基础上,采用扩频技术,实现一个统一的载波上综合多种测控功能的多个测控信号。由于扩频信号与常规信号相比,在接收端具有很低的能量密度,因此其具有优越的抗干扰、抗截获能力。

(三)平台防护

平台防护侧重热器件和外露器件的碎片防护和辐射防护,电子系统抗干扰、防侵入防护,光电敏感器防护等。

抗核、抗辐射加固。为了防止核爆炸摧毁航天器,可以在航天器上进行核加固和抗辐射加固。从元器件的优选到分系统、全系统进行抗核辐射优化设计。航天器外壳可加装防核爆和防激光照射的特殊保护层;航天器上采取电磁屏蔽、滤波网络、特殊的保护电路;航天器上连接尽量采用光纤和对辐射反应迟钝的元器件。为了减少核爆炸造成卫星通信信道传播特性恶化,可采用更高的通信频段。此外,必要时为了降低信息速率只提供最低限度的通信保障,也不失为一种确保信息少受核爆炸影响的有效措施。

天基平台隐身技术。对航天器进行隐身,尽量削弱、隐蔽航天器的可见光、红外及宙达波的暴露特征,降低航天器的被探测概率,增强抗毁能力。例如:可以在航天器表面增加光电/雷达隐身涂层,改变其光电、雷达辐射特性;采用多频谱隐身伪装技术,隐藏频谱信号;采用等离子体隐身技术,在航天器表面形成一层等离子体云保护层;等等。

平台安装伪装防护装置或综合自卫武器。对于一般航天器而言,通过启动安装的诱饵、假目标等伪装防护装置来实施自我保护,对于价值较高的航天器来说,使其具备自卫能力是一种经济的做法,如装备一套光学或雷达传感器以及小型拦截弹,或装备一套破坏或扰乱反卫星武器寻的系统的轻型光学或射频干扰系统。

平台电子干扰防护。可采用电磁屏蔽、滤波网络、接收前端限幅抗毁、光纤总线等措施,有效防止大功率干扰、高能微波脉冲、高能激光等耦合到航天器上电子设备中,干扰设备的正常工作,降低设备效能或毁伤电路。此外,用抗电磁干扰能力强的机械部件代替易受电磁干扰的电子部件也是一种较为有效的措施。

开发新电源。如用核电源代替易受破坏的裸露的太阳能电池,以降低碎片撞击太阳能帆板造成太阳能电池损坏所带来的影响。

(四)有效载荷防护

有效载荷防护重点是通信载荷抗干扰、光学载荷抗干扰、雷达载荷抗干扰等。

通信载荷抗干扰。采用星上软、硬限幅及自动增益控制,对抗电磁干扰;采用自主处理转发器,使得上行频率没有单调的对应关系,并使上行链路中的干扰不能进入下行链路。

光学载荷抗干扰。主要进行光电敏感器防护,针对航天器易受激光和粒子束照射损伤的部分,进行加固或保护。针对现阶段强激光对光电传感器的较大威胁,可采用的防护措施有选择光谱带通滤光片、机械快门、可变波长液晶薄膜防护技术、自聚焦和自散焦限幅器、光限幅器等。目前有的侦察卫星使用防激光致盲快速关闭防护装置"眼睑",防止侦察卫星的精密光学传感器被激光损坏。

雷达载荷抗干扰。对于载有合成孔径雷达(SAR)的卫星,采用分布 SAR 并不是简单的卫星组网,它是利用 2 颗或多颗轨道具有相互关系的卫星配合工作,1 颗卫星发射多颗卫星接收,或多颗卫星发射多颗卫星接收,实现单颗卫星不能实现的功能,或获得单颗卫星不能达到的技术指标,可有效应对敌方干扰。

四、空间信息系统的防御力量及手段

(一)空间防御力量

(1)物理性安全系统。物理性安全系统可为关键性地面设施与安全保密以及部队兵力的保护提供可靠保证。正确展开和运用各种物理性安全系统,具有有效的威慑作用,并可提供针对地面节点的攻击和破坏的主动防卫能力。

(2)防空力量。防空力量具有保护发射设施和地面节点免遭空中或导弹攻击的能力。如果发生了威胁问题,要充分运用各种防空力量,保护关键性的空间力量,如各种设施或基础结构等。有效的防空力量可以挫败敌人攻击企图,并成为保卫己方部队和资源的利器。

(3)攻击探测和特征性能分析系统。利用该系统,可以探测敌方对空间信息系统的攻击并及时显示攻击信息,帮助确定敌方攻击源的位置和武器类型。攻击探测和特征性能分析系统具有对敌方情况感知的能力,是一种影响敌方决策和行动的有效手段。

(4)常规部队和特种作战部队。可以使用常规部队和特种作战部队的作战能力去攻击敌方的空间对抗能力,实施空间防御。已明确表明有能力、有决心去对抗敌方空间对抗能力,可以威慑敌方对己方空间能力的攻击。

(二)空间防御的手段

(1)制止威慑。通过强大的空间感知能力让敌人清楚,把对己方空间信息系统的任何攻击隐蔽遮盖起来是不可能的;通过可靠的防御性空间对抗能力让敌方知道,对己方空间信息系统的攻击将是无效的,而且不会对战斗力造成重大影响。通过坚实可靠的空间对抗能力和国家政策宣示让敌方明白,任何对己方空间信息系统的攻击不可能不受惩罚。

(2)防护保卫。防护措施包括被动防护、对攻击进行有效的探测和特征性能分析、主动防护。被动防护包括伪装、隐蔽、欺骗以及对系统设施加固和采用分散配置等,通过这些措施,增加敌方对目标识别、测定和攻击的难度,提高己方空间信息系统的抗攻击能力。对攻击进行有效的探测和特征性能分析,主要是确定己方空间信息系统处在攻击进程中,识别攻击的性质、类型,评估弹着点对着的目标资源及任意相关的系统资源,对攻击者进行定位,以便采取主动保卫措施。主动防护涉及避开或清除敌方攻击效果的各种行动,包括设施机动运动、系统结构变化(包括改变辐射强度、使用跳频技术、加密数据等)和对敌空间对抗能力进行压制等。

(3)恢复重组。美军非常重视该手段。恢复重组的技术手段有冗余和再构组。冗余可以在天基设施、地面设施或链路自身中存在,通过采用冗余技术,空间信息系统可以在部分发生故障或部分被干扰摧毁的情况下,仍保持正常运转。再构组包括修理设备、展开新的空间平台和地面平台来替代战斗损耗设施。美军认为,重组被干扰的空间能力,是恢复重组的中心任务。

(三)空间防御的原则

(1)积极防御。对空间信息系统的防护必须坚持"积极防御"的防御原则方针,把"保护"和"防卫"统一起来。保护是采用阻止非授权用户对空间信息和空间信息系统进行访问或攻击等预防性措施,如伪装、加固、欺骗和机动等措施;防卫则是为空间信息和空间信息系统提供具有侦测、可生存、对攻击做出反应的能力的主动性措施,包括探测、跟踪、识别、瘫痪或摧毁敌方空间系统以及截击来袭敌方一导弹。

(2)统一协调。空间信息系统的防护必须坚持统一和协调的组织实施,严密跟踪和强化安全侦测、系统保护、系统防卫、能力恢复及安全评估的各个防护阶段,把空间信息指挥控制系统、传输系统、攻击系统、防御系统以及支持保障系统统一起来,使它们协调工作,从深层次提高空间信息系统的防护能力。

(3)信息保密。空间信息系统是一种开放的网络体系,其信息传输较大的处于暴露环境中,极其容易被敌方窃取截获,因此确保信息的保密性、有效性和完整性是应对各种窃密手段的基本原则,必须利用诸如多层次安全、加密信息、访问控制、安全网络和干扰侦察软件等各种技术手段实现信息保密。

(4)综合运用。空间信息系统是一个庞大的人、机、环境相结合相渗透的系统,对空间信息系统的防护必须综合运用各种方法和手段,任何一种或简单几种手段的组合都不能达到完全有效的防护,都会遗留下潜在漏洞。实现空间信息系统的防护必须综合运用各种策略和技术手段,尽力确保空间信息系统成为一个"无缝"网络。

(5)长期坚持。空间信息系统的防护是一个长期的军事任务,各种防护措施和防护方法应该适时地持续使用,尤其是处于和平或战争准备时期,应该纳入到日常管理和操作的方方面面,切实达到空间信息不被敌方干扰、破坏或利用,实现空间信息系统的长久性安全。

第二节　美国空间信息系统防护的发展

自由进入和利用空间的能力已不再仅限于全球军事大国。关于空间信息系统的知识及其对抗措施在国际市场上越来越容易获得。不论是大国或者小国,抑或是不同的组织甚至个人都有可能拥有或获取攻击空间卫星、地面和空间通信节点或地面控制部门,破坏或摧毁空间信息系统的能力。美军在多个战略规划中强调,无论是战时还是和平时期,空间信息系统防护都是国家安全的重要目标。美国的《国家安全战略》中认为,保护卫星和空间能力是确保美国向全球迅速部署军事力量的重要部分。这些都表明,空间系统防护在美国的空间战略中占据着十分重要的地位。

一、美国对空间信息系统防护的认识

自 20 世纪 90 年代以来,随着空间系统特别是军用卫星系统在现代高技术局部战争中的大规模应用,空间军事力量以其独特的优势迅速刷新了现代战争的面貌,促进了战争形态向信息化战争方向的演变。2000 年以后的局部战争表明,美军取得的军事战绩无不与空间信息系统紧密关联,天基情报侦察与监视系统为作战提供了可靠的目标识别和毁伤评估能力,天基导航定位系统为作战提供了精确的目标定位和武器制导能力,天基通信与数据中继系统为作战提供了有效的指挥控制能力,天基导弹预警系统为防空反导作战提供了有力的情报信息支持,气象卫星则完成了一体化联合作战中的气象保障任务。随着空间武器化的深入发展,空间碎片形势的日益严峻,空间系统的生存环境更加恶劣。空间系统虽然在现代战争中发挥了极为重要的作用,但自身存在着先天的不足和后天的脆弱性。如航天器容易损坏,航天器运行具有的规律性容易被跟踪和瞄准,航天器受损后维修非常困难,以及空间系统目前还不具备快速发射与在轨测试能力等。战时航天器一旦受损或发生故障,将极大地影响作战。

空间信息系统正在成为战场各种信息流的枢纽,正如美军所言:"今天美军使用的每条信息不是从空间获取的就是通过空间传输的。"这种极端的重要性使得空间系统很容易成为攻击的对象,争夺制天权、确保制信息权的斗争日益激烈,空间战场的攻防对抗势必难免。2003 年的伊拉克战争首次出现了真正意义上的导航战,美军还在 2004 年底部署了"反卫星通信对抗系统",充分体现了争夺并控制空间战场主动权在一体化联合作战中的重要性。只有对空间系统实施必要的防护,才能确保空间系统发挥出应有的效能,从而为赢得未来战争提供保障。

美国把空间防护上升到了国家顶层要务的高度。2008 年 2 月 7 日,美国空军参谋长发布《国家保护者:美国的 21 世纪空军》白皮书,重点关注空军如何在平等的基础上将三大作战领域(空中、太空及网际空间)更好整合与部署;2008 年 3 月,美国国会众议院军事委员会战略分会主席发表了《论全面空间保护战略》的报告,美国总审计署发表了《国防空间活动:需要国家安全空间战略指导美国国防部的未来空间计划》的报告;2008 年 4 月,按照美国国会要求,美国空军空间司令部与国家侦察办公室在 2008 年 7 月提交了《空间防护战略》的秘密版本。2009 年 10 月,美国空军空间司令部与国家侦察局还启动

了另一项计划,研究军事和情报部门如何保护空间资产。

二、美国空间信息系统防护建设的发展历程

空间系统防护具有相对性、技术复杂和代价高等特点。美国是发展空间信息系统较早的国家,也是空间信息系统防护能力最强的国家,美国空间信息系统防护建设的发展历程,大致可以分为以下几个阶段。

（一）初始阶段

1957 年至 1986 年为美国空间信息系统防护的初创时期,初创时期对于空间信息系统的防护主要采取被动措施。在这期间,美国为了对付苏联核能反卫星武器的威胁,主要进行被动防护,也就是抗核爆加固措施。1979 年,美国参联会还为所有的军事卫星建立了加固标准,"军事星"就是这一时期的产物,通过对"军事星"的被动加固措施,使它具有强抗干扰能力、抗核爆炸及高保密性等特点,能够在核攻击后自主地工作。

（二）过渡与调整阶段

1987—2001 年可以看作是美国空间系统防护的过渡与调整阶段。1983 年,里根政府提出"战略防御计划",标志着美国开始系统地建设空间力量体系。1986 年,美国开始研究空间系统的主动防护措施,即"星载攻击报告系统"（SOARS）。之后又启动了"微型攻击报告系统"（MARS）和"轻型攻击报告系统"（LABS）的概念研究工作。空军还在 1987 年开始了"自主卫星运行技术"（TAGS）计划,当时的弹道导弹防御办公室（BMDO）也于 1991 年开始进行"卫星攻击告警与评估飞行试验"（SAWAFE）,用来测试传感器对预定环境中模拟威胁的告警能力。

（三）全面建设阶段

从 2002 年至今,美国进入空间信息系统防护的全面建设时期。美国国防部于 2002 年提出实现空间控制的三大支柱能力,即空间态势感知（SSA）、防御性空间对抗（DCS）和进攻性空间对抗（OCS）。美军认为,发展防御性空间对抗能力要比发展进攻性空间对抗能力的优先级更高、更重要、更迫切。实现防御性空间对抗就是要发展空间系统的全面防护能力,也就是需要发挥主动防护与被动防护的协调效应,取长补短,这样才能使空间系统防护获得最佳效果。见表 9.1。

表 9.1　美国主要空间防护措施

防护措施	美国陆军的组合式层状结构防护镜;侦察卫星的遮光罩;空军的"眼罩"装置;DSP 卫星上的抗激光致盲膜等	保护光学传感器免遭激光破坏
电子对抗防护	"国防卫星通信系统"采用天线抗干扰技术;"军事星"和"舰队卫星通信系统"采用了直接扩频、星上解扩技术和星上处理技术;"特高频后续卫星"采用了扩频技术	进行电子对抗防护
卫星加固	第一代"军事星"系统采用了加固技术	组织高空核爆炸和定向能武器对卫星及星上设备的破坏
轨道机动	"锁眠"-12 具有极强的在轨激动和变轨能力	躲避敌方反卫星武器的攻击或空间碎片的攻击

（续）

小卫星与编队飞行	"作战快速响应太空"计划、微型独立协调卫星（TICS）计化、天基防御性空间对抗武器技术	防止系统早攻击后陷入瘫痪,快速发射小卫星予以恢复
在轨修复	轨道"快车计划"与"通用轨道修正航天器"	快速恢复空间系统效能
卫星伪装与隐身	研制第三代隐形侦察卫星	使敌方难以发现、识别、跟踪与攻击
卫星威胁预警	"卫星威胁预警与攻击告警"计划、"快速攻击识别、探测与报告系统"	对敌方进行识别、探测和报告,对己方卫星进行预警
分解发射、入轨后重新连接	未来、模块化、快速、灵活、自由飞行（Future、Fast、Flexible、Fraltionated、Free－Flying,F6）计划	节约成本、失效后快速替换、及时升级

美国军方鹰派高层一直对外太空的主动防御计划乐此不疲,主张发展军事化主动防御。美国前国防部长唐纳德·拉姆斯菲尔德在一份报告中警告称:如果美国不立即采取行动保护自己的话,那么第二次世界大战中的"珍珠港"事件很可能会在太空中重新上演。美国空军副司令、美国前国家勘测局局长彼得·提茨将军说:"我相信武器最终会走向太空,这只是个时间问题而已,因此,我们必须抢在所有国家的前面。"

三、美空间信息防护策略

美国的空间信息系统防护策略包括主动策略和反制策略,主要手段包括预防、保护和阻止等方面。美军声称,到 2020 年,将选择使用外交、军事、技术等手段,来保护空间行动的自由和控制敌方攻击能力。

（一）主动策略

（1）在政治外交上把有意干扰其空间系统看作侵犯其主权

1997 年 5 月发布的美国《国家安全战略》指出,美国空间政策的目标包括阻止对美国空间利益的威胁,并在阻止失效后要挫败对美国空间资源的敌对行动。这里的"阻止"主要是利用外交、法律及经济上的选择方案,在不发生军事升级的情况下取得期望的效果。1999 年 1 月发布的美国《国防部空间政策》也指出,空间如同陆地、海洋和空中一样是一种媒介,美国在这些媒介内所进行的军事活动都是为了实现美国的国家安全目标。《国防部空间政策》还强调指出,对美国空间系统的有意干扰将被视为对美国主权的侵犯。这一系列政策将使得挑战美国空间系统的敌对国家或恐怖组织有所顾忌,从而在一定程度上起到空间系统防护的作用。2009 财年美国国防预算中,美国空军向国会请求的预算里约有 4.213 亿美元用于空间控制活动。这一数额比 2008 财年增加了 20%,约占 2009 财年所有空间系统研发及采购总预算申请（85 亿美元）的 5%。

（2）在军事战略上正积极备战空间,发展航天威慑论

美国空军副部长彼得·蒂茨认为,美国的空间系统正面临着越来越大的威胁,威胁的形式也多样化,这些威胁包括计算机攻击、反卫星武器以及高空核爆炸武器等。因此,

美国在设法提高其卫星系统的生存能力的同时,正努力把自己在空间领域的技术优势转化为威慑力量,加快空间攻防技术和武器装备的发展步伐,希望能借此迫使敌对国家的决策者放弃其动武或与美国相抗衡的打算,即所谓的"航天威慑论"。美国陆、海、空三军多次进行空间攻防模拟演习。2001 年 1 月、2003 年 2 月和 2005 年 2 月,空军航天司令部牵头进行了"施里弗"系列的大规模空间战模拟演习,旨在提高实战能力。并向世界表明,其拥有强大的空间力量,以期有效地威慑潜在敌人,避免武装冲突。

（3）在技术手段上采取主动防护与被动防护协调发展

空间系统防护是一项复杂的系统工程,而且所有的防护措施都会增加空间系统的成本。为此,美军采取主动防护与被动防护协调发展的策略,根据任务的优先权、系统特性,以及已知或预计的威胁等,来确定空间系统防护措施。比如:

在主动防护方面:提高空间态势感知能力,实施卫星威胁/攻击告警,通过外交、经济及法律等手段降低军事冲突;针对用途各异的军用卫星,采取诸如机动变轨等防护措施,或者为侦察卫星研制"眼睑"装置防止激光致盲等措施;利用星座组网技术确保美国重要的空间系统处于冗余状态,并将它们放置在多个轨道平面上;发展快速发射能力,及时替补重要空间系统遭到威胁或失效的部分;等等。

在被动防护方面:减少空间设施自身被探测的可能性,使敌方空间监视系统探测不到目标;将军用卫星计划"隐藏"在非常公开的科学使命中,欺骗对手从而达到保护空间系统的目的;对低地球轨道上的重要军用设施进行抗辐射加固,提高它们在高空核爆条件下的生存能力;等等。

（二）反制策略

近年来,面对空间碎片以及反卫星技术的扩散,美国感到自身的空间资产受到了极大的威胁,于是美国军方已采取一些措施作为响应。2007 年 4 月 22 日,美国空军已经进行了 1 个月的卫星安全评估行动被媒体曝光。这一针对美国军事卫星安全状况的全面评估行动从 2007 年 3 月开始,由美国空军参谋长迈克·莫斯利上将亲自指挥。整个评估在 2007 年 6 月完成,评估的结果直接向国防部长汇报,同时也会提交给空军高级别会议,以进一步讨论是否发展攻击性太空武器。莫斯利希望这份评估报告能够在五角大楼和布什政府内部推动空间防护的辩论,来分析美国太空资产正在面对怎样的威胁以及美国又该如何应对。美国应对威胁的反制措施主要有:实行先发制人的策略,对卫星进行防护,减少对太空资产的依赖,等。

（1）先发制人的策略

目前,很多的美军官员都相信,应对威胁的最好方法就是在反卫星武器到达太空之前就将其摧毁。一些军事官员认为太空资产应该加强,甚至武器化,以应对反卫星武器的威胁。但空军内部有些人认为更好的方法是对敌方反卫星武器的发射进行预警,并在其发射前实施快速打击或对已发射的武器进行拦截。美军计划使用配备常规弹头的"三叉戟"潜射弹道导弹对敌方的反卫星导弹发射阵地实施"先发制人的打击",或者使用反导系统攻击敌方发射的反卫星导弹。

（2）先进防御技术

在对卫星面临的威胁进行评估的过程中,美军内部也正在进行一场讨论。这场讨论针对的不是如何发展攻击性太空武器,而是如何防御反卫星武器。一些空军官员认为,美国应该加强快速部署卫星的能力,这将迅速补充敌人攻击所造成的损失,遏制敌人攻击卫星的企图。一些空军人员也正在研究如何快速调整军事卫星运行轨道。如果能够在发现敌方反卫星武器发射后的极短时间内调整卫星运行轨道,就可能躲开攻击。

（3）减少对空间系统的依赖

2007年,兰德公司率先出台一份对抗反卫星武器的报告,认为美军应对敌人反卫星行动的上策不是强化太空资产的防护能力,如果为了抵御反卫星武器的攻击而对美国在太空的资产加强防卫措施,将会使美国重蹈冷战时期部署反导弹系统的覆辙,不仅在技术上十分困难,而且在政治上也会相当敏感,更不要说在有限国防预算下,这样的措施会消耗巨大军费。美军反制的最好方法应该是降低对太空资产的倚赖,采取太空与地面军事资产相结合的方式来应对,不但能降低敌人攻击美军太空资产的诱因,而且也能分担风险。

兰德公司的"空军计划"小组一直是美国空军相当倚重的一个智库,双方长期有合作关系。"空军计划"小组的建议非常重要,因为其极有可能被美国空军或是国防部采纳。在这份报告中,兰德公司认为,美军应该要做的是:让敌人了解到破坏美军在太空的资产并不会具体影响美军战力,如此一来,敌人发展攻击美军太空资产的诱因就会降低。根据兰德公司的研究,事实上只有将太空与地面军事资产形成整体,才能发挥最有效的战斗力。因为在某些特殊地形的战场,如城市,卫星侦察发挥的效能还比不上传统方式,如使用当地人士引导、实际研判地形等。

除上述策略外,建议的反制太空武器的措施还包括通过政治、经济和外交手段,甚至还包括与有卫星的国家建立防御同盟,分享卫星情报,共同对付敌方的反卫星武器。

四、美国空间信息系统防护的发展趋势

（一）利用微小卫星对重要的大型卫星进行保护

美国空军在2004年提出天基防御性空间对抗武器技术概念,即用以保护大型重要卫星的专用微卫星技术。微卫星装有空间监视装置、攻击告警装置和针对威胁的对抗装置。这种保护大型卫星的微卫星概念将局部空间区域的态势感知,针对攻击的诱骗、阻挡或拦截等主动防御功能集于一体,是一种主动型的防御性空间对抗武器技术,也是美国空间对抗技术发展的新方向。

（二）通过发展"空间作战快速响应"（ORS）计划提高空间系统的生存能力

在目前的技术水平下,单个卫星的防御仍然是比较困难的,但是对于在地面有充分备份的由小卫星组成的星座系统而言,在遭到敌方攻击而有损失时,可以利用运载器立即发射量多、个小、质优的小型卫星填补,确保美军作战持续顺畅。这是一条有效的卫星防御途径。美军正在实施的ORS计划的主要目的之一就是开发可以在美国空间系统遭到敌方攻击后快速替代的能力。

（三）重视无人在轨修复卫星技术在空间防御中的作用

其军事价值在于,对那些受损的高价值航天器进行抢修,可在无须冒什么风险的前提下,提升美国空间作战体系的生存力和作战实力。美国的"轨道快车"计划正是为实现这一目的而开展的。2008年1月,美国"轨道快车"计划卫星顺利升空并完成了预定的任

务,现正在着手研究"轨道快车"计划的后续型——通用轨道修正航天器(SUMO),美国对此项技术的重视也透露出其空间攻防技术的发展趋势。

第三节　美国空间信息系统的典型防护

美军认为空间信息系统面临的多重威胁:敌方使用常规和非常规的手段针对己方地面节点和支持保障性基础设施以及地面系统进行攻击和破坏;使用无线电射频干扰设备对空间信息系统链路部分实施的干扰;使用激光系统对卫星的任务性能进行干扰破坏;使用电磁脉冲削弱或毁坏电子设备或地面系统电子设备;使用动能反卫星武器摧毁空间飞行器或削弱空间飞行器完成使命任务的能力;实施信息作战,对从事控制卫星任务以及从事收集、处理和分发任务数据的各种天基计算机和地基计算机系统实施的干扰破坏。此外,空间威胁还主要包括空间碎片以及敌方反卫星武器的攻击。从美国公布的《长期规划–2020构想》《联合作战科学技术计划》以及《国家安全战略》可以看出,空间信息系统防护在美国的空间战略中占据着重要地位,美国在积极研发空间信息系统的防护技术。

一、重点技术方向

(一)研制卫星威胁告警与攻击报告系统以提高空间态势感知能力

削弱攻击对己方航天器的影响,并按优先级迅速恢复任务功能。美国很早就意识到卫星干扰技术会得到迅速发展,认为对手会使用地基雷达、射频干扰机或激光武器对其卫星进行干扰甚至加以摧毁。有了卫星威胁与攻击报告系统,美国就能使用多种防御与对抗措施,并能优化某些防护手段。目前,美国正在研制外层空间控制系统,除一些具有高密级的计划外,已知在研的系统如:"天基监视系统",它可提高外层空间态势感知信息的及时性和准确性,并把这些信息传输给地面作战人员;"快速攻击识别和报告系统(RAIDRS)",它可将影响友方部队使用外层空间系统的各种干扰(包括射频、激光或其他形式的干扰)告知外层空间指挥官。RAIDRS将由多个传感器元件组成,用来向决策者和卫星运营者提供关于攻击性质和来源的近实时动态信息。在保护己方安全使用空间系统的同时,确保这些能力不为敌方所用。

(二)针对卫星采取具体防护措施以降低敌人的威胁水平

美军认为,由于在空间是"无处可藏"的,采取隐身、伪装或欺骗等手段,减少空间系统被探测到的可能性是加强防护的最好方法。美国已采用的技术措施主要包括卫星加固、电子对抗防护措施(如抗干扰和调零天线技术)、轨道机动、星座组网技术及欺骗技术等。对于这些比较成熟的手段,美国还在进一步提高其防护水平。美国正在研制或未来可能研制的防护措施主要包括隐身技术、卫星伪装技术、驱散高空核爆射线的技术、卫星自主运行技术,以及发展微小卫星为大型卫星护航等。

(三)研制快速发射与在轨修复卫星技术以提高空间系统的生存力

在未来战争中,一旦美国的重要空间系统遭到攻击受损或至毁灭,美国将会根据需要采取快速修复措施,恢复空间系统的效能。除增加在轨备用卫星、部署具有交叉覆盖范围的多颗卫星外,美国正在研制快速发射与在轨修复卫星技术。比如,美国启动"快速响应航天运载器"的研制计划,旨在开发一种全新的航天运载器,能在接到命令几小时至一两天内将有效载荷送入太空,入轨后不需要进行在轨测试就能立即执行任务。国防高级研究计划局提出的"轨道快车"技术验证卫星计划,将开展机器人卫星在轨服务的演示试验,旨在验证卫星的在轨修复能力。采用各种手段和措施,提高空间任务在各种攻击下的生存能力,使其能躲避或承受敌方的攻击。

尽管美国的空间系统防护水平在世界上遥遥领先,但由于其空间资产十分庞大,需要保护的关键环节也较多,故实现有效的空间系统防护非常困难,要确保空间信息系统的安全无虞绝非易事。对于技术上有能力反击美国空间系统的国家,尤其是对于采用高空核爆实施的攻击,美国的空间系统防护仍然难以防御。此外,针对空间信息链路的攻防技术已多次得到实战应用,随着各国加强信息战问题的研究,针对空间系统的计算机网络攻击能力也将继续提高,这都将给美国空间系统防护的有效性带来极大挑战。

二、典型技术

(一)通信/导航中断预报系统

2008年4月16日,美国空军通信/导航中断预报系统试验卫星(C/NOFS)采取空中发射方式被送入近地轨道,首颗电离层通信干扰预报卫星投入使用。C/NOFS将收集有关电离层闪烁现象数据,以便更好地预报电离层对通信的干扰,减少信息传播故障。C/NOFS所收集的数据被传送到汉斯科姆空军基地数据处理中心并输入预报模型中,以便预报闪烁发生的时间与地点,同时也为建立下一代更精确闪烁预报模型奠定基础。

(二)分离模块组合航天器技术

美国F6计划的目标是验证卫星结构的可行性和优势。传统意义上的"整体式"航天器将被无线联通的航天器模块组群所替代。美国国防高级研究计划局分别授予轨道科学公司、波音公司、诺斯罗普·格鲁曼公司、洛克希德马丁公司F6项目第一阶段概念研发的合同。第一阶段合同要求完成以下任务:①为模块式航天器方案发展关键技术,包括鲁棒性自组织网络、可靠的无线通信、容错型分布式计算、电力无线传输以及自主式集群导航;②选择一项重要的空间任务,并设计一个航天器系统来完成此任务;③发展一种使用计量经济学工具的创新性分析方法,对具备同样能力的传统单一航天器和新型模块式航天器的风险调整成本和价值进行对比评估;④发展一种半实物型仿真测试平台,使用联网计算机对模块航天器系统进行仿真。F6项目的技术能增强空间系统的灵活性,极大提升航天器的防护能力。此项目一旦获得成功,将转变当今军事航天结构,创造一个网络化的空间系统。

(三)以激光通信为代表的卫星通信抗干扰技术

卫星光通信能够实现大容量的高速通信,同时也能够避免常规的电子干扰技术对卫星通信链路的干扰,为通信链路防护提供一种有效的方法,但是此项技术仍然存在较大的挑战。

(四)温控热电薄膜技术

美国科学家开始研制一种名为"薄膜可变辐射电致变色装置"的新型热电薄膜技术,可用作微小卫星的"皮肤"。这种不足0.3mm厚、可以覆盖在卫星表面的薄膜通过加载电荷的方式能在红外线与可见光谱下变色,从而达到控制辐射和温度的目的。此薄膜还能抵御原子氧的侵蚀和太空陨石撞击。由于能有控制地改变航天器的辐射率和光学特征,因此也可以为卫星提供新的隐身特性,此技术可实际应用于微小卫星。

三、卫星平台的防护

美国空间战技术研制和应用的重点是卫星系统的攻防对抗技术,尤其是针对通信卫星和侦察监视卫星的防护和攻击,包括卫星受攻击的告警装置、卫星受干扰的识别技术和保密的卫星通信终端以及射频、激光定向能反卫星武器技术。由于航天器运行的特殊性,天基系统运行基本上是"可知"的,也是"无处可藏"的。对天基卫星平台的防御,主要体现在事前快速攻击识别预警、针对各种卫星加强防御和事后应急快速响应3个方面。

事前快速攻击识别预警。在受到攻击前确切了解可能受到的攻击,是进行空间防御有的放矢的前提。提前评估其威胁潜力和性质,并及时得出结论,进行预警,就成为防护的重要手段,能够了解受攻击的目标、时间、强度等,从而针对受到的攻击做出恰当反应。

针对各种卫星加强防御。通过各种防御措施降低被攻击的概率、减小被击中的可能、减弱被攻击的损伤从而提高系统的稳定性和可靠性,是进行空间防御的主要思想。

事后应急快速响应。空间系统的脆弱性是众所周知的,在战时必然受到敌方各种武器的攻击。除增加在轨备用卫星、部署具有交叉覆盖范围的多颗卫星外,还需要快速发射与在轨修复卫星技术,提高天基系统的再生能力。

(一)通信卫星系统的防护

通信卫星分为民用和军用。美国"军事星"军用通信卫星以极高频为主,特高频和超高频为辅,卫星与卫星间使用60 GHz的交叉链路。由于地球大气层对60GHz的信号几乎不传导,通信保密性也极好,所以地面无法截获到这种交叉链路通信的信号。对于卫星而言,所有卫星通信系统的上行链路和下行链路都非常脆弱,容易受到干扰和欺骗。商业卫星和民用卫星由于缺乏防护措施,很容易遭到攻击,卫星通信系统受到干扰事件近年来屡见不鲜。根据欧洲电信卫星组织(EUTELSAT)的有关报告,自20世纪90年代以来每年都有上百次干扰出现,目前还呈现出增长的趋势。通信卫星大多处于地球同步静止轨道,其空间位置相对地面固定,很容易受到敌方有意干扰。上行干扰也是对卫星通信系统实施攻击的主要方式,它能够使许多通信链路同时受到影响。对于透明转发器,上行干扰可以将转发器功放推至饱和状态,捕获转发器功率而使有用信号无法转发;对于处理转发器,上行干扰可以破坏转发器的正常工作状态,恶化星上解调性能,甚至使其无法工作。

为解决卫星通信被干扰的问题,以对威胁卫星通信的干扰源进行定位。卫星识别技术主要包括多卫星定位技术和干扰源识别技术。多卫星定位技术通过卫星在同一时刻的不同倾斜角和倾斜率,按照已知的卫星位置和速度数据对卫星进行识别。干扰源识别技术则是用被干扰的静地轨道通信卫星与另一颗静地轨道卫星协同确定干扰转发器的位置。

识别技术可以用在各种现有卫星的通信设备上,能够发现并定位未经授权利用己方卫星资源的行为,识别人为和设备故障导致的干扰,增强卫星通信系统的稳定性。

"军事星"是美军C^4I系统中享有最高优先权的项目之一,集战略通信、战术通信和数据中继为一体,携带 20 多副天线,使用了许多高新技术,具有极强的抗电磁脉冲能力、抗较强电子干扰的能力、防御反卫星武器攻击的能力和高保密能力,代表着世界通信卫星系统防护的最高水平。其主要技术和措施有:

(1)采用了星体抗核辐射加固技术。为使卫星在核辐射情况下不至于因为电磁脉冲毁坏太阳能电池,"军事星"使用核能电源。

(2)为保证地面设施受到核破坏后的连续通信,"军事星"采用激光和 60GHz 毫米波星间链路,实现迂回通信。

(3)采用 44GHz(EHF)极高频。这个频段既能降低闪烁效应,又能减少尘埃所引起的衰减。因为对于多路径高空核闪烁,其影响随频率的增加而减少,核爆炸产生的尘埃对信号的衰减作用是频率越高衰减越严重。

(4)采用星上信号处理技术,使"军事星"成为空间交换中心。

(5)具有卫星姿轨控自主功能,地面测控中心遭到破坏时,"军事星"可自主调整并保持数月。

(6)采用伪噪声跳频频谱展宽技术,具有很强的抗干扰能力。"军事星"目前的跳频次数一般在每秒 100 ~ 500 次之间,扩频范围 20Hz。

(7)EHF 波束窄,方向性强,增益高,传输功率低,使用较小的天线阵列就可实现方向性传输,使敌方截获、窃听信号非常困难。

(8)自适应天线调零技术。这种技术可使天线非常敏感,在对其干扰后几秒钟就可将方向图的零点位置对准敌发射的干扰波束,自动将敌发射机的干扰调为零。

(9)抵御反卫星武器攻击的措施。

(10)设置隐身备份卫星。停机状态的秘密卫星置于 70000 多 km 的深空轨道,使敌方红外敏感器无法觉察,一旦在轨工作星遭到反卫星武器的袭击,这些隐身卫星迅速开机,机动到静止轨道参与组网。

(11)安装卫星"眨眼"装置,当敌方发射微波、激光、高能粒子束等欲摧毁卫星的关键设备时,卫星上类似"百叶窗"式的装置迅速关闭,以保证卫星的要害部位。

(12)在卫星上安装回击反卫星武器的天基防御武器或发射近程攻击的机动卫星。

(13)设置假卫星,让敌方真假难辨,使敌武器系统无力对准过多的目标。

(二)GPS 的防护

全球导航定位系统(GPS)是美国发射的第二代导航卫星系统,是一种星基无线电导航与定位系统,能为世界上陆、海、空、天的用户,全天候、全时间、连续地提供精确的三维位置、三维速度与时间信息。GPS 定位时,要确定 1 台 GPS 接收机的位置,需要同时测量它到 4 颗在轨卫星的距离。从第 1 颗卫星测得的距离将接收机置于一个以卫星为中心的球面上,同时测得的到第 2 颗卫星的距离形成第 2 个球面,2 个球面相交,形成一个相交的圆,第 3 次测量形成的 3 个球面相交于 2 点,一点位于宇宙空间,另一点则是接收机的地面位置,用 3 颗卫星即可实现全球定位,第 4 颗卫星用来校对由于用户接收机廉价时钟所造成的误差。

由于 GPS 卫星处于 2 万 km 的高空,当卫星发射的 GPS 信号传输到地球时,已经相当微弱,使得 GPS 信号易于被干扰。

GPS 由 21 颗工作星和 3 颗备份星组成,均匀分布在近地点高度 20095km,远地点高度 20308km 的 6 个轨道面上,每个轨道平均 4 颗卫星,轨道周期 718.67min,倾角 53 度,各轨道面夹角 60 度,这种设计可以保证地球上任何一点在任何时间里都可观测到至少 4 颗卫星,以实现全球定位。

GPS 的重要性和作用使其必然成为空间攻击的靶子。虽然目前 GPS 采用了扩频措施、用于降低非授权用户定位精度的安全措施、用于反电子欺骗和保密的安全措施等,具备了一定的防护能力,但随着攻击技术的研究和发展,只需要以足够高功率、具有适当时空特征的欺骗干扰信号,就可以在指定的威胁区域使 GPS 失效。在伊拉克战争中,GPS 干扰机就发挥了重要作用。

对 GPS 干扰可以采取多种样式,普遍应用的有以下几种:欺骗干扰、窄带干扰、宽带干扰和脉冲干扰。欺骗干扰机采用扩频信号,通过模仿 C/A 码 GPS 信号结构来模拟 GPS 的信号,欺骗干扰机对于由 C/A 码捕捉 P 码的接收机较为有效,但在对付直接获取 P 码接收机则显得无能为力。

窄带干扰机产生很大的峰值功率信号,其带宽很窄,落在 GPS 载频上或载频附近,对 GPS 接收机而言,其通过各种滤波技术能消除大部分干扰,同时使得 GPS 信号损失较小。

宽带干扰机一般采用的是中等功率的宽带信号,其中心频率在 GPS 载频上或在其附近,具有白噪声的性质,这类干扰机主要是通过有效提高噪声背景来降低 GPS 信号的信噪比。宽带干扰机干扰信号的带宽一般与其要干扰的 GPS 信号相同,不易被滤除,是有效的干扰方式。

脉冲干扰机采用脉冲持续时间极短功率很大的信号,使数据流产生猝发性误差,这对 GPS 接收机中数据监测器有强烈的不利影响,这种干扰机可以通过在发射的 GPS 信号中加入误差校正能力而进行补偿。

美军设立了各式各样的项目,研究 GPS 对付当前威胁的近期解决方案以及对付预测中的未来威胁的长期解决方案,主要包括:

(1) 在新一代 GPS 卫星上增加可控窄波束天线,可提高 20dB 左右抗干扰强度;

(2) 将卫星发射功率提高 10 - 20dB,迫使对方干扰机功率增大,以便监测、定位和引导其他火力反击;

(3) 卫星增加自主能力,主控站被摧毁后能坚持工作数月;

(4) 接收机采用紫石英调零天线、功率倒置阵列天线技术,采用空间—时间自适应信号处理技术,以提高接收机抗干扰能力;

(5) 接收机采用超紧凑 GPS 惯性导航一体化(MU)技术;

(6) 采用新型的军用 M 码,并在战区使用各种平台的干扰机,使得在正常使用的同时,阻止敌方使用 GPS 进行导航。

(三) 导弹预警卫星系统的防护

为研制导弹预警卫星,美国自 1958 年起先后发射了"米达斯"461、266、949 等十几颗试验卫星。后经过大量的研制和改进工作,于 1971 年 5 月发射了实用型卫星。由于它是国防支援计划(DSP)中研制的导弹预警卫星,故通常称为 DSP 导弹预警卫星。国防支援计划卫星的主要任务是:探测地面和水下发射的洲际弹道导弹尾焰并跟踪,提前获得 15 至 30min 的预警时间;探测火气层内和地面的核爆炸并进行全球性的气象观测。

2002 年 10 月,美国空军航天司令部称,国防支援计划(DSP)预警卫星和国家侦察局的成像卫星已经装备了能对有限攻击报警的装置。美国空军近年来研究的典型攻击告警传感器有宽带雷达告警传感器、激光探测与告警传感器和射频探测告警传感器等。

目前在轨的主要是美军第三代国防支援计划导弹预警卫星,具有很强的生存能力。第三代国防支援计划卫星,具有从同步轨道向地球进行大范围扫描的能力、空间防撞能力、防高能激光摧毁能力以及实施空间快速灵活机动的能力。第三代卫星望远镜的红外焦平面设计成两部分,以保持红外探测器不被地基激光器致盲。星上装有短波红外、中波红外和可见光等多种波长探测器。当一种谱段的探测器被激光致盲后,还可以启动另一种谱段的探测器。星上载有多台计算机,自主工作能力有较大改进。此外,第三代国防支援计划卫星还携带有动能碰撞敏感器,能在动能武器来袭时实施机动躲避。

四、对空间信息链路的防护

对信息链路的防护是指运用各种抗干扰措施,确保航天器与地面支持系统以及航天器之间的信息传输正常进行。首先要采取各种技术手段对信息链路进行技术处理,增加信息链路抗干扰防护能力;其次要提高自主运行能力。减少对地面支持系统的依赖,从而减少链路信息被捕获和干扰的概率。

(一)对信息链路进行技术处理

对信息链路处理的具体技术措施有:

(1)扩频抗干扰技术,通过扩大频带宽度,从而削弱噪声干扰。

(2)多波束指向可控天线技术。根据战场形势的变化控制星上发射天线指向,使其波束覆盖范围随用户运动做相应变化,既可降低信号被敌截获的概率,又可有效利用星上功率,减小地面通信终端的重量、体积、功耗。

(3)自适应干扰对消技术,充分利用干扰与信号的差异,按某种准则来识别干扰,并且尽可能将干扰完全抵消。

(4)数字调制解调技术和纠错编码技术,是把数据信号调制到更适合信号传输的频率上传输,利用数据冗余来提高数据传输的可靠性和抗干扰性。

(5)星上处理和星地宽带跳频相结合的抗干扰技术,是指星上处理转发器对上行信号进行解跳解调,还原为数字信号,然后进行再调制再跳频。星上处理转发器的抗干扰能力可以得到较大的提高,并且降低能够地面设备的复杂性和技术难度。

(6)天线自适应调零技术,通过在时域或频域采用数字信号处理技术控制天线方向。使其在感受到的干扰来向迅速形成零陷,以此削弱干扰影响,提高接收信噪比。

(二)提高自主运行能力

提高天基系统在外层空间的自主运行能力,是指加强天基系统在没有外部指令控制下,完成环境状态监控、自主导航、任务处理、故障诊断及作战任务的自主规划等自主维护和自主管理的能力。天基系统具备较强的自主能力时,可避免由于地面测控中心失灵、通信链路中断对其本身所构成的严重威胁,能够对外来威胁进行及时的探测、判断和反应,从而增强其生存能力。

五、对支持与应用系统的防护

对地支持与应用系统的防御是指运用各种防御措施,确保己方空间力量使用的支持系统的安全。对地面支持与应用系统的电子防御方法主要包括:伪装防护、机动规避和加密防护。

伪装防护。现有的探测手段主要包括雷达探测和光学探测,对支持与应用系统伪装防护也主要是进行光学伪装防护和电磁伪装防护。一是进行实体伪装,削弱敌人的光学侦察效能,减小其探测到系统的概率,从而使敌方干扰设施无用武之地;二是利用高技术材料进行电磁伪装,尽量减小电磁辐射面积,遮蔽电子设施;三是进行电磁屏蔽、实施无线电静默、调整电磁信号的辐射方向、采用告警技术、适时组织伴动等对电子设备进行伪装防护。

机动规避。各种设施、设备小型化的发展趋势以及地面机动能力的提高,为地面支持系统实施机动创造了坚实的物质基础。机动不仅可以躲避敌侦察设备对地面支持系统的侦察,也可以避免敌武器系统的硬摧毁。

加密防护,是利用扩频、跳频技术和控制措施,降低敌人的截获率,提高地面支持与应用系统的网络信息安全,减少被窃取的概率。对信号加密处理,能有效防止敌方注入虚假信息削弱破坏支持与应用系统的功能,维持空间系统的正常运行。

六、其他防御措施

美国为提高空间系统的生存能力,采取的其他措施:

(1)确定所受到的威胁。收集可能对美国空间能力构成威胁的技术的情报,并评估其威胁潜力和性质。

(2)采用机动地面控制站。控制站位置的不确定性将增加进行攻击时的困难。采用多个地面控制站,在一个站对卫星进行控制的同时,其他站能够进行机动、重新部署。

(3)发展自主运行技术。发展自主轨道控制(如自主保持在地球同步轨道)、自主动力控制,自主故障检测和自主替换备用单元的能力,使卫星在失去地面控制后仍能自主运行,继续执行任务。

(4)发展加固技术,提高空间系统的生存能力。美国一直在发展抗核辐射加固技术;发展用于电子元器件对付激光攻击的反射表面、遮盖物和非吸波材料等加固技术,以及对付高功率微波和中性粒子束武器攻击的限幅器、滤波器、法拉第筒、波动抑制器、波导断流器等新型加固技术。

(5)增加备用卫星。在轨道上部署覆盖范围交叉的多颗卫星。如果一颗卫星失效,其他卫星可以执行全部或部分任务从而迫使敌方攻击多个空间目标,增大攻击的成本和复杂性。发展微小型卫星及地面系统,将使这种策略得以实现。

(6)发展星载攻击报告系统。为了能针对空间系统的攻击做出恰当反应,需要发展可对攻击的时间、强度或方向进行报告的星载系统,以便了解已受攻击的目标及攻击的性质。这种系统与自主应对措施相结合,有利于提高空间系统的生存能力。

(7)发展机动能力。尽管多数卫星带有用于控制高度保持位置和改变轨道的助推器,但若要使卫星获得机动能力,还需要更多的推进剂。因此需要开发空间系统在轨添加燃料技术,美国国防高级研究计划局开展的"轨道快车"项目,以发展和验证部署机动能力所必需的技术和运用原则。

(8)快速重构技术。在尚不具备迅速将卫星按需送入轨道的能力时,可发展两种在轨快速重构技术:一是在轨道上保持备用卫星和替代卫星的技术;二是在短时间内将备用卫星发送到轨道的按需发射技术。

(9)发展星载假目标技术。星载假目标是使反卫星攻击偏离真实卫星的"诱饵",配置在要保护的卫星下,在需要时进行投放。需要研究可模拟卫星雷达和光学特征的各种假目标,以及破坏或扰乱反卫星武器寻的系统的轻型光学或射频干扰系统。

(10)发展空间系统自卫或护卫技术。提高高价值空间系统的生存能力,可在空间系统的结构中增加一个"从传感器到射击器"模块,利用这个由光学或雷达传感器和微型导弹组成的模块保护空间系统也可发展携带光学或雷达传感器和微型导弹的小卫星,用于对反卫星武器进行探测、跟踪和拦截,护卫重要的卫星执行任务。随着微卫星技术的不断发展,在更远的将来,可发展小型化高能激光器或高功率微波系统来取代自卫导弹。

第四节　美国空间信息系统面临的威胁

美国在经济和军事上越来越依赖空间系统,为敌对国家或组织攻击美国空间系统提供了强大动力;而空间系统的脆弱性、空间技术的发展与扩散、空间系统与服务的商业化,使干扰、破坏甚至摧毁美国空间系统得以有更多机会。

一、卫星系统的脆弱性

(一)卫星轨道的脆弱性

卫星在地球外层空间绕地球高速飞行的轨迹称为卫星轨道。根据卫星覆盖要求和技术水平以及使用目的的不同,卫星轨道有多种形式。

(1)低轨卫星

低地球轨道(Low Earth Orbit,LEO)卫星位于高度为 500~2000km 之间的圆形轨道上。运行轨道高度较低,LEO 卫星必须以非常高的速度绕地球飞行。

卫星飞行轨道较低,易被侦察。对卫星的侦察是实施对抗措施的重要基础,目前对卫星实施监视侦察的系统有雷达跟踪系统、光学跟踪系统和无源定位跟综系统,其中,雷达跟踪系统为主要探测系统。低轨卫星一般部署在离地面高度为 1600km 左右的轨道上,并且其轨道面固定,一旦卫星进入监视范围就会被探测和跟踪。

容易受到地基反卫星武器攻击。光学侦察、雷达侦察、海洋监视以及气象等卫星通常运行在低轨道,用于拍摄地面高分辨率图像。如美国的 KH-12 光学侦察卫星可降至 200 多千米高度,"长曲棍球"雷达成像卫星轨道高 600 多 km,"国防气象卫星计划"气象卫星轨道高 800km 左右,"白云"海洋监视卫星位于约 1000km 的轨道。由于运行轨道低,这类卫星容易受到地基激光反卫武器和地基微波反卫武器的攻击。这两类武器由于都是采用地基平台,功率可以做到很大,通过照射卫星上的特定目标,如可见光、红外和微波传感器等,可以使卫星暂时或永久性失效。

传感器灵敏度高,易被干扰。低轨卫星主要靠窄视场跟踪传感器跟踪处于中段飞行的导弹与弹头,要求红外相机具有极高的灵敏度,足以从太空背景中探测到目标,作为代价,其阈值会降低,导致探测器易达到饱和。卫星传感器相机由高精度望远镜和 HgCdTe(碲镉汞)焦平面组件组成,据测试 HgCdTe 的破坏阈值为 $100 \sim 3 \times 10^4 \mathrm{W/cm^2}$(0.1s 照射时间），只要辐射强度超过探测器阈值，就能使探测器致盲或烧毁。

信息交互的实时性要求高，易遭干扰。当卫星工作时，星上信号及数据处理子系统会接收到大量数据并进行预处理，同时实时地探测和跟踪多个目标，为了确保预警信息的实时高效性，必须建立高效的通信链路，一旦通信链路遭到干扰或破坏，星间与星地间无法正常通信，卫星将失去作用。

（2）中轨卫星

中地球轨道（Medium Earth Orbit，MEO）卫星位于高度为 2000～20000km 之间的圆形轨道上。

中轨卫星较易受到天基动能反卫武器攻击。导航卫星多部署在中高轨道，目前运行的美国 GPS 卫星是位于 20000km 左右的轨道。地基激光反卫武器由于工作模式和距离的原因，对此类卫星鞭长莫及，天基动能武器可以通过直接碰撞的方式拦截并摧毁卫星。

需星座组网，易被破坏。导航卫星之间需要多次进行任务跟踪，若想实现对目标跟踪，需要进行星座组网才能实现对全球覆盖监视，若针对组网中的某些卫星实施有效对抗，就可打乱其协同工作状态，破坏整个组网系统的作用。

（3）同步轨道

同步地球轨道（Geosynchronous Earth Orbit，GEO）卫星位于地球赤道上空高度为 35786km 的圆形轨道上。

地球静止轨道卫星易受到天基反卫星武器和地基激光反卫星武器攻击。地球静止轨道卫星可以定点在某一个地区上空，比较容易实现远距离通信和对特定地区的侦察监视。因此，大部分通信卫星、预警卫星和电子侦察卫星都位于地球静止轨道。如，美国的"国防卫星通信系统"、"军事星"、"特高频后继卫星"、"跟踪与数据中继卫星"等通信卫星，"国防支援计划"导弹预警卫星，"水星"、"顾问"等电子侦察卫星。这类卫星虽然轨道高，但位置相对固定，一旦天基反卫星武器研制成功，就很容易攻击此类卫星。地基激光武器尽管与这类卫星距离较远，但是激光器与卫星间的位置相对固定，有利于激光束的瞄准和光束能量的集中，尤其有可能对导弹预警卫星进行有效打击。

（4）大椭圆轨道

大椭圆轨道（High Elliptical Orbit：HEO）卫星适宜作为特定地区覆盖侦察卫星，以补充其他星座覆盖性能的不足。大椭圆轨道卫星低轨运行时与低轨卫星面临同样威胁。美国的"号角"电子侦察卫星也位于大椭圆轨道。当卫星运行到近地点附近时，可以采用与对付低轨卫星类似的手段攻击卫星。

（二）有效载荷和保障系统的脆弱性

卫星通常由不同功能的若干分系统组成，一般分为有效载荷和保障系统两大类。其中：有效载荷用于直接完成特定的航天飞行任务，如光学侦察卫星的可见光相机、导弹预警卫星的红外扫描仪、通信卫星的转发器等；保障系统用于保障卫星从火箭起飞到工作寿命终止，星上所有分系统的正常工作，一般包括结构系统、热控制系统、姿态和轨道控制系统、电源系统、测控与通信系统、数据管理系统等。根据有效载荷和保障分系统的不同，卫星也面临着各种可能的威胁。

（1）有效载荷

电子侦察卫星有效载荷从结构上分，主要包括天线、电子侦收设备、信号处理设备和传输转发设备。具体从功能上来说:大型接收天线和电子侦收设备是电子侦察卫星的接收部分,负责截获各种类型的信号;信号处理设备包括数据处理设备和定位设备,是电子侦察卫星上的信号处理部分,主要用来对截获到的信号进行分析、处理,得出相关的信息;传输转发设备以及转发信号的小型天线是电子侦察卫星的信号转发部分,负责将星上的处理结果传回地面或传给其他相应的接收装置,以便对分析所得到的信息进一步的利用。

光学侦察、导弹预警、气象探测卫星的有效载荷为可见光、红外、微波探测器,容易受到激光武器的照射而损伤或灼毁。如,美国"锁眼"卫星上装有高分辨率 CCD 可见光相机、红外扫描仪和多谱段扫描仪等。美国"国防支援计划"预警卫星主要有效载荷为红外相机和摄像系统。这些探测器受到激光的照射后,会累积足够的能量导致卫星上的关键部件暂时失效,或因热损伤而受损。当激光与星上传感器工作波段相同,并且激光束位于传感器视场内时,传感器就可能由于饱和或热损伤而遭到暂时致盲或彻底破坏。

雷达、电子侦察卫星以及通信卫星由于发射和接收电磁信号,容易受到高功率微波武器的攻击。电子侦察和海洋监视卫星主要通过收集各种通信、雷达、导弹遥测等无线电信号进行目标侦察与定位。通信、导航卫星也是通过发射接收无线电信号进行工作的。这类卫星离不开各种电子设备,是各种高功率微波武器的主要打击对象。根据攻击需求,利用目前的航空、航天等技术将高功率微波武器在一定的高度上定向发射或爆炸,可产生攻击卫星的功率密度,干扰破坏星上任何电子设备,使其陷入瘫痪。

(2)保障系统

除有效载荷外,卫星上部分保障系统(如太阳电池板和天线等)也容易成为反卫星武器攻击的对象。太阳电池板是卫星电源系统的重要组成部分,其展开后面积一般很大,容易成为反卫星武器瞄准的目标。如美国"长曲棍球"卫星的太阳电池板展开后长度近50m。而作为测控与通信系统组成部分的天线,一旦受到反卫星武器攻击,很容易造成整个卫星系统的故障和失效。如高功率微波武器的强微波束照射卫星时,其辐射形成的电磁场可在卫星表面产生感应电流,通过天线进入卫星上电子设备的电路中,造成电路功能的混乱,甚至烧毁电路中的元器件,使卫星系统失效。

二、人的威胁因素

(一)技术方面

卫星应用项目的脆弱性主要是卫星系统自身存在的各种弱点,包括自身故障、外部干扰、空间威胁等。作为一种高技术的复杂的航天器,卫星在发射和运行过程中存在发生故障的可能,包括硬件、软件方面,仅2010年度国外发生严重故障的在轨卫星就有13颗,包括电源、推进系统、姿轨控制系统、有效载荷等方面故障。同时,随着全球投入使用的各类卫星系统的不断增加,太空碎片的威胁、技术攻击和干扰已经日渐成为了卫星应用中不可忽视的问题,也可直接导致卫星系统损坏、失灵或性能下降。对于军、民两用的卫星,一旦受到破坏,将会带来严重影响。而且,目前卫星研制和发射费用昂贵,轨道生存较为脆弱,无法实现在轨升级换代。大体积卫星存在的某些致命弱点会进一步导致风险的增加和成本的超支。另外,卫星信息的接收系统(客户端)也存在被网络攻击、设备故障、环境恶劣等风险,这些技术层面的问题也是威胁的重要方面。

（二）使用范围扩大

20世纪中后期空间曾经只是少数超级大国的专属领地,但近几十年来,随着越来越多的卫星发射入轨,空间环境已经发生了巨大的变化。现在超过50个国家拥有了卫星资源,一些偏远和贫穷的欠发达地区也开始使用卫星服务。现在不仅是国家拥有卫星,商业公司包括国际大财团也都拥有空间投资。

空间利用同样发生了质变。商业卫星公司可提供高分辨率的卫星成像、安全的卫星通信等重要服务,这些曾经是民用领域的专属领地,但是在现代战争中,商业卫星也在发挥重要作用。近几场战争中,商业卫星为美国及其盟国军事力量提供绝大部分卫星通信服务,还为美国防御和情报任务提供越来越多的卫星成像服务。卫星服务范围的拓宽不仅巩固了它在军事行动上的地位,也使它在民用、科技、经济活动方面变得越来越重要。以至于人们在日常生活中,商业卫星同人们的联系也更加紧密。

（三）潜在对手的威胁

俄罗斯逐渐走出颓废,变得越来越强大。在空间信息系统建设方面从自身实际出发,谋求有效利用空间,重点发展进入空间和利用空间技术,确保在空天领域的竞争力,提高信息对抗能力,为未来的空天计划奠定科研和技术开发基础;进一步开发先进军用航天器技术,部署各种军事空间信息系统,包括通信卫星、导航卫星、预警卫星、侦察卫星等。俄罗斯空间信息系统的发展成为美国的直接挑战者。

美国的盟友欧洲近些年也强调确保独立自主、经济有效地进入空间,进一步扩大空间应用能力,挣扎着试图摆脱战略性空间资产对美国的依赖。欧洲正在积极谋求独立、可靠、高费效比进入太空的能力,并在一些关键技术上有所突破。联合实施面向用户的"全球环境与安全监测"(GMES)和"伽利略"导航卫星计划,以及卫星通信服务等空间综合开发应用。

日本一直采取"寓军于民、以民掩军"的发展策略,在空天高技术发展中抢占制高点。根据日本宇航开发研究机构(JAXA)制定的2006—2025年长期发展规划,将开发空天运输系统,确保自主开展空天活动的能力;发展可重复使用航天运载器系统,力求在空天运载技术领域处于世界先进行列;通过空间机器人及其关键技术的开发,完成大型机构组装、作业支持、故障检测、诊断与维修、轨道碎片处理等应用服务,提高航天器在轨完成任务的灵活性、自主性和可靠性。

印度着眼空间技术未来发展,在大力推进空间信息技术应用快速发展的同时,积极开展月球探测和载人航天活动,已经掌握了精确制导、轨道机动、深空遥测等技术为军事空间能力的提升奠定基础,目前正以空天高技术发展推动军事大国和地区强国地位的实现。

空间对抗、反制技术和手段不断更新,空间越来越具有对抗性。当前,空间系统以及相应的支持设施面临着一系列人为威胁,这些威胁可以阻断服务,降低服务等级,欺骗、干扰或者破坏空间资产,潜在对手一直都在寻找可能存在的空间脆弱环节。随着越来越多的国家和非政府团体发展反制空间能力,美国认为其空间系统面临的威胁将增加,空间环境稳定和安全所面临的挑战也将增加。

空间越来越具有竞争性。尽管美国仍然在空间能力方面维持着全面领先的地位,但是美国的竞争优势随着更多国家和团体的进入而逐渐降低。由于其他国家的技术发展,美国在多个领域内的技术领先优势正在逐渐衰退。空间技术的全球性进步及其零部件在国外可用性的增加使美国出口控制审查过程显得尤为复杂。

（四）对抗的加剧

在人类步入空间时代的前几十年，军用卫星主要用来进行侦察、导弹发射早期预警、气象数据收集、武器控制验证和通信。现在，卫星在发挥上述功能的同时，还可在战时发挥"效能倍增"的作用。它们在目标识别、精确制导、战场毁伤评估，以及指挥控制系统内部和对外通信方面，发挥着极为重要的作用，在美国极力开展相关应用的同时，其他国家也在发展相关能力，利用卫星完成类似的军事保障。

同时，美国和其他国家为了削弱敌方战时对卫星的利用，不断寻求各种办法。某些国家正在权衡在空间进行武器部署的成本和效益，用以攻击他国卫星、弹道导弹或地面目标。

虽然空间没有部署实质性武器，但是科技军事强国依托先进的科学技术和经济实力，不断加大对于空间作战能力的探索。"潜在的敌人深知战略优势对美国的战略和作战十分重要，因此他们也在努力获取相应的能力。为了抵消美国的常规军事能力优势，他们还在谋求实施包括信息战、空间战以及使用化学、生物、放射核子与强化高爆武器等在内的非对称战略。这些非对称威胁带来了十分棘手的情报战。"目前注重发展的这些能力主要包括：一是发展反卫星能力。俄罗斯在拥有"共轨式反卫星武器"的基础上，近年来拟重点研发动能武器、定向能武器等新概念武器，部署反卫星导弹，以保护本国重要安全目标，同时具备对敌目标毁伤或压制能力。印度也在积极实施反导试验，宣称已经具备"压制敌方卫星的能力"，并且储备了诸多关键技术。欧洲近年开展的"原型研究装备和空间任务技术推进"任务，"德国轨道服务任务"、"清洁太空一号"项目等，均以空间科学试验为名，探索空间自主交会、轨道接近、在轨捕获等与反卫星能力相关的技术。二是实施恶意干扰。与上述需要较高的经济与技术资本不同，许多国家和组织掌握了入侵计算机网络或干扰卫星通信链路等技术，成为太空安全面临的重要威胁。例如，被美国认为"邪恶轴心"的伊朗和朝鲜分别与2009年和2012年成功运用自身研发的火箭发射了低轨卫星，具备的运载火箭技术和弹道导弹技术增加了美国的不安。

第五节　美国空间信息系统防护发展趋势

随着空间技术的发展，掌握空间攻防技术的国家和团体越来越多，相互敌对的或潜在的利益集团有针对性的对攻防技术进行研究，使空间信息系统攻防的形式非常严峻。与此同时，空间信息系统强国尤其是美国对空间资产的依赖越来越强，由于技术、成本等多方面的限制，以及空间信息系统自身固有的脆弱性和易攻击性，使美国不断加强空间信息系统的防护，对空间系统防护能力的提高非常重视。目前，已经发展的卫星防护技术除了天线调零、星上处理、传感器眼睑之外，微小卫星星座与编队飞行、轨道机动、伪装、隐身以及采用新型材料加固卫星等多种防护手段也开始进入探索和论证阶段。

一、采用多种先进技术，提高卫星抗电磁干扰能力

在应对电磁攻击方面，目前已经围绕地面系统、卫星电子载荷等发展了多种手段。

如:地面系统一般采用接收天线调零技术、自适应滤波技术、宽带干扰抵消技术、扩跳频技术等措施;卫星平台上则多采用星载透明转发器增加软硬限幅器、增益控制等星上处理技术,以及采用 TDMA 或 CDMA 等抗干扰通信体制、改进信号结构和模式等措施。目前,美国在通信卫星、GPS 导航卫星安全防护能力方面已经发展得较为全面和成熟。

美国新一代导航卫星 GPSⅢ 是第三代导航定位卫星。为适应美国国防部的导航要求,美国对 GPS 现代化计划不断更新,包括提高星历自主更新的自主能力和抗摧毁能力;采用 M 码和频谱复用技术,使军民信号分离,提高军码保密性,提高军码发射功率,依靠星间链路通信能力,实现在轨数据交换,提高星历精度等一系列强化措施;重新设计天基导航和授时系统,包括卫星设计、补充要求、信号增强及抗干扰等。

美国的 GPSⅢ 卫星通信系统采用多种抗干扰通信体制,其中直接序列调相码分多址(CDMA/DS)和跳频码分多址(CDMA/FH)这两种码分多址通信方式具有良好的抗干扰特性,其星载的多波束调零天线技术可以利用多波束天线和干扰源定位设备确定干扰源的大致方位,转发器的频率交链技术可实现特高频(UHF)与超高频(SHF)的频率交链,不容易被捕获和干扰。

军事战略与战术中继卫星(Milstar)系统是美国国家指挥中心与轰炸机部队、潜艇部队、地面部队之间建立的抗核爆炸可靠性极高的军事卫星通信系统。Milstar 卫星也采用了多种抗干扰技术,以综合提高卫星的抗电磁干扰的能力。Milstar 采用了先进极高频(EHF),上行链路频段采用 EHF 和 UHF,下行链路采用 SHF 和 UHF。EHF 频段的优点是具有较低的截获和窃听概率。Milstar 上装有抗干扰的多波束调零天线,天线灵敏到在对它干扰的几秒内就可将方向图零点位置对准敌方的干扰波束,自动将敌方发射机的干扰调至零,因此具有很强的抗干扰能力。Milstar 卫星还采用了再生式处理器具有很强的抗干扰能力。Milstar 卫星还采用了再生式处理转发器技术,把接收到的上行信号解调为基带信号,经过处理后再重新调制发送,抑制了噪声和干扰的积累,从而可以提高整个系统的抗干扰性能。除此之外,Milstar 还采用了数据传输纠错技术、加密技术、60GHz 星间链路技术、抗核辐射加固等其他抗干扰技术,这些使得 Milstar 卫星空间部分有足够的抗干扰能力,可提供不受干扰的保密通信。

美国国防部高级研究计划局通过创新卫星通信(NSC)计划,研究利用先进的信号处理技术为卫星上行链路信号提供保护,使其免受敌方干扰。

二、采取有效加固措施,提高卫星物理防护能力

提高卫星物理防护能力的大多数技术手段还处于研究、论证、试验阶段,主要手段是对卫星星体或易受损伤的部件进行加固和升级。例如卫星最容易被激光破坏的就是太阳能电池板,用核电源或同位素热电发生器来替代它,可以提高卫星免受激光攻击损伤的能力。卫星中的星载光电成像传感器也容易受到激光的干扰产生饱和甚至损伤,可在传感器前增加滤光片,滤掉一种或多种波长的激光,或增加涂层,使其一特定波长强激光照射涂层时该涂层能够作为一种光限制器来实现对光电传感器的防护。

为了满足美国军用卫星,战略导弹近、中、远期对于抗辐射加固微电子器件的需求,美国国防部制定了抗辐射加固微电子器件长期发展战略,并从 2002 财年开始实施抗辐射加固微电子加速发展计划,现已取得较大进展。2005 年相继完成 BAE 系统公司、霍尼

威尔固态电子器件中心抗辐射加固微电子器件生产设施的现代化改造,2006 年验证了抗辐射加固 0.15 μm 自动化设计能力。这些技术很可能被用于美国下一代军用卫星和战略导弹。

为了提高卫星抵御定向能武器的攻击,美国空军正在研究将纳米材料应用于卫星防护技术上。通过去除纳米材料中的半导体纳米管成分,同时提纯金属纳米管成分,能够提高纳米材料的硬度和导电性。使用这种材料做卫星的蒙皮,能够有效吸收、反射或转移定向能波束的能量,从而降低定向能波束造成的高温和电磁的毁伤效能。若将特殊纳米材料用于制造星载电子芯片上,则可以提高卫星电子设备对电磁干扰的防护能力。目前,美国空军研究实验室、DARPA、国家侦察局、诺·格公司和代顿大学等来自军方、商界和学术界的多个机构都在投资进行纳米材料卫星防护技术的研究。

三、发展威胁识别与预报系统,提高对空间攻击进行甄别的动态监视能力

美军的军事卫星通信活动中,95% 需要经过商用卫星系统进行中继,而商用卫星本身由于受成本所限,很少针对攻击与干扰采取防护措施,因此其生存能力要低于军事卫星系统。为了能有效识别美国的航天器遭遇自然环境干扰和蓄意的人为攻击,美军启动了"快速攻击识别探测报告系统"的研发工作,已经部署的 RAIDRS 的 Block 10 样机由地基硬件和软件组成,主要用于监视商用卫星通信连路的完整性,对干扰源进行探测,为指挥官判断攻击是有意的还是无意的提供支持。Block 10 部署在中东地区,其目的就是保障美军在该地区的巨大商用卫星通信需求,2011 年达到了完全作战能力。

Block 20 将进一步扩大 Block 10 的监视对象,不仅能为商用卫星,而且可为美国国防部所有空间资产以及其他政府机构的秘密卫星系统提供监视能力。RAIDRS Block 20 是一种软件密集型系统,可以对包括空间气象数据、反卫星导弹发射预警数据、卫星定位与空间遥测数据以及各种来源的情报进行融合、比较与处理。通过信息与情报的处理,指挥官可以预测反卫星导弹何时来袭,进而可以采取一系列措施对卫星进行防护,如卫星在轨机动等。未来进一步发展的 RAIDRS 将能提供对抗在轨威胁的数据,而不仅仅是地面威胁的数据。此外还将把新的威胁类型,如定向能武器加入到系统的数据融合结构以及自动化数据源中,用于威胁识别。

四、开发空间威胁模拟环境,评估空间信息系统生存能力

为了测试空间系统在自然环境或人为影响下的生存能力,美国空军已启动了空间威胁评估试验台(STAT)计划,其目的就是开发一种空间环境模拟试验设施,在该试验环境中对多种空间威胁进行评估,从而评估系统在空间威胁下的生存能力。STAT 计划的第一阶段将开发能集成、控制多种环境和人为影响源的技术,并开发一种可测试卫星分系统和微卫星在不同环境和威胁下所受影响的能力。

STAT 计划将建设具有真实空间环境条件以及各种典型威胁源的地面空间实验室,并可与美国空军卫星运行中心连接,能模拟近地轨道、地球同步轨道以及太阳同步轨道的空间环境,还能模拟近期可能影响卫星生存能力的人为威胁,从而可以帮助在轨卫星系统的运行人员识别环境影响和人为威胁,并协助开发可减缓空间威胁影响的战术、技术及手段。

五、采取综合措施，全面提高空间资产的防护能力

由于航天器自身固有的复杂性与脆弱性，单纯采取一种或几种保护措施，往往难以起到理想的防护效果，因此美国开始研究如何采取多种手段相结合的方式，来全面提高空间系统的自身防护能力，主要有以下做法。一是提高对空间环境态势感知能力。发展对空间环境的检测与威胁的告警能力，是获取防御性空间对抗能力的关键。如美军正设法提高防御性空间对抗的能力，加紧研制"快速攻击识别、探测与报告系统"，利用星载传感器探测、识别对卫星的射频和激光干扰。二是提高卫星机动性，如为了提高应用于空间攻防的微小卫星的轨道快速机动能力与精确的轨道位置控制能力，目前在硬件方面重点开发各种轻型微型推进器和高效燃料以及满足空间攻防要求的推进器控制技术，并已通过理论探索形成了多种解决策略，如提高燃料比冲、降低有效载荷、采用固液混合燃料推进器、安装对称多燃料贮箱等方法。三是增强卫星抗干扰能力，如美军正在研究卫星抗激光致盲防护、抗辐射加固等被动防护手段。四是采用新材料提高星体抗打击能力以及隐身特性，从而增强卫星在轨生存能力。五是采用伴飞星主动防护措施，应对空间动能反卫星武器的袭击。六是发展空间威胁模拟技术，对卫星抗威胁能力进行评估，在卫星研制阶段就能有针对性地采取措施，提高卫星的防护水平。

六、其他防护措施

除以上抗干扰、加固与威胁预报技术之外，其他卫星防护技术与概念也在发展中。如：快速响应发射技术能对失效或受攻击卫星进行快速替换或补充；F6 概念可使得航天器功能分散到编队飞行的模块中，从而有效分散风险；卫星在轨机动能力使卫星面对动能攻击时可采取变轨规避，降低受攻击的机率；综合使用包括雷达隐身、红外隐身和可见光隐身的卫星隐身技术，有效降低卫星的可探测性，增加生存概率。

第十章　美国空间信息对抗发展趋势

美国在空间信息对抗建设积累了丰富的经验,在理论和实践上远远走在世界其他国家的前面,空间信息优势加强了美国国家安全,有利保障了美国的国家利益和全球战略,在科技领域推动了科学探索并改善了人们的生活方式。在新世纪,发展和提高美国的空间信息对抗能力对美国来说更为重要,但是变化的战略环境逐渐对美国的空间优势提出挑战。对于空间认识深化和科学技术的发展,也使其他国家有能力涉足空间信息系统建设,并对美国形成威胁和潜在威慑。空间变成不属于任何国家但所有国家都要依赖的领域,越来越为各国所竞争。同时空间环境也发生了恶化,正变得越来越拥挤,这些变化迫使美国对于空间政策导向的调整。

美国未来空间信息对抗指导战略和政策,不仅是为了确保国家安全,还将支持民用和商业空间活动,因为这些活动带给美国巨大的科技、经济利益,在当前空间利用中已占主导地位,政策导向将更有利于这些不同领域建设的融合发展。同时,政策导向的中心目标还将是最大限度地减少卫星面临的威胁,优化空间效益、保护空间环境,防止空间活动加剧国家间紧张局势,进而导致摩擦或冲突。

第一节　空间信息对抗技术发展趋势

美军空间信息系统技术发展呈现四个较为明显的发展趋势:预警卫星系统向着高灵敏度、快速探测、快速识别方向发展;侦察卫星系统向着全天时、全天候、全方位(地面和地下)侦察监视方向发展;通信卫星进一步向高速率、大容量、激光通信方向发展;全球导航定位卫星向高精度和抗干扰的方向发展。而随着争夺空间制高点的活动愈演愈烈以及空间信息系统技术的不断进步与提高,空间信息对抗技术也必然会成为空间高技术发展的焦点。围绕卫星干扰、摧毁、控制与防护展开的技术研究进行激烈竞争。

在加强空间信息软对抗的同时,各种反卫星武器将逐步投入实战,而新的卫星防护技术与手段也会逐渐发展成熟。美军认为,夺取空间信息优势最有效的途径就是摧毁敌方的卫星系统。美国反导计划中的机载激光器、天基激光器和天基拦截弹,都具有攻击卫星的能力。此外,美国航天飞机已经进行了回收并修复卫星的演示,表明未来美军有可能利用航天飞机直接对敌方卫星进行破坏或摧毁。

一、新概念、新技术以及新模式的发展,为未来空间信息对抗带来新的挑战与变革

(一)新的空间转型对未来空间信息对抗带来新挑战

伴随美军武装力量的转型,美军已经开始考虑空间模式的转变问题,空间模式正在向着小型、快速、多数量方向发展,并提出了新的、补充式的空间业务运行方式,即空间作

战快速响应(ORS)计划。为联合部队的战役、战术指挥官提供快速的、可靠的、满足需求的空间力量,是作战响应空间计划的本质要求与最终目的,而快速卫星研制与快速卫星发射则是作战响应空间计划实现其目的的主要手段。空间信息对抗是作战响应空间计划将来所要完成的主要任务范畴。传统的动能反卫星技术、激光反卫星、大功率微波反卫星和粒子束武器,甚至是靠核爆产生大剂量电磁辐射的做法,存在政治上的敏感性以及存在不同程度的技术问题。而借助作战响应空间计划的响应性、经济性、灵活性和高效性等特点与优势,以及新兴的微小卫星技术,能够为空间进攻性和防御性的信息对抗带来新的发展模式。如利用不同类型的微小卫星实施航天器近距离绕飞监视与信息干扰、在轨机动、交互对接、抓捕、拦截、在轨释放小型攻击武器等攻防手段,这些技术与手段的发展与成熟,必将使未来的空间信息对抗产生重大的变化。

(二)新的空间技术概念给未来空间信息对抗带来新变革

"F6"计划是美军正在发展的一种全新的航天器系统概念,其实质是将一个航天器的功能和故障风险分解到多个分离式模块中,进一步降低航天器对发射系统的要求,缩短研制周期,提高可扩展性和可维护性,增强空间资源的配置与使用效率,从根本上降低航天器全寿命周期费用。F6能很好地满足作战响应空间计划对生存性、灵活性、响应性、经济性等方面的要求。这种模块化航天器在应对天然或认为的威胁方面具有较大的优势,如:反卫星武器,即使某一模块受到攻击或干扰,可以临时通过响应性运载火箭进行发射补充,使其快速投入使用。在轨系统具有快速扩展性,允许对在轨系统进行升级与提高,以应对不断增长的空间威胁。2014年进行首次发射的F6计划虽然目前仍处于概念验证阶段,但是一旦无线电力传输、无线分布式计算等关键技术获得突破,未来航天器的设计理念、体系结构、运行管理、制造和发射模式都可能发生革命性变革,同时也会带来空间信息对抗方式的重大变化。

(三)新的空间技术的发展成熟对未来空间信息对抗产生重要影响

除了新的空间发射概念、新的空间运行模式的发展对空间信息对抗带来新的挑战外,新的空间技术也会对未来空间信息对抗产生革命性影响。如卫星通信技术的发展,有可能使激光通信成为未来卫星通信的主要方式:一方面激光通信传输速率高、加密特性好、抗干扰能力强等特点使得传统电磁干扰攻击方式难以凑效;另一方面由于激光波束指向性强,对发射接收器的对准精度要求极高,因此也给卫星系统带来一定的弱点。又如,美军现在正在发展的以空间因特网技术为基础的转型卫星通信系统(TSAT)计划,其优点是卫星网络可以作为宽带接入网,或者作为连接各处网络的高速骨干网,一旦用户链接到卫星基础设施及其地面设施,就可以访问任何其他用户和数据,从而迅速发展一点对多点的高效率通信。但其缺点也非常明显,虽然美军已经加强了空间网络的数据安全,但互联网固有的漏洞与弱点仍然会对空间因特网通信带来影响,如病毒扩散、木马攻击以及其他网络欺骗与攻击技术将有可能被应用于未来的卫星通信对抗中。此外,诸如虚拟卫星星座、空间机动平台、空间自主交会等高新空间技术,只要针对空间信息对抗进行稍加调整与改进,就可以应用到天基反卫星武器领域,从而对在轨卫星的防护提出更高的要求。

二、预计2020年前,美军现有空间信息对抗技术将逐渐发展成型

预计到2020年,空间信息对抗系统总体技术将逐渐发展成型,将为空间信息对抗系

统的工程化提供顶层指导,确保统筹考虑空间信息对抗系统的轨道设计、兼容、姿态控制等问题,提高空间信息对抗系统建设的效费比。

（一）硬打击方面

用于反卫星的地基激光武器、高功率微波武器以及可在较短时间内向世界任何地点投放常规武器的亚轨道飞行器等新型空间武器系统将出现,美国陆军正在研制地基空间控制新型空间武器系统也将出现。美国陆军正在研制地基空间控制（GBSC）系统,以提高陆军阻止敌方利用空间的能力。GBSC 的建设计划分为三期,计划初期（2002—2007年）建成一个初级 GBSC 系统,使之具有能从固定基地发射定向能的能力,对敌方卫星通信和侦察系统实施精确干扰,甚至使其失能;中期（2008 年—2015 年）建成下一代 GBSC系统,使之具有能从机动平台发射定向能的能力;远期为 2015 年以后,陆续完善增强其功能。美军还在通过"力量运用与从本土发射"（FALCON）计划发展"通用航空飞行器"（CAV）和"高超声速巡航飞行器"（HCV）等,以显著增强美军全球快速机动、全球快速反应与全球快速打击能力。天基反卫星武器技术与概念将进一步得到重视,但是由于政治上的敏感性,空间武器化将以民用、商用形式逐步发展,在进行一系列先期的演示验证试验之后,将逐渐向着军事用途转化。

（二）软杀伤方面

随着空间信息系统的工作频率向更高频段扩展,除了微波之外,适于毫米波、光波等频段的电磁攻击手段将大量涌现,攻击方式将更加多样化和完善;同时,卫星对卫星的软攻击技术将逐步成为地基、空基系统空间信息对抗的重要辅助手段,美国的天基可定位射频干扰机和小型电磁杀伤飞行器、超宽带电磁攻击等软杀伤手段将具备实战效能;此外,随着跟踪捕获瞄准技术以及目标频域特征快速识别技术等将发展成熟,攻击的精度、稳定性将不断提高,可快速锁定、捕获被攻击目标并确定其频域特征,并自动分析目标的体系结构,从而清楚地掌握网络结构、各设备间的连接接口协议、操作系统、空中接口和地面网络接口等,可有效进入其发射机或者接收机的工作波束主瓣。基于网控的卫星攻击技术将发展成熟,能够以卫星空中应用系统接口、地面测控系统等为入口,注入病毒、伪指令,进而达到控制卫星运行的目的。

（三）防御性空间对抗方面

航天器防护技术水平将有很大提升,形成多手段、多层面的防护体系。届时,美军将在陆地、近地轨道、中地轨道和静地轨道部署更多的防御性空间对抗系统,基本具备防御性空间对抗能力。同时,美国卫星平台快速的攻击确认和探测能力将发展成熟,"快速攻击识别探测与报告系统"（RAIDRS）将得以投入使用,可有效、快速探测空间武器系统的不正常现象,并及时把详细情况反馈给地面控制中心。随着太赫兹技术、纳米技术以及新的信息处理技术在空间通信、探测领域的应用走向成熟,卫星抗干扰能力、卫星平台的抗毁性都将随之增强。威胁模拟技术也将进一步趋于与真实环境相一致,使得研究人员在实验室就能对空间威胁进行逼真的模拟,从而在研制卫星系统的初期就能有针对性地考虑并检验系统的防护措施,有效提高空间资产的抗威胁能力。

三、预计 2030 年前,新的空间信息对抗技术与概念将更加趋于成熟

预计到 2030 年,随着新技术、新概念的不断发展与成熟,空间硬打击和软杀伤能力将有质的突破。

（一）硬打击方面

到 2030 年,将会形成以地基动能、定向能反卫星武器为主,机载反卫星武器为辅,天基反卫武器逐步具备较为完整的空间对抗能力的空间硬杀伤武器格局。已拥有反卫星实战能力的美国地基导弹防御系统,到 2030 年发展将更加成熟,并将具备打击地球同步轨道卫星的能力;处于试验阶段的机载激光武器系统,届时也将具有实际的反卫星能力,形成对地基反卫星武器的补充;天基反卫星武器目前仍处于概念发展阶段,虽然由于效费比以及技术等因素,发展较为缓慢,但是国外军事大国空间武器化进程难以阻止,空间领域作为军事战略制高点,必是各军事大国争夺的要塞。到 2030 年前后,随着空间自主操作、自主交会、微小卫星以及分组式卫星等空间新概念新技术的发展与应用,天基反卫星武器有可能形成初步的作战能力。

（二）软杀伤方面

随着组合型航天器的发展成熟,未来航天器将由自由飞行载荷和多个动力、能源、通信等功能模块,通过信息链接构成。这种新型航天器体系结构在带来灵活、高效等好处的同时,也带来了新的受攻击风险。模块化航天器在轨运行时是通过无线数据连接和无线能力传输,构成的一个物理上虚拟存在、功能上完整的航天器,有可能出现对模块化卫星系统的信息链路进行攻击的技术手段。

（三）防御性空间对抗方面

到 2030 年前后,新型空间信息系统技术与概念将获得飞速发展与广泛应用,新的空间系统防护模式与手段也会应运而生。除了应用新材料加固卫星、使用新的信息处理算法与先进技术提高抗干扰性、进一步加强空间威胁告警能力之外,在轨主动防护和攻击探测与报告能力也将会趋于实用。如保护重大卫星的专用微小卫星,使卫星具备较强的自主操作能力,在卫星上加装威胁告警探测器等,都会使卫星在轨生存能力获得有效提高。

第二节　美国未来空间信息对抗发展导向

空间信息对抗技术是一个国家国防关键技术的重要组成部分和武器装备研发的重要基础。其发展水平代表着国家的综合实力,并关乎国家的未来安全与战略利益。新世纪以来,为在未来国际战略格局调整中掌控战略主动权,美国采取重要战略举措,大力推进空间信息技术发展,并谋求在一些关键领域取得突破。

一、注重系统的顶层设计,将空间信息系统发展纳入国家长远发展战略规划

由于空间信息系统对政治、军事、外交、经济和科技等诸多领域的影响力不断提升,美国将发展空间信息系统视为保证国家安全,提升综合国力和国际地位的战略举措。美军在其空间信息系统的开发和建设过程中始终注重系统的顶层设计,重视加强军事卫星及其应用系统的统一规划和管理,以体系化思想规划系统建设,促进多种空间资源相融合发展,逐步构建成支持全球战略、战区和战术应用的综合信息系统。

（一）攻防兼备，协调发展

攻防兼备指既能运用天基系统和空间力量对敌相应目标实施有效侦察、信息攻击和火力毁伤，又能通过一定的技战术手段对敌方各种侦察、攻击和破坏行动进行有效防护。协调发展体现了美国空间信息系统发展的积极性，这是由空间信息对抗系统的特性所决定的。

利用空间信息系统进行主动侦察、空间导弹预警、空间目标监视以及杀伤、削弱、消灭敌人是空间信息系统的任务。在遂行具体任务的过程中必须坚决贯彻积极作战的思想，空间系统庞大而复杂和空间信息系统的具有的极大脆弱性，决定了空间信息系统易攻难守的特征。因此主动防御、被动防御技术必须协调发展。

（二）控制空间、保持主动

控制空间是美军空间战略构想的重要组成内容和追求的空间对抗效果，在未来空间信息对抗中，是一条重要原则。空间信息领域的控制权是夺取和保持战场主动的首要条件，因此：美军通过空间态势感知系统有效掌握敌方各类各型空间目标物理特征、各项参数、运行部署等情况，实现对空间目标的近实时发现、精确定位、跟踪锁定、重点监控等；通过空间进攻行动有效打击、破坏、干扰敌空间信息系统，从根本上削弱敌方利用空间、控制空间的能力；通过有效的空间防御行动，粉碎敌方对己方空间系统实施攻击的企图，最大限度避免空间实力的损失并有效维持空间系统的正常运行，使己方具备持续控制空间的实力和能力；通过空间后勤和装备技术保障有力保持与扩大己方控制空间的效果与能力。美军对控制空间的提出的具体要求和目标，合理确定空间控制的范围和程度，加大对重点空间区域的控制力度，确保行动自由和主动。

（三）整体规划，分散建设，综合集成

尽管美军已经发展起了较为完善的侦察预警卫星系统、通信卫星系统和导航卫星系统，但这些系统自成体系，系统之间往往互不兼容，形成了"烟囱式"发展局面，远远不能满足未来信息化战场的基本需要。为改变这种状况，美军于20世纪末开始，就非常重视系统顶层体系结构的开发，通过系统体系结构的研究，使特殊的、繁杂的空间信息系统变成有章可循、有规可依的总体规范的系统，从而充分发挥卫星军用系统的效能。美军在系统体系结构框架指导下，广泛开展了天基综合信息网的理论与技术的研究、试验，力图构建新型的一体化军事信息系统，努力把"烟囱"拉成网，使之具有更强的战场空间信息感知能力、生存能力、支援能力、电子战能力、电磁频谱利用和控制能力，以最大限度发挥出整体效益，从根本上满足未来信息化战争的需要。

（四）统筹兼顾，融合发展

首先对系统资源进行协调统筹整合。一是注重各类卫星系统之间的协调整合。20世纪90年代以来，美军加强了不同种类的军用卫星系统资源的整合，如照相侦察卫星与雷达侦察卫星的结合、预警卫星与通信卫星的结合，并初步建成了自己的军用卫星体系。随着军用卫星技术的发展与成熟，以及应用的扩展，美军现正在大力研究体系化的军用卫星系统，把军用卫星本身作为系统的一个节点，由卫星系统和分布式星座系统构成了天基综合信息网。该网是从顶层设计的角度，将天基系统数据获取、传输、处理、分发、应用有机地融合起来，从天基下传数据向下传信息过渡，以最大限度地发挥天基系统的整体效率，该网具有能够使广泛分布的武器平台和部队的作用集成起来的功能；能够利用天基信息系统实现决策能力,使"观测、判断、决策、行动"过程所需要的平均时间缩短到几分钟之内。二是注重军用系统与民(商)用系统协调整合。为了避免资源浪费,美军十分注重军民合作,协同开发研制、综合利用卫星系统,如提供有偿导航定位服务、出售低分辨率卫星图片等,使军用卫星系统发挥独特的经济效益,以减轻国防开支压力。二是注重卫星系统、卫星应用装备和现有武器装备的同步协调发展。近年来,为满足世界新军事变革和信息化战争的需要,在卫星系统迅猛发展的同时,美军大力加强卫星应用技术研究与应用装备的研发,卫星应用装备体系不断完善,性能不断提高。美军还注重现有武器装备和卫星保障能力的同步发展,对现有武器装备进行改造与升级,利用卫星应用技术提升现有装备的信息化水平和作战能力。美军 AGM-88 高速反辐射导弹、联合直接攻击弹药、防区外联合武器系统和联合防区外空对地导弹等都利用卫星制导技术进行了升级改进。通过升级,大大提高了导弹的作战效能和打击精度。

二、高度重视作战概念创新,以作战概念牵引空间信息系统发展

一般来讲,军事应用技术的提出和发展通常是以作战需求为牵引的。处于技术前沿的空间信息对抗系统发展则离不开先进作战概念的驱动。例如:为提高卫星抵御定向能武器攻击的能力,美国空军正研究将纳米材料技术应用于卫星防护;为有效识别美国航天器遭遇自然环境干扰或蓄意的人为攻击,美军启动的"快速攻击识别、探测与报告系统"的研发,目的是为各种与美国利益相关的商用卫星、美国国防部所有空间资产以及其他政府机构的秘密卫星系统提供监视攻击的能力;为在战时空间资产受到攻击后能够及时补充,美国提出了新的、补充式空间业务运行方式——"空间作战快速响应"(ORS)计划,通过卫星快速研制与快速发射,为联合部队的战场指挥官提供快速、可靠、满足需求的空间能力。在 ORS 计划的牵引下,"猎鹰"-1 小型运载火箭于 2008 年 10 月试飞成功,该火箭的生产周期仅为两三个月。此外,美军还发展了一种全新的航天器系统概念——"F6"计划等。为适应未来作战的需要,同时为获得新的战略威慑能力,美军提出了"全球快速打击"的作战概念,目标是在 2h 内从美国本土打击全球范围的各种军事目标,尤其是时间敏感目标。在这一作战概念的牵引下,国防高级研究计划局和空军正式启动"力量运用与从本土发射"计划,研制"通用空天飞行器"、"小型运载火箭"和"高超声速巡航飞行器",同时验证低成本空间运输能力。此外,美国空军、海军也分别开展了高超声速导弹计划,以响应"全球快速打击"这一作战概念。这些计划极大地促进了超燃冲压发动机、跨大气层飞行器机身结构设计等技术的发展。

通过近几次局部战争的实践,美军高度重视空间信息系统与战场的对接,通过实战检验空间信息系统的作战能力,以作战实际需求带动系统建设,在侦察监视、指挥通信、导航定位、预警探测、战场环境等应用领域积累了丰富的实践经验,战役战术应用能力日趋成熟。

(一) 以作战需求牵引,完善空间信息系统

近几次局部战争中,美军根据战争的需求,在技术的支持下,卫星侦察技术不断发展,"KH-12"和"长曲棍球"等新一代侦察卫星,与侦察机融为一体,基本消除了战场侦察的"死角"。自海湾战争以来,美军 70% 以上的战略战术情报由侦察卫星提供。美军战场作战部队都可通过卫星应用装备及时共享其权限范围内的卫星侦察信息,实现对战场

态势的及时感知。此外,战场环境卫星的态势感知能力也得到了空前提高。

(二)总结作战运用和建设当中的经验教训,渐进式推进项目研发进程

空间信息系统由于其应用领域的前瞻性、性能的超前性,势必使得其与传统技术项目相比,技术难度大、研制周期长、经费投入多、项目风险高。例如:美国"国家空天飞机计划"的投入高达数十亿美元,研制时间长达 10 年之久,最终因在技术、经费和管理等方面遇到的一系列困难而终止。在实战当中,空间信息系统也暴露出一些弱点,针对这些问题,美国吸取教训,渐进推进。比如美国的 Hyper–X、HyTech 计划则是专门进行发动机设计、机身一体化等关键技术突破的研究计划。在项目研发过程中,美国引入技术成熟度(TRL)评价体系,将整个项目从提出到投入实用的过程分为基础研究、可行性论证、开发、演示、验证/确认和实施 6 个阶段,用 9 个等级对当前的技术成果、工艺或分析/模拟水平进行评价,以审慎、渐进的方式推动各项技术研发项目,以此降低重大项目"拖进度、降指标、涨经费"的风险。

三、把关键技术作为系统建设的突破口,兼顾发展

在空间信息系统建设中,美军选择关键技术作为突破口,牵引体系发展。

(一)空间信息栅格技术成为研究重点

美军提出全球信息栅格(GIG)的概念,GIG 是支持美军信息优势和决策优势的基础,主要为解决各军种现有综合电子信息系统之间"信息共享能力差、难以融合集成"的问题,以满足未来作战从"以平台为中心"向"以网络为中心"转变的要求,其目标是通过与武器、传感器及战术指挥控制网之间的接口,将美军在全球分布的计算机、传感器和作战平台网组成一个大系统,实现各分系统在全时域、全空域的一致性和协同性,保证在未来战场下信息及时正确的传输。

(二)军用卫星组网技术

军用卫星组网技术成为重要发展趋势,不同功能星座将共同构成一体化综合信息系统。一是突破宽带数据传输技术,保证综合信息网数据传输需要。美国先后出台了"全球广播业务"(GBS),"宽带填隙卫星"(WGS)和"先进宽带卫星"计划,将宽带通信技术列为开发重点,大力研制数据传输快、通信信道多的新一代军用卫星,其第一颗配备 GBS 系统的军用通信卫星已于 1998 年投入使用,极大提高了美军图像和数据传输能力。二是攻关星际通信技术,提高卫星信息传输效率,20 世纪 80 年代后期,美国空军就曾计划在"国防支援计划"导弹预警卫星上安装激光横向连通装置,后来由于经费、风险问题最终放弃了这一努力。美国国家侦察局开始研制的同步轨道轻型技术试验卫星就有进行在轨卫星间横向连通的试验能力,星际通信技术的突破,必将极大提高通信情报传输速度和卫星信息利用效率,为天基综合信息网建设提供强大的技术支撑和物质基础。

(三)发展空间信息攻防技术

空间信息系统的重要性日益突出,围绕太空优势的斗争也日益激烈,"太空战"开始浮出水面。空间信息系统不再局限于完成各种支援任务,还将更多地承担起未来空间对抗的作战任务。近年来,信息技术的军事应用日益受到各国军队的普遍重视,军用卫星的信息攻防技术正逐渐成为空间大国的一个新兴的军事科研热点。美国空间司令部认为,软件中隐藏的有破坏性的恶意的源代码等威胁已取代反卫星武器,成为军事和商业

空间系统最大的威胁,这些威胁出现概率极高,非常容易影响卫星、数据链路和地面站。对此,美军投入大量人力、物力进行卫星信息防护相关技术的开发,并在其卫星发展计划中突出了确保"信息安全"的成分。在研的新一代导航定位系统卫星就采用了新的信号结构,将产生更具保密功能的导航信号;正在开发的智能化自动增益控制、自适应干扰抑制滤波和变换域干扰抑制技术将有效解决卫星信号干扰问题;在其检测敌方干扰与攻击卫星系统部署计划中,国防部一致要求无论是军用卫星,还是民用卫星,都要装载能感知敌方可能干扰和攻击的"敏感器"。

（四）研发各种综合集成技术

随着各种集成技术不断应用,美国不断将分散的系统综合集成,系统综合集成程度越来越高。一是网络集成。美国各军种都对各自的网络进行了集成,形成了陆军的"陆战网"、海军的"部队网"和空军的"星座网",这三个网络合称"联合企业",隶属于国防部。"联合企业"由国防信息系统网络、全球信息栅格——宽带扩展(GIG-BE)计划、全球广播系统以及远程端口等组成。同时,各军种内部多层次的战术通信网络也在进行集成,最终并入GIG。各军种各级别的通信网络、指挥控制系统互相连接,融入GIG。二是系统集成。美军"未来作战系统"是一个将士兵与各种作战平台、火力支援系统、传感器和指挥控制系统等连接在一起的集成系统,它以"战场互联网"为纽带综合了18个子系统。再如,美军"锋爪射手计划"(打击引导应用)、"锋爪黑夜计划"(特种作战应用)、"锋爪洞察计划"(战场信息集成处理)、"锋爪触觉计划"(战场链路)、"锋爪矛计划"(作战部队信息支援)等,为基层作战人员提供了必需的航天信息支援能力。三是技术集成。例如,美军针对未来卫星通信的要求,尝试探索光和无线电集成通信技术,该联合链路试验项目将开发和测试未来的空中和空对地通信网络中使用激光和无线射频两种通信方式。该系统能将激光和无线电通信综合于单一系统中,以便为部队提供紧凑、强大、高带宽的移动通信能力。

四、以实现创新军事能力为目标,促进空间信息系统向作战应用转移

空间信息系统研发的最终目标是通过军事应用,增强国家安全,提高军队的作战能力。因此,技术转化是高技术发展中至关重要的问题,直接关系到技术成果能否转化为战斗力。空间信息系统转化涉及科研机构、采办机构、作战/需求机构和产品生产企业等许多不同类型的单位,要求技术研发人员与技术的使用者之间加强接触交流,建立良好的工作关系和人际关系,实现技术研发与需求的对接。为此,各国空间信息系统研发管理机构采取了多项措施。

一是将绝大多数研究经费投向本部门以外的研究机构,如大学和工业企业,由它们将这些投资转化为新的工业能力并大大降低基础技术研发风险。当可以以预期费用,在预定时间内实现某项新技术的能力、价值和技术成熟度时,它们将会主动向军方用户推荐这项技术,从而实现技术的转化。

二是由潜在的技术用户负责具体项目管理。在研发机构对军方是否接受一项新技术没有信心时,不会向军方推荐这项新技术。为消除这一障碍,需在军方培养潜在技术用户。空间信息系统研发管理机构有意识将大部分经费转拨给各军种,由军种的研究机构作为其代理机构管理研究项目,监督日常的技术研发工作,从而在军内培训了一批熟

悉该项高技术研发的业务骨干。这类人员可以为技术提供担保，引导这些技术列入军方采办计划。

三是采用样机战略。对于大型综合系统，空间信息系统研发管理机构有时采用制造样机的策略，降低新系统的研制风险，使作战部门确信它将得到一种经济有效的新能力。一旦某军种确信它需要这个系统，就会与其确定技术转移策略，把样机转移给军种，由军种拨款继续进行下一阶段的研制工作。此外，通过研制样机还能招募有能力的科学家和工程师，提高系统工程和项目管理技能，促进先期作战概念的研发。

五、以服务创新为基本原则，确立高效的空间信息系统研发管理体制机制

创新是空间信息系统发展的核心内容。为服务空间信息系统创新，世界主要国家不断摸索空间信息系统研发特点，积极建立与之相适应的、灵活高效的研发管理体制，营造服务创新的研究环境和工作机制，激发创新的思想和活力。

以实现高效决策为目标进行机构设置。美国的空间信息系统研发管理机构都采用小型化、扁平化的组织机构，以快速做出启动、调整或终止研究项目的决策，保持研究机构的企业性、灵活性和创新性。在具体项目决策上，遵循"思考—建议—讨论—决策—修改"这一程序，"自上而下"确定研究项目，"自下而上"地发现新思想，其特点是快速、灵活、高效。鉴于空间信息系统研究存在的不确定性，研究过程中可能会有更好、更新的思想或技术出现，因此需要及时地调整研究方向，提高研究效率。为此，有的研究机构采用了非固定的机构设置，其下属各部门的工作性质和任务根据需要进行调整，甚至要组建或解散某些机构，以保持前瞻性，适应并应对新的技术机遇。

调用外部优秀的智力和人力资源。思维活跃、技术扎实、经验丰富的研发人员队伍，是空间信息系统研发的人才基础。为促进新思想萌芽的产生并激励创新观点，美国空间信息系统研发机构最具特点的做法是，从工业界和大学聘任专家型项目主管，负责项目的具体管理和实施，破除项目主任终身制，从而保持一种充满竞争的企业氛围。通过引进具有全新见解的新人，将具有相似或相同兴趣的专家组织在一起，一方面有利于交流、产生新思想，另一方面避免部门利益之争。

依靠合作发展空间信息系统。美国由于从事空间信息系统研发的政府或军方管理机构，其人力和研究设施等资源都是有限的，因此美国非常注重利用优秀的外部甚至它国的资源，通过军民结合、军地结合、跨国合作等方式，推进空间信息系统的发展。航空航天工业领域的大型企业、学术机构蕴藏着丰富的科学资源，为此 NASA 实施了"新型伙伴关系计划"、"发射服务计划"和"世纪挑战计划"等，保持并深化与这些企业、机构业已形成的合作关系。与此同时，一些极具创新活力的中小型企业，也逐渐成为美国开展空间信息系统合作研究的重要对象。为了吸引、鼓励它们参与空间信息系统研发，刺激新思想和新概念的产生，设立鼓励空天技术创新的奖项，如 NASA 设立用于奖励载人亚轨道飞行的 Ansari X 奖等。目前，美国空间信息系统研发管理机构与上述企业、机构的合作，已体现出由短期的"择优采购关系"向长期的"智力协作关系"过渡的趋势。

加强基础设施建设，注重后续人才培养。如：美国已建成 60 余座耗资巨大的高超声速试验设备，保障高超声速飞行器技术研发的需要；为了测试空间系统在自然环境或人为影响下的生存能力，美国空军启动了"空间威胁评估试验台"计划，开发空间环境模拟

试验设施。NASA 还将投资教育作为其传统项目之一,大力培养"科学、技术、工程、数学"4 大专业领域的人才,尤其是其中具备非传统思维的学生,希望他们成为 NASA 未来的管理者和学术带头人。

第三节　美国空间信息对抗政策的重点方向

美国空间信息对抗发展战略的趋势要求多部门全面行动,整合国防部、情报界、科技领域、工业界及非政府组织等所有国家力量。同时与国际社会合作发展集体规范、共享信息和能力协作。

一、美国空间信息对抗政策导向的方向

将从操作方面和任务方面加强现有国家空间信息系统的通用性和兼容性,来使国家空间信息系统安全体系的效率最大化。

将保证数据收集能力,产品以最低的允许等级发送,最大限度满足民用、社会团体的使用需求,确保以及时、可靠、易于响应的方式发展和部署美国的空间信息能力,提供国家决策制定者及时敏感和精确的信息,满足军队制定计划和执行有效的行动。

改进信息获取过程,增强美国空间工业基础,提供技术革新以及专门发展空间专业人员,满足维护美国空间领域所需的各种人才培养和技术储备。

规划国防部、情报界同工业界的合作,在发挥当前各项政策、措施的基础上,采取新的政策,更加有效发挥各部门的优势。通过改善需求分析来降低计划的风险,采用系统工程、任务保证、条约、先进技术、成本估算以及财务管理中被证明的优质方法来改善现有机制,减少任务失败风险,增加航天系统发射和操作的成功率。

在任务许可的情况下,与国防部和情报界充分协商,深入研究程序的计划、方案和实施,来提高目标探测、截获系统以及工业基础的效率和综合性能。国防部和情报部将评价备选过程的需求分析,以确保已经通过的一系列可接受的解决方案,同时确定可能进行调整的需求。需求分析过程必须综合考虑物质和非物质的解决方案,实现的花费和计划评估必须上报总统的年度预算申请,人力资源配置必须为成功执行提供合适的人员。

努力培育一个强壮、有竞争力、灵活、健康、具有及时准确投放空间能力的美国空间工业基础。国防部、情报部将和民用空间组织一起更好地管理投资,确保工业基础能够支持系统开发所需的关键工艺和技术。另外,美国将继续探索和具有更短开发周期的能力相结合,来最小化开发延迟、降低费用,并且使技术能够更快的成熟、创新和应用。

合理规划美国空间信息技术的出口管制,从而刺激美国空间工业基础的建设,提高技术安全和全球竞争性。出口管制对美国国家利益具有深远影响,这些管制阻止其他国家采取非法行动获得和使用对美国国家安全很重要的原料、技术和技能。然而,出口管制也影响了那些工业基地的健康和福利,尤其是二级和三级供应商。出口管制改革将促进美国公司提高作为国际市场供应商的竞争力,也就是说尽可能地允许他们的产品遍布全世界,但这种结果是在加强保护美国核心技术利益能力的前提下发生的。特别是当国际合作出现新的机遇时,修正的出口管制系统将更好地使国内公司竞争得到这些合同,修正的出口控制政策宣布美国公司有在全球范围市场出口空间相关项目的自由。美国

对修改出口控制及相关条约等问题避而不谈的意图是,继续限制出口技术和产品,严格审查和监管本国相关技术和产品出口,确保美国空间产业的健康发展和持久优势,同时对其盟国施加压力,限制或禁止相关空间技术和产品的转让和出口。

美国的政策将继续创造有利的环境,培育从事、改造和改进给美国带来空间信息优势的高新技术,革新培育的运行方法和不同的应用。美国的政策将设法维持和提高达到国家安全空间信息系统所需的全球和国内技术的途径。在遵循美国政策、技术转让宗旨和国际承诺的前提下,通过和学术界、工业界、美国和盟国政府、任务雇主以及其他具有先进和创新技术的核心力量展开技术合作达到上述目的。为了促进能够提高美国空间能力的科技的发展,美国将继续评估全球技术趋势来发现已有的技术和潜在的突破口,探索当前技术新的应用以及独特的、创新的技术能力的发展,增加科学研究和技术开发向实用转化。在可执行的程度上,美国要促进这些能力和技术的结合变成合适的国内空间规划。

政策导向将更加突出人的作用。人是最大的资产,为了支持一系列国家军事空间信息系统建设活动,美国要培养现在和将来国家的专家——美国空间方面的骨干力量,这些人能够获得能力操作系统、分析情报,同时能够在充满竞赛和对抗的环境中取得成功。美国要在军用、民用和承包商之间建立一支多样均衡的专业队伍。这些专业人员必须在他们的领域用最好的方法进行教育、积累经验和进行培训,这些领域包括制定计划、方案设计、目标捕获、制造、业务运行和分析。

美国将继续鼓励各个阶段的学生对作为空间相关专业基础的技术方面的课程进行研究。和其他机构和部门一起工作,将同时对科学、技术、工程和数学(STEM)方面的教育进行大量投资,以确保拥有足够数量具有相当技巧和能力的空间专业人员,鼓励空间专业人员参与 STEM 方面超越和启蒙计划。

美国空间基础建设的导向将重点发展结构性人员发展规划来扩展、跟踪和支持空间专门技术,加强教育和培训。通过培育、奖励和保持科学技术鉴定和专业领导来进行进一步的专业训练。通过鼓励原创、创新、合作、机智和恢复力来支持一个企业文化。由于国家空间安全优先级的变化,美国将继续教育和培训劳动力,配合新的优先级。

二、加强空间信息系统基础建设

美国空间政策将空间信息对抗能力建设目标分解到各相关基础领域,并提出了为实现这些目标所要采取的措施。其中包括:培养和保持具有高技能、有经验、富有活力的专业人才队伍;发展与采办的主要目标必须保证任务成功,各部门应明确任务需求和管理风险,明确采办管理人员的职责和权利;要求各部门加强协作、信息共享与集成;要鼓励空间科学新发现和新技术利用,加强空间基础与应用研究等。这些目标的实现,不但有宏观的规划,而且有具体的举措。

在人才培养方面,美国空军副部长彼得·蒂茨和空军航天司令部司令兰斯·劳德就航天骨干队伍建设问题在美国众议院武装部队委员会的战略部队小组委员会举行了听证会,对空军培养国家需要的航天骨干队伍战略—"航天人力资本资源战略"(Space Human Capital Resource Strategy)进行了阐述。陆军、海军以及海军陆战队领导人也参加了听证会,并就这一问题补充发表了各自军种的看法。该战略的主要内容包括:

（1）主要目标。①确保三军培养航天专业人员，以履行他们的特殊使命；②将航天专业人员的培养纳入国家安全航天工作之中；③提高航天力量应用于联合作战的能力；④始终如一地将最优秀的航天专业人员分派到国防部关键的岗位上。

（2）加大对航天作战人才培养的经费投入。

（3）以质量而不是以数量为原则建设航天专业化部队。

（4）采用分层次分步骤机制，加快航天职业人员培养。空军航天司令部和空间教育与训练司令部合作开设了一系列课程。培训航天职业人员分三步进行：一是教会基本技能；二是让其掌握利用航天系统支援部队作战的技术；三是让其掌握战略层次上的航天作战原则，并学会利用航天能力达成作战效果等。

美国空军航天司令部在施里弗空军基地成立了"国家安全航天学院"（NSSI），它成为了美军航天教育和训练的中心。美国空军航天司令部航天专家管理办公室的官员在一份声明中指出，通过广泛的航天教育和训练项目，NSSI将为国防部和其他政府部门培养更多的航天专家。前美国空军副部长蒂茨表示："再过几年，我们将拥有一支完全专业化的、在整个国防部得以公认的空间干部队伍。"他们将"带领推进美国的空间力量现状，并能极大地转型军事作战和情报行动。"

三、加强空间领域合作

奥巴马政府上台后，已承诺在空间开展国际合作。美国越来越认识到广泛的合作和沟通可以减少空间对抗的强度，通过交流可以避免误会和减少摩擦，并且可以促进技术的进步，提高空间信息对抗能力。未来，对这种观点的认识会成为共识。

美国认为通过广泛的合作有助于实现下述长期目标：

（1）最小化所有卫星（无论是民用卫星、商业卫星还是和军事卫星）面临的蓄意和非蓄意的威胁。

（2）协调空间活动，优化空间效用。

（3）防止可能加剧国家之间紧张局势的空间活动，以及容易导致地面军备增加、引发或恶化地面危机的空间活动。

虽然美国政府一直强调开展国际合作，并且目前的国家空间政策在一定程度上提供了一些提纲挈领的宏观指导来加强空间系统的交流和合作，但是政策多是笼统的，鉴于诸多原因，美国采取的切实行动有限。未来还需更加详细的政策才能使空间广泛合作取得更大的进展。例如，现政策强调国际合作，但没有详细指出美国通过国际合作想要达到什么目的以及采用何种指导战略。政策还说美国将要确保所有责任方对空间的使用，但没有给出责任方的界定。此外，未来该政策可能会要求国防和情报部门制定相关详细计划和发展相关能力实现两个目标：一是确保美国空间能力的可生存性，并阻止、防御或摧毁任何损害美国空间能力的图谋；二是明确政府如何通过何种限制程度的交流实现这些目标，相关行动需要受到什么限制，以使在交流中可以获得最大的收益。

（一）多方合作提高联盟的空间信息对抗能力

美国已经认识到，依靠控制空间和一国独大无法单方面创造一个持久、安全的空间环境。这对日渐增加的卫星威胁而言加强多方合作的要求尤为紧迫。

在加强合作方面，一些国家已经就同步卫星的轨道位置和传输频率达成协议，以避免卫星之间的相互干扰,从而更加充分地利用对地静止轨道资源(如尽可能多地在对地静止轨道上部署卫星)。但这种自愿的协调,往往是由国际电联管理。以往是由国际电联负责制定地球同步卫星的管理规定、监管轨道间隙的分配,以及处理各种投诉和冲突。美国认为美国应当承担更多的责任,来促使类似的交流的开展。

(1)加强内部的合作交流

在许多任务领域内,国防部和情报部将继续和其他组织进行广泛合作来确保美国国家空间信息系统优势能力的状态。包括在美国政府的各个部门、空间民用机构、非政府组织等合作伙伴进行合作。通过共享或者交换性能、数据、服务、人员、业务运营和技术,确保接触到更多种类系统的信息和服务,在现在这样一个竞争的空间环境中合作将为美国带来技术优势。美国的政策导向将加强该领域的引导。

商业公司在规模和技术方面发展迅速,在经历的战争中商业公司发挥了作用,和商业公司的战略合作关系将构建一个更加多样化、更加健壮和分布航天系统,并提供更加开放的数据。美国认为和商业公司的战略合作关系将稳定投资和提高美国所依赖的空间体系的强度。并且可以提升军用空间信息系统的技术水平,节省政府的费用和时间,美国将通过政策鼓励和最大限度地依赖已经证明的商业能力。这样做对政府来说能够更加经济和及时,美国将调整这种商业能力来满足政府的要求。只有当没有合适的、经济的商业替代品或者国家安全需要时,美国才会开发新的空间系统。如何平衡商业公司和军事空间系统的发展,需要美国在政策层面进行规范。

美国空间政策加强国内技术力量合作的意图是,充分利用民用、商用卫星技术力量为其空间军事目的服务,实现互补互进之势。一方面,民用、商用卫星和技术为美国空间军事力量提供重要补充;根据2012年1月1日发布的数据,美国454颗卫星中,非军用卫星多达330颗,这些民用、商用卫星在其近几次战争中都发挥了重要作用。另一方面,美国国防部大力开发探测、跟踪、识别等空间态势感知能力,向政府其他机构和商业组织提供技术和信息,通过军用技术转换和共享,刺激商业航天工业快速增长,快速发展空间能力,提高美国在全球经济中的竞争优势。

(2)加强国际合作

在发展的环境下,为和其他美国认为负责任的国家、国际组织和商业公司进行合作提供了更多的机会,美国将探索把空间信息对合作国家共享为"全面公用工程"。就像现在全球定位系统具有的定位、导航和授时服务一样,美国将提供特定航天系统的服务并通过合作关系加强这些服务,将继续共享 SSA 信息来促进负责任的和安全的空间业务运营。在其他业务,例如导弹预警和海洋领域感知,可能设法建立一个合作的导弹预警网来探测威胁美国以及盟友和伙伴国利益的攻击。

美国希望建立一个由美国主导的拥有共同利益的航天国家组成的联盟,需要和国际机构合作完成这个目标。美国在和盟友一起研究制定一个由原则、目标和宗旨组成的联合空间准则,这个准则保证和启动了在危机和冲突中共享空间能力,之后将付诸于行动。美国设法扩展与关键合作者的互利协议,来利用已经具有的或者潜在的能力,增加美国国家安全。在考虑支付能力和多方利益基础上,将继续增加合作国家的通用性、兼容性和一体化,并集成到国防部和情报部网络中,以此支持情报共享和收集工作。同时,美国军方和情报人员将确保适当的审阅和解密机密情报来提高合作者空间访问信息。

美国期望创立一个费用均分和风险均分的合作关系来研究和共享各种空间能力。美国合作伙伴的选择将按照美国政策、国际承诺,同时考虑成本、对能源和方法的保护以及对美国工业基地的影响。美国认为和其他国家合作也是确保全球利用无线电频谱资源和有关轨道分配以及促进各国和平、负责、安全的使用外太空的必要条件。

(二) 平衡技术进出口

美国忧思科学家联盟的分析报告指出,美国应修改出口控制及相关条约,减少商业和民用空间合作不必要的壁垒。但是,如何平衡技术进出口对于美国空间政策的制定者来说是一个棘手的问题。

美国政府对美国忧思科学家联盟倡议的修改空间信息系统相关技术出口控制及相关条约等问题避而不谈,其真实意图限制出口技术和产品,严格审查和监管本国相关技术和产品出口,确保美国空间产业的垄断地位和持久优势。同时,美国也对其盟国施加压力,限制或禁止相关空间技术和产品的转让和出口,以防止其不信任的国家取得相关技术。

但这种限制对美国来说是双刃剑,在过去的10多年里,这些条约的限制阻碍了美国参与空间相关的商业合作和科学合作,同时对防止敏感空间技术扩散的效果并不好。当前这些限制主要来源于一种观点,即空间由军事用途支配,这种观点主要是出于对技术扩散的担忧。但这种观点被广泛地认为不利于美国的长期利益,部分原因是由于它对美国卫星工业有不利影响。

由于这一问题具有复杂性和顽固性,美国白宫和国会需要较长的时间做出长期的努力来解决。为了解决该问题,政府需要以新的方式重新考虑空间问题,这种方式要平衡空间在军事、商业和民用中的应用并且认识到合作带来的好处。

为了使空间技术出口条约和有关法规更好地符合美国利益,美国政府要系统地重新考虑并调整这些条约。美国白宫2010年6月公告成立了一个新的独立机构,该机构在直接向总统负责的内阁级理事会的领导下,监督军用或者军、民两用技术的出口签证活动。美国认为尽管对一些敏感技术的限制符合美国的国家利益,但当前美国关于空间技术的一些出口限制并不合适。这些限制涉及的范围非常之广,以致干扰了非敏感的贸易和合作。

空间发展国家之间的约定和合作是形成稳定、安全的空间体制的基础。通过合作的活动可以促进国家间的重要交往和联系,提供支持透明和信息交流的平台,增强参与者的信心。商业和民用空间合作特别重要,因为空间活动的运行成本很高,合作伙伴可以共同分担研发的重任并共享开放市场所带来的收益。

在考克斯报告出台之后,空间技术成了美国国会高度政治化的议题。华盛顿出现一种观点,认为空间技术的出口将会在未来对美国的国家安全构成严重威胁,美国国会随即立法规定所有的卫星和相关项目都被划为军事用途,它们的出口监督权移交到国务院。在美国的军需品清单上,卫星被法律而不是条例规定为军需品。美国国防部授权法案所做出的这些改变产生了长期的负面影响。为了出口卫星给那些北大西洋公约组织成员国或美国主要盟国之外的国家,公司不得不提供技术转让控制方案,并且为美国国防部的监控提供资金。这导致外国卫星公司拒绝购买美国的卫星和卫星技术,同时美国厂商也不敢竞标国外合同,因为担心出口条约造成延期。

自从这些政策生效以来,美国已经丧失了其曾经占据的卫星市场主导地位。此外,美国空间研究学术界正经历着一场"逆向人才流失",国外的空间科学家都选择在美国之外的其他国家工作发展,如俄罗斯、中国、印度等国,这些国家对国际合作的限制不那么严格。

以立法形式确立的政策必须以立法形式来改变,正如1999年防御授权法案那样。这一立法修改已经由众议院发起,正在等待参议院的意见。未来的政策导向,将会在一定程度上放开这方面的限制。虽然出口控制是一个复杂的政治性问题,但为了美国利益,政府仍必须认真着手解决。

三、主导建立国际规范和相关法律

美国未来会致力于在国际社会中建立有关空间资产行动和卫星发射的"准则",以规范各国在空间的"行为",即由美国主导建立所谓的"空间国际法"。这意味着美国将要开始再一次充当国际规则的制定者。新规则必定以美国及其盟国的空间利益为先,同时限制其他国家发展空间能力。

美国主导空间政策,其目的维护其在空间资源上的既得利益的同时,限制其认为对手的发展和最大限度的进行制约。美国现有卫星454颗,占全球在轨卫星的45.7%,在静止轨道上有168颗卫星,卫星频率涵盖了所有频段,占据了最优质的空间轨道和频率资源。因此是最大的既得利益者,美国完全可以按照自己的意志制定不利于他国进入和利用空间的国际法,限制具体国家空间能力的发展。

(一)主导制定空间政策规范和法律

美国积极参与制定空间政策规范和法律的制定,以期使其利益最大化。

第一,美国可能鉴于空间轨道拥挤、碎片过多的态势,主导对空间轨道的申请附加限制规则,如发射卫星不得制造空间碎片、轨道垃圾,常用轨道如同步轨道卫星失效后要具备弹出轨道能力等,提高准入门槛,来加强对技术较为落后和发展中国家对空间轨道的申请的制约。

第二,制定空间频率的规范。美国可能制定有关空间信息系统频率的规范,联合其盟国设置频率利用门槛,如限制导航频率的区域或频段,造成类似我"北斗"系统的建设成本、使用成本的剧烈增加的后果,导致建设规模和应用范围的降低。以此变相提高美国的竞争能力。

第三,制定限制技术出口的法律。美国可能限制本国及盟国的出口技术和产品,使发展中国家无法正常采购到必要的芯片和材料,无法进行对外技术合作和交流,限制相关国家航天装备的制造和应用。

第四,空间技术合作方面的法律。美国主导国际空间技术合作,可能制造一系列特殊限制排斥与美国国家战略利益不一致的国家参与国际合作,制约其空间技术发展;或者制定的法律准许相关国家参加,但一些附加条件可能使这些国家在技术交流与资源共享中窥探空间系统和技术的发展水平和不足,为未来的军事威慑或行动增加筹码。

第五,禁止发展部署太空武器。

(二)制定相关条约将是美国内部及与他国利益博弈的结果

相关规范和法律的制定将是一个长期复杂的过程,因为空间活动的开展必须遵守国际法,包括联合国宪章,并顾及其他条约缔结国的相关利益,美国要照顾其盟国的利益,要限制其敌对国家相关的能力发展和对空间的利用,还要有被大部分国家接受的借口。

奥巴马政府的正致力于为太空发射和卫星行动制定国际规则,已表示准备在改动极少的情况下接受欧盟的《外层空间活动行为准则》;美国政府一项评估认定,该行为准则——旨在减少可能与卫星相撞的太空碎片——不会伤害美国在太空的国家利益,也不会限制机密项目的研究和发展。美国国防部前副部长威廉·林恩在一次的新闻发布会上说,五角大楼愿意接受太空领域的国际规范,因为太空已变得更具"竞争性",产生可能与卫星相撞的太空碎片的风险也增大了。他说:"我们认为,我们需要一种涉及国际规范、涉及与同盟国家的伙伴关系的多层次威慑策略,以便引导太空活动领域的克制态度。"

但美国的批评者认为,这将限制五角大楼部署军事系统来保护卫星不受太空武器袭击的能力。曾先后为布什和奥巴马总统担任国家安全委员会太空政策主任的彼得·马克斯对美国的这项战略表示关切。他说:这可能导致其他国家为美国在太空的防御系统设限,这项空间战略的执行将是关键。国际规范可能在无意间限制美国部署和研发跟踪太空轨道碎片及其他卫星的卫星。"国际评估和战略研究中心高级研究员查德·费希尔说,这项空间战略并不成功,因为没有充分考虑中国对美国卫星构成的威胁。他说:"这份文件给人的印象是,奥巴马政府只想忽视中国威胁,希望中国威胁会自行消失。它显然没有考虑如何发展美国在太空的积极防御措施以更有效地吓阻中国。"与此同时,共和党人对美国政府签署欧盟外层空间活动行为准则的意图提出质疑,37名共和党参议员联名致信时任国务卿希拉里称:"政府要让美国签署会对(当前的、拟议中的或其他)敏感的军事和情报项目以及众多商业活动造成大量可能极为有害影响的多项承诺,我们对此深感关切。"

美国也已跟俄罗斯、中国政府接触,希望讨论发射和维护卫星的准则。因此,相关条约的制定和相关法律的生效将是美国及美国与其他国家博弈的结果。

参 考 文 献

[1] 常显奇. 军事航天学[M]. 北京:国防工业出版社,2005.

[2] 费爱国,许同和,徐德池. 网络中心战与信息化战争[M]. 北京:军事科学出版社,2006.

[3] 黄元丁,秦岳. 挑战太空:航天技术[M]. 珠海:珠海出版社,2002.

[4] 军事科学院. 中国人民解放军军语[M]. 北京:军事科学出版社,1997.

[5] 军事科学院军事历史研究部. 海湾战争全史[M]. 北京:解放军出版社,2000.

[6] 军事科学院军事历史研究部. 美国侵越南战争史[M]. 北京:军事科学出版社,2004.

[7] 军事科学院外国军事研究部. 备战2020——美军21世纪初构想[M]. 北京:军事科学出版社,2001.

[8] 军事科学院外国军事研究部. 新世纪美国军事转型计划——美军转型"路线图"文件汇编[M]. 北京:军事科学出版社,2003.

[9] 贾晓光. 天眼:美国高空间谍情报侦察揭秘[M]. 黑龙江:黑龙江人民出版社,2003.

[10] 姜明远. 空军装备信息化概论[M]. 北京:国防工业出版社,2006.

[11] 【美】杰弗里·里彻逊. 美国情报界[M]. 北京:时事出版社,2007.

[12] 李辉光. 美军信息作战与信息化建设[M]. 北京:军事科学出版社,2004.

[13] 李大光. 美俄太空军事力量及其作战运用[M]. 北京:人民武警出版社,2012.

[14] 柳文华,王润朴. 六场局部战争中的信息作战[M]. 北京:军事科学出版社,2005.

[15] 刘桂芳. 高技术条件下的 C^4ISR[M]. 北京:国防大学出版社,2002.

[16] 任海泉. 把握开启军事变革之门的钥匙——信息技术与军事科学的融合[M]. 北京:国防大学出版社,2008.

[17] 孙建民等. 战后情报侦察技术发展史研究[M]. 北京:军事科学出版社,2008.

[18] 王成俊,刘晓达. 美军指挥控制概论[M]. 北京:国防大学出版社,2002.

[19] 王稚. 21世纪美军先进军事技术和武器系统[M]. 北京:解放军出版社,2002.

[20] 武文平. 美军空袭作战理论[M]. 北京:军事科学出版社,2002.

[21] 魏玉福,赵小松. 军事信息优势论[M]. 北京:国防大学出版社,2008.

[22] 许嘉. 美国战略思维研究[M]. 北京:军事科学出版社,2003.

[23] 总装备部科技信息研究中心. 美国卫星系统发展及战时保障运用研究[M]. 2005.

[24] 谢础. 航空航天技术概论(第二版)[M]. 北京:北京航空航天大学出版社,2005.

[25] 阎学通,孙学峰著. 国际关系研究实用方法(第二版)[M]. 北京:人民出版社,2007.

[26] 叶征. 信息化作战概论[M]. 北京:军事科学出版社,2007.

[27] 张晓军. 美国军事情报理论研究[M]. 北京:军事科学出版社,2007.

[28] 张晓军. 美国军事情报理论著作评介(第二辑)[M]. 北京:时事出版社,2010.

[29] 中国国防科技信息中心. 美国军事空间政策和军事航天技术发展研究(分报告)[M]. 2009年.

[30] 张健志,何玉彬著. 争夺制天权[M]. 北京:解放军出版社,2008.

[31] 张曙光. 以军事力量谋求绝对安全——美国新军事革命与国防转型文献选编[M]. 北京:国防大学出版社,2003.

[32] 章俭,管有勋. 15场空中战争——20世纪中叶以来典型空中作战评介[M]. 北京:解放军出版社,2004.

[33] 曾华锋. 现代侦察监视技术[M]. 北京:国防工业出版社,1999.

[34] 朱小莉,赵小卓. 美俄新军事革命[M]. 北京:军事科学出版社,1996.

[35] 赵少奎. 导弹与航天技术导论[M]. 北京:中国宇航出版社,2008.

[36] 卢昱. 空间信息对抗[M]. 北京:国防工业出版社,2009.

[37] [日]坂田俊文. 军事卫星[M]. 秦荣斌译. 北京:军事科学出版社,1990.

[38] [美]比尔·欧文斯. 拨开战争的迷雾[M]. 胡利平,李耀宗译. 北京:北方妇女儿童出版社,2001.

194

[39] [美]布鲁斯·伯尔考威茨,阿兰·古德曼.绝对真实——信息时代的情报工作[M].张力,白洁,唐岚译.北京:时事出版社,2001.

[40] [美]杰弗里·里彻逊.美国情报界[M].郑云海,陈玉华,王捷译.北京:时事出版社,1988.

[41] [美]杰弗里·T·里彻尔森著.兰利奇才——美国中央情报局科技分局内幕[M].张帆等译.北京:中信出版社,2002.

[42] [美]杰克·拉伐尔.越南空中战争[M].空军学院研究部译,1981.

[43] [英]J·阿尔伏德.新军事技术的影响[M].金学宽,叶信安译.北京:宇航出版社,1987.

[44] [英]肯尼迪.现代情报战的内幕[M].罗光复译.北京:解放军出版社,1986.

[45] [英]伦敦国际战略研究所.军事力量对比[M].刘群译.北京:国防大学出版社,2002.

[46] [美]理查兹·弗莱德曼.高技术战争[M].张力译.北京:兵器工业出版社,1991.

[47] [法]穆罗汉.21世纪的战争[M].杨杰、袁俊生译.北京:经济日报出版社,2003.

[48] [美]美国国防部.海湾战争(中)——美国国防部致国会的最后报告附录——[M].军事科学院外国军事研究部,中国国防科技信息中心译.北京:军事科学出版社,1992.

[49] [美]迈克尔·奥汉隆.高科技与新军事革命[M].王振西主译.北京:新华出版社,2001.

[50] [美]尼罗德·P·卡莱尔.美国人眼中的海湾战争[M].孙宝寅,孙卫国译.北京:当代中国出版社,2006.

[51] [美]斯蒂芬·范埃弗拉.政治学研究方法指南[M].陈琪译.北京:北京大学出版社,2006.

[52] [加拿大]威尔森、弗格森.军事航天力量——相关问题导读[M].尹志忠译.北京:国防工业出版社,2012.

[53] 陈杰,陈萱.全新的航天装备发展思路——美国快速空间响应系统探秘[J].太空探索,2012(4).

[54] 陈万强,邹振宁.美军卫星侦察能力评析[J].飞航导弹,2004(4).

[55] 陈小前,闫野,王振国.美国军事航天技术与战略力量建设[J].外国军事学术,2005(3).

[56] 高菲,靳颖,韩燕侠.军用航天能力亟待提升[J].太空探索,2012年第2期。

[57] 何博.近几场高技术局部战争美军航天侦察的运用对提高我军"打赢"能力的启示[M].科技信息[M].2009年第35期.

[58] 刘进军.太空制高点——军事卫星[J].卫星与网络[M].2012年第4期。

[59] 孙建民,朱俊玮.第二次世界大战后情报侦察技术的发展[J].外国军事学术[M].2006年第2期.

[60] 孙建民.近期几场局部战争战争中情报斗争与对抗的特点[J].外国军事学术.2008(8).

[61] 孙晓舸.美国地理空间情报的改革之路[J].国际资料信息,2010(6).

[62] 孙大勇,李慧.关于空间军事力量建设[J].国防科技.2008(6).

[63] 尤政,赵岳生.国外太空态势感知系统发展与展望[J].中国航天.2009(9).

[64] 杨磊,苏鑫鑫.从2011年版〈国家安全空间战略〉看美国军事航天装备发展[J].飞航导弹.2011(10).

[65] 陈莉莉.近几场局部战争美军航天侦察研究[D].解放军外国语学院,2008.

[66] 卢潇.应对美国外空军备发展的国际外空军备控制研究[D].国防科技大学.2011.

[67] 朱俊玮.战后航空航天侦察技术发展的历史考察[D].解放军外国语学院.2006.

[68] 郭培清.艾森豪威尔政府国家安全政策研究[D].东北师范大学,2003.

[69] 詹欣.杜鲁门政府国家安全政策研究[D].东北师范大学,2004.

[70] 张杨.肯尼迪政府时期美国的外层空间政策[D].东北师范大学,2005.

[71] Bruce M. Deblois, Beyond the Paths of Heaven the Emergence of Space Power Thought, Air University Press, Maxwell Air Force Base, Alabama, 1999.

[72] Judy G. Chizek, Military Transformation: Intelligence, Surveillance and Reconnaissance, Congressional Research Service and the Library of Congress, January 17, 2003.

[73] Joan Johnson-Freese, China's Space Ambitions, Security Studies Center, 2007.

[74] Scott F. U. S., Policy on Weaponizing Space and the Army's Role in Space Control Operations, U. S. Army War College, 2004.

[75] Joseph Huntington. Improving Satellite Protection with Nanotechnology. Center for Strategy and Technology, Air War College. 2007.

[76] Plan for Operationally Responsive Space, A Report to Congressional Defense Committees. Department of Defense. 2007.

[77] USAF Eyes Counter ASAT System in 2011, Aviation Week&Space Technology, Mar 16,2008.

[78] Quadrennial defense report, February 2010, Department of Defense,www. Defense. gov/QDR.

[79] Administration of Barack H Obama. Statement on the new national space policy[EB/OL]]. (2010 – 06 – 28)[2011 – 10 – 16]. www. gpoacess. gov/presdocs/2010/DCPD – 201000555. pdf.

[80] Defense Airborne Reconnaissance Office,*The Integrated Airborne Reconnaissance Strategy*,1995. http://www. daro. mil/doctrine/jel/new_pubs/jpl.

[81] DOD,*Kosovo/Operation Allied Force After – Action Report*,Washington,D. C. : Government Printing Office,Jan 31,2000.

[82] DOD,*Plan for Operationally Responsive Space*,A Report to Congressional Defense Committees,Washington,D. C. : Government Printing Office,2007.

[83] DARPA,*Falcon Program Overview*,Last Accessed 2005. http://www. darpa. mil/tto/programs/falcon. html.

[84] DARPA,*Space Surveillance Telescope* (SST) [OL],Aug 2006. http://www. darpa. mil/tto/programs/falcon. html.

[85] DARPA,*Deep View* [OL],2006. http://www. darpa. mil/tto/programs/falcon. html.

[86] HQ PACAF Directorate of Operations Analysis CHECO/CORONA HARVEST Division,*USAF Tactical Reconnaissance in Southeast Asia* (*July* 69 – *June* 71),Nov 23,1971. http://www. afpubs. hq. af. mil.

[87] JCS,*Department of Defense Dictionary of Military and Associated Terms*,April 12,2001(As Amended through 22 March 2007). http://www. comw. org/qdr/fulltext/0607cordesman.

[88] USAF,AFM1 – 1: *Basic Aerospace Doctrine of the United States Air Force*,Vol. 1,March 1992. http://www. afpubs. hq. af. mil.

[89] USAF,AFDD1: *Air Force Basic Doctrine*,September 1997. http://www. afpubs. hq. af. mil.

[90] USAF,AFI14 – 117: *Intelligence*,1998. http://www. afpubs. hq. af. mil.

[91] USAF,AFP14 – 210: *Intelligence Targeting Guide*,February 1,1998. http://www. afpubs. hq. af. mil.

[92] USAF,AFDD2 – 5. 2: *Intelligence*,*Surveillance*,*and Reconnaissance Operations*,HQ Air Force Doctrine Center,April 21,1999. http://www. afpubs. hq. af. mil.

[93] USAF,AFP14 – 118: *Aerospace Intelligence Preparation of the Battle Space*,June 5,2001. http://www. afpubs. hq. af. mil.

[94] USAF,AFPD14 – 1: *Intelligence*,*Surveillance*,*and Reconnaissance Planning*,*Resources*,*and Operations*,April 2,2004. http://www. afpubs. hq. af. mil.